听南怀瑾讲幸福

牧之◎编著

北京理工大学出版社
BEIJING INSTITUTE OF TECHNOLOGY PRESS

图书在版编目（CIP）数据

听南怀瑾大师讲幸福 / 牧之编著. —北京：北京理工大学出版社，2015.6
（2016.3 重印）
ISBN 978-7-5640-9103-3

Ⅰ.①听… Ⅱ.①牧… Ⅲ.①幸福—通俗读物 Ⅳ.①B82-49

中国版本图书馆CIP数据核字（2014）第079260号

出版发行 / 北京理工大学出版社有限责任公司

社　　址 / 北京市海淀区中关村南大街5号

邮　　编 / 100081

电　　话 /（010）68914775（总编室）
　　　　　　82562903（教材售后服务热线）
　　　　　　68948351（其他图书服务热线）

网　　址 / http://www.bitpress.com.cn

经　　销 / 全国各地新华书店

印　　刷 / 北京泽宇印刷有限公司

开　　本 / 787毫米×1092毫米　1 / 16

印　　张 / 22.75　　　　　　　　　　　　　　　责任编辑 / 李慧智

字　　数 / 420千字　　　　　　　　　　　　　　文案编辑 / 李慧智

版　　次 / 2015年6月第1版　2016年3月第2次印刷　责任校对 / 周瑞红

定　　价 / 39.80元　　　　　　　　　　　　　　责任印制 / 边心超

前 言

　　南怀瑾，当代国学大师，中国传统文化的积极传播者。其主要著作有《楞严大义今释》《楞伽大义今释》《禅与道概论》《禅话》《静坐修道与长生不老》《论语别裁》《习禅录影》《新旧的一代》等。这些著作多以演讲整理为主，内容上对儒、释、道等思想进行比较，别具一格。

　　南怀瑾大师自幼个性好动，非常喜欢读武侠小说，12岁时开始习练各种武艺。但鲜为人知的是，这么一位"武术大师"却在6—10岁的时期，身体虚弱，整日与药物为伴。关于南怀瑾大师学武还有一段趣闻。当时他担心父母不同意自己习武，于是偷偷照着武侠小说上写的练，结果有一次不慎从房梁上摔了下来。南父听到声响上楼查看，才知道自己的儿子在偷偷习武。不过南父并没有责怪小南怀瑾，之后专门请人来教儿子武艺。

　　南怀瑾大师的言谈具有生动有趣、博大精深的特点。不仅是学问，大师的德行也是为人们所景仰的，人们尊他为"教授""大居士""宗教家""哲学家""禅宗大师""国学大师"，他却是虚怀若谷，每次讲演都说自己"没什么真才实学，徒有虚名罢了"。不仅大师的学识值得我们汲取，大师的德行更值得我们效仿。

　　晚年的南怀瑾大师将全部的精力投入在对下一代的国学教育上，致力于将国学发扬光大，让年轻的一代学到真学问、做真君子，这是大师的宏愿。我们通过下面这些话，就能看出南怀瑾大师在教育方面的主张与观点。

"以我的经验，我今天还能和大家吹牛，人家说我有学问，我就笑，我这还叫有学问啊？实际上一辈子在外面卖弄的，就是13岁以前的东西……我现在发现，几十年教育的演变，不但读的书没有用，还浪费了孩子们的脑筋，把孩子们的身体都搞坏了。因此，我也感觉到有个重点的问题，这样教育下去，很多小孩子会得精神病，我看这很严重。"

这是南怀瑾大师在"吹牛"中流露出的对现行教育中存在的弊端的指责。

"大家都知道，一个国家民族的灵魂精神，是在文化。文化包括了很多，政治、经济、社会、教育、军事等，都是文化。但是文化的中心在文学，这一代，文学没有了。"

这是南怀瑾大师对现在的中国文化发出的振聋发聩的呐喊。

南怀瑾大师传统文化的造诣颇深，他于各地方进行的讲演，在弘扬传统文化的同时，也为我们指点了人生的迷津。而本书就是将南怀瑾大师对做人的种种见解，对处世的种种经验，对儒、释、道的独到诠释进行了全方位的汇总，让你在了解中国传统文化的同时，也学会做人的道理和处世的技巧。

本书分为感悟篇、修炼篇、实践篇三部分，详细论述了南怀瑾大师对幸福、包容、大爱、苦难、名望、财富、祸福、做人、交友、家庭等问题的见解，精辟独到，让你如饮甘泉般舒畅，给你明心见性的感悟。

限于作者水平，本书难免有疏漏之处，欢迎读者指正。

目 录

中篇　修炼篇：无欲则刚，淡泊明志心自远

下篇 实践篇:登高一望诸峰小,入世出世皆圆通

上篇 ◎ 感悟篇

拈花微笑间，

心悟人生真谛

第一章

幸福所在：没有绝对幸福的人，只有不肯快乐的心

每一个人都有追求幸福的权利，不同的只是追求幸福的方式。南怀瑾大师曾经有言："人生，不管你发了多大财，永远觉得房子少了一间，衣服少了一件，钱少了一笔。"因为欲望的驱使，永远都不满足，这样的人定然不会幸福，而不幸福的原因，就是他们缺少一颗肯快乐、肯幸福的心。

活在当下即是幸福

中国文化有一句名言叫"安时处顺"……活着的时候，把握现在，现在就是价值，要回去的时候，很自然地回去了；所以一切环境的变化、身心的变化都没有关系，那是自然本来的变化。

——南怀瑾大师

幸福是现在，既不是过去，也不是未来。我们的肉身存在于这个世界，无论时间长短，都有开始与终结。而你身边之物，都是生不带来死不带去，何不放宽一颗心，好好享受眼下的生活。南怀瑾大师劝告我们要做到的"安时处顺"，并非是逆来顺受之意，而是不要为了明天某些不可预知的东西，看不到眼前最美好的花朵。

佛家所讲的极乐世界与净土，都是世人眼中的幸福之地。然而这种精神层面的寄托，是需要人们修心向善来完成的，也只有如此才能得到心灵上永久的宁静。那么，面对着过去之心、现在之心与未来之心，我们到底应该修行其中的哪一颗呢？

答案是不言而喻的，既然是修心向善，自然是修现在之善心、行当下之善事了。那么我们也就知道，当下的一切与未来和过去的林林总总相比较，更具有真实性。活在当下，就需要我们少一些抱怨、多一些快乐，因为你今天已然呼吸到了新鲜的空气，沐浴到了温暖的阳光，与亲人享受着祥和安乐，这本身就是最大的幸福，是上天对你最大的恩赐。

佛祖曾曰："不悲过去，非贪未来，心系当下，由此安详。"佛祖的寥寥数语，为我们揭示了人生幸福的真谛，这就是"活在当下"。而历史上的得道高僧，又何尝不是恪守着佛祖的训教呢？

心中杂念太多的人，对自己的现状总不能持有一份安然的态度。更有甚者，整日里食之无味，寝之难寐。对这样的人来说，何谈享受生活的幸福？这些人把期望寄托于明天，把怀念留给了昨天，唯独今天没有受到内心的关怀，自然每时每刻都活在痛苦之中。

人生总会遇到些许不如意，也许是昨日的辛酸让你落泪，也许是前路的坎坷令你忧心，但是不要忘记，昨日已成虚，明朝仍是幻，只有今天才是真，为何要因那虚无缥缈之事物令自己心境不平呢？只要肉身仍然健康地存在于世间，那么一切就可以重新开始，希望之火就没有熄灭。

正所谓"宠辱不惊，闲看庭前花开花落；去留无意，漫随天外云卷云舒"。这样的人生境界有谁不心向往之呢？但是要想修到这样的人生境界，最重要的就是能够对当前的生活保持一份幸福感。因此，生命中的某些缺憾我们又何必太在意呢？大师曾说："这个世界上诸根不具的人太多了，诸根不只六根，身体有缺陷的都叫诸根不具，有些人有明缺陷，有些人有暗缺陷。以佛眼来看，在座各位没有一个人的身体是绝对健康的，毫无缺陷的人才称得上诸根俱足。譬如戴眼镜是眼根不具，镶了假牙是口根不具，头脑不够聪明是脑根不具……诸根不具是这个世界的众生最痛苦的事。"但是不要忘记，能够以人身立于世间，则是"大具"，这"大具"本身就是幸福。

南怀瑾大师的教诲，犹如醍醐灌顶，发人深省。如果你仍然对眼下的幸福视而不见，当真是心中魔障四起，需要好好地参悟一下人生的意义了。当然，如果你明白了南怀瑾大师所言的个中真意，心有所感而行有所依，那么一定会感觉到每一天的幸福之处。

心有所得

眼前的人与物，若然不懂得珍惜，即便得到了明日心中之所求，可那时候"明日"也变成了"今日"，是否感觉到的仍然是空虚，而不是快乐呢？何必奢求明天，好好地把握当下吧。

花花世界，幸福在何处

老子虽然为后人担忧，看来也是白费口舌，因为目盲自有眼镜架，耳聋自有助听器，口爽自有营养片，发狂又有镇静剂。老子虽圣莫惊叹，一切无妨难得的。

——南怀瑾大师

南怀瑾大师的这番话，并非是要指老子的人生态度，而是以佛家的处世态度，来对道家主张的人生思想进行全新的诠释。老子崇尚"圣人者，为腹不为目"的人生境界，但是南怀瑾大师却认为老子为后人担忧，实乃杞人忧天。正如那句"子非鱼，安知鱼之乐"，你不是别人，怎么就能知道别人的心理感受呢？妄自揣度他人的心意，恐怕是自作聪明了。老子虽是智者，但在这一点上恐怕也是"聪明反被聪明误"。南怀瑾大师认为老子塑造的"圣人之态"，绝对不是幸福的真谛，大师对幸福，有其独到的看法。

大师曾说："像我们这一时代的人，以现代人的眼光来看，大半是由古老的农村社会出身，从半落后的农业社会里长大，经过数十年时代潮流的撞击，在艰危困苦中，经历多次的惊涛骇浪而成长，在漫长曲折的人生道路上，一步一步走进科技密集、物质文明昌盛的今日世界。回首前尘，瞻顾未来，偶尔会发出思古之幽情，同时也正迷醉于物质文明的享受。

"例如由我们所看到的长辈，以及我们这一代，从幼小的时期在一盏半明半灭的青油灯下'三更灯火五更鸡'地苦读诗书，慢慢到了有了洋油（煤油）灯，再进到有电灯（日光灯）、彩色电影和彩色电视的今天。

"由惯听农村俚语的民俗歌谣，到达无线电的收音机，再进而发展到'身历声'的高级音响，欣赏世界各地的名歌妙曲。

"由穿钉鞋，打油纸雨伞，踩着泥泞的道路上学堂读书，到骑脚踏车、摩托车，甚至驾驶私家轿车亲自接送孩子们上学读书的场面。

"由老牛拖车、瘦马塞驴、单桨划船，到达机帆船、轮船、油轮货柜。由仰头上空看四翼飞轮机开始，到达随时可以乘坐喷射航机环游世界的今天。

"但在物质文明的现代呢？有自然科学的进步，发展到精密科技以来，声、光、电、化等的科技进步，促使声、色、货、利的繁荣。满眼所见，传闻所及，由父母所生、血肉所成的五官机能，好像都已走样。无论眼睛、耳朵、鼻子、嘴巴，不另加上一些物质文明的成品，反而犹如怪物似的，而且应用失灵，大有不能全靠本来面目应世之慨。"

大师的话当真是醍醐灌顶，我们今日的生活，与过去相比有着翻天覆地的变化，可我们耳边这样或那样的抱怨却越来越多。可能正如"娱乐越来越多，快乐越来越少"这句话所说的那样，我们今天的世界充满着各种各样的诱惑，却弄得我们无所适从，内心迷茫，丢了简简单单时的那一份幸福感。

南怀瑾大师曾经询问大家："现代人到底要什么？在内心深处你是否曾问过自己？如果问过，你是否满意自己的答案？"这些问题询问耐人深思，在这个花花世界中，幸福到底是什么？

对此，南怀瑾大师已经道破玄机，即这个世界上原本没有什么幸福之事，只有一颗是否感受到幸福的心。若心能在大千世界中嗅到幸福的味道，那么衣着朴素者，未必会羡慕华彩艳服者；餐食粗谷者，未必会羡慕饱食珍馐美馔者；身住陋室者，未必会羡慕广厦万间者。你的幸福，可能就是在草地间席地而卧，坐看天边云卷云舒；他的幸福，又可能是在人生的舞台上挥洒自己的汗水与激情，即使失败也无怨无悔。这就是说，幸福其实就如同一粒种子，深埋在每一个人的内心世界里。既然深藏于内心，那么我们又如何将这粒种子培育成心灵世界的参天大树，守护着那一缕宁静安详的幸福感呢？

心有所得

幸福非复杂之物，他人一个鼓励的眼神，一个肯定的手势，都可以化为幸福的源头。心中所求的幸福，是否因夹杂了太多世俗的东西，以致过于复杂而变质？让自己的心灵变得简单一些，幸福就会紧紧围绕在你身边。

此世既能做人，便是前世修来的福

做人要效法宇宙的精神，自强不息。一切靠自己的努力，要自强，依靠别人没有用，一切要自己不断努力，假使有一秒钟不求进步，就已经是落后了。

——南怀瑾大师

南怀瑾大师劝诫世人，做人当效法宇宙，自强不息。而这"自强不息"四字，并不单单在讲做人的一种精神之气，也是在说此世不为猪羊牛马，不为草木花卉，而是成为一个具有智慧与思想的人，这难道不是一种福缘吗？根据佛家的轮回之说，前世行善积德、广修福缘，才能在下一世继续做人。暂且不论轮回之说，南怀瑾大师希望世人可以懂得"为人既是福"的禅理，这就是南怀瑾大师所说的"自强不息"的第二层意思。充满精神之气与珍惜为人合起来，就是对南怀瑾大师对"自强不息"的一种解读。

既然今世有幸以人之躯体行走于大千世界，那么如何才能够不虚度此生呢？在佛家看来，人生之苦可分为生苦、老苦、病苦、死苦、怨憎会苦、爱别离苦、求不得苦、五阴炽盛苦。这些苦就是我们生活中的艰难险阻，就是人生路上的风风雨雨。人生有苦不可怕，只要迎难而上，以苦为乐，行南怀瑾大师所言的"自强不息"之举，光阴年华就没有虚度，此生此世就没有枉为人身。如若因为人生的苦难而放弃对幸福的追求，一生必是浑浑噩噩，不知来自何处，不知去向何方。

在一座深山之中有两块巨石，某一日，第一块巨石对第二块巨石说："我想要滚下山去，看看山外的风景。"第二块巨石吃惊地说："我们在这里安坐高处，一览众山小，周围繁花似锦，彩蝶飞舞，这样不是很好吗？如若像你滚下山去，一路的艰难险阻有可能让你粉身碎骨，你又何必自讨苦吃呢？"

第一块石头反驳说："我只想去经一经路途的艰险坎坷，此生才没有白来。"

于是第二天，第一块石头就随山溪滚涌而下，一路上历尽大自然的磨难。但是这块石头仍然义无反顾地坚持着，在路途上奔波着。而第二块石头在高山之上享受着安逸和幸福，对第一块石头充满着讥讽。

许多年过去了，那块勇于滚下山的巨石在风霜雨雪的锤炼之下，已经变成了世间的珍品，受到万人的称颂和赞美。待在山上的石头知道同伴现在的状况后，有些后悔，但是一想到要遭受苦难，就又退缩了回去。

后来，人们为了珍藏第一块石头，准备修建一座博物馆，并上山把第二块巨石挖来，做了建造博物馆的石料。

在人生道路的选择上，明白自己的方向在哪里，懂得了人生的意义，这本身又何尝不是一种福分？这便是上苍对你最大的恩赐，也是你前世修来的福祉。

心中有一秒钟不求进步，就是落后。大师的要求看起来苛刻，实则应是每一个人对自己的勉励。人生短暂，荒废不得，须臾之间便是白首之年。而懂得自己今生为人便是福缘的人，自会珍惜眼前时光，细细体味人生的诸般滋味。

心有所得

生命就是上天给你的最贵重的礼物，怎么使用这份礼物，全在于你自己的心。你可以浪费，也可以与时间赛跑，当然，不同的选择，你得到的结果是不一样的。你若希求一个好的结果，就需要珍惜眼前情景，知道为人是福的道理。

上篇 感悟篇：拈花微笑间，心悟人生真谛

事事如意未必是福

真要为道德的人，真要有这个精神，寂寞、穷苦、疾病所不能移其节操，才能说到出世入世，志在利他之心。没有这个观念，平日吹牛是没有用的。

——南怀瑾大师

南怀瑾大师所提及的"寂寞""穷苦""疾病"，在世人眼中，无不是精神或肉体上的苦痛。不过大师认为这些苦痛未必是"真苦痛"，事事如意也未必就是"真幸福"，不为"寂寞""穷苦""疾病"而移其节操，改其本心，亦不为事事如意而生妄喜之心，这才是真正出世入世之人的本来面目，这才是真为道德的人。而心中不存此念，以物而喜、以己而悲之人，即便口中常言"顺其自然，安守天道，不因失意而悲戚，不为得意而陶醉"，却也是句句诳语，做不得真。

南怀瑾大师认为"事事如意，并非圣人"，这与《道德经》中的一段话有异曲同工之妙。《道德经》中写道："曲则全，枉则直，洼则盈，敝则新，少则得，多则惑，所以圣人抱一为天下式。"这段话的意思就是：东西柔软一些就更容易保全，东西歪斜了就需要扶正，水在低洼的地方才能够被积住，东西破旧了才会想到换新的，感觉到缺乏才会在收获时有喜悦之感，东西太多了反而会感到迷惑。所以，圣人会依着自然之道，作为万事万物的准则。

依自然之道，便不会强求凡事都遂己愿；依自然之道，便不会强求诸人都称己心。同时，南怀瑾大师认为"曲"就是圆的意思，他这样的解释道："因为我们老祖宗早就晓得这个宇宙都是曲线的，是圆周形的，圆周便非直线所构成。在这物理世界，没有一样事物是直线的，都是圆的，圆即是直的。所谓直，是我们把圆切断拉开，硬叫它直，所以说宇宙万物，都是曲线的。"大师在这里讲的是"变通"二字，宇宙万物既然是曲线的，那么等同无时无刻不在求一个"变"字。这个"变"，我们大可理解为遭遇失意之事，将心中的郁闷之气变为不挠之心。身处泥泞之境，将心中的悲戚之意变为坚韧之心。这样的"变"，才能将人生提高到一个崭新的境界。

相比"曲则全"，大师认为"枉则直"中所蕴含的道理更不易理解。"枉则直"是说东西歪斜了就需要扶正，可是开始为什么就不将东西放直，这不是舍近求远吗？大师以《红楼梦》里的贾宝玉为例，说他为什么放着薛宝钗不喜欢，偏偏钟情体虚气弱的林黛玉。他解读说，正因为林黛玉的身体不好，贾宝玉才对她心生怜爱，这是贾宝玉的同情心使然。而薛宝钗相比林黛玉则是强者，这就好比林黛玉是歪的，薛宝钗是直的，需要贾宝玉扶的，自然是歪着的一个。当然，南怀瑾大师并不是赞成"病态美"，而是告诉我们，一个人不需要完美，留一些瑕疵让他人纠正，这就是"枉则直"的精髓所在。世人总以为完美无缺是福，但事实并非如此，要不然薛宝钗就该得到幸福了。

"洼则盈"的意思不难理解，正如"月满则亏"，是说一个人要虚心。学富五车、才高八斗，想必是许多求学者希望达到的境界，甚至有些人想让自己无所不知。但是世间又怎可能出现无所不知之人，一个人总会有他的认知盲区。所以，莫要恃才而骄，谦虚一点总没错。

南怀瑾大师在解释"敝则新"时，引用了"旧的不去，新的不来"这句话。任何事物都会存在从新的变成旧的这样一个过程，我们应该以变化的心态来看待它们。既然是变化的，那么难免就会出现纰漏，难免会发生不能如你所愿的情况。如果你因此就心有不快，那么岂不是自寻烦恼？

而"少则得，多则惑"，南怀瑾大师认为其讲的主要是人们心态的问题，与客观实际情况中的少或者多，本身是没有关系的。多与少，本来就是相对而言的两个概念，正如我们捐款时挂在嘴边的那句"一块不嫌少，十块不嫌多"，这爱心的热度，难道是用金钱来区分等级的吗？心态摆得正，"一箪食，一瓢饮"也可以拥有快乐；心态摆得不正，即使拥有金山银山，也不可能拥有真正的快乐。

事事顺风、处处得意，这样的人生就真的是最美好的吗？所有的一切来得容易你可能就期盼着另一种生活的方式了。你也许会羡慕那些普普通通的人，会去追寻他们所拥有的一切。所以，何必去追求事事如意呢？只要竭尽所能，无愧于心，就可以给心灵一份安然，一份自在。

所以，对于"幸福"的含义，你应该多角度地去理解。幸福并不是只有"顺心顺意"这一层意思，幸福可以是他人对你的帮助报以感激的一笑，也可以是你因为某件令人感动的事而流下的眼泪。将幸福的颜色看得更丰富多彩一些，而不是单纯的白色或者黑色，你就会忘记那些所谓的不顺心。

南怀瑾大师对能够忍受寂寞、穷苦、疾病的人抱以敬畏之心，是因为这样的人才真正懂得人生，了悟生活。而这样的人，也更比别人懂得什么是幸福。

痴迷于"事事如意"，这是起了心魔。而心魔就像是炎热的天气，会让你的快乐之源渐渐地干涸掉。想要寻找到幸福，是需要摆脱心魔的。

最大的福气是清福

要建造一间巨大的房屋，必须要开辟门窗，以便光线空气的流通，才能住人而养人，使人胸襟开阔，内外畅达而无阻碍。由此而说明"涤除玄览，能无疵乎"的修习心智功夫，必须要开张灵明，静居其中，见闻不隔而清静无为。人生最大的福气是清福，不晓得您现在是否还这样认为？

——南怀瑾大师

佛教福报当中，尤其难得的叫"清福"。南怀瑾大师也讲"清福"。如果我们能够理解清福、明了清福、享受清福，那这个福报真的是无量无边，智慧也一定是随着增长。南怀瑾大师有一篇短文《清福最难》，讲出了"清福"的真正含义。

明朝有一个人，每天半夜跪在庭院烧香拜天。他认为反正佛在天上，神、关公、观世音……都在天上。管他西天、东天、南天、北天，都是天，所以他拜天，最划得来，只要一炷香，每一个都拜到了。这人拜了30年，非常诚恳。

有一夜他终于感动了一位天神。天神下界，来到他面前。还好，他没有被吓到，这个天神说：你天天夜里拜天，很诚恳，你要求什么？快讲，我马上要走。这个人想了一会儿，说："我什么都不求，只想一辈子有饭吃，有衣服穿，不会穷，多几个钱可以游山玩水，没有疼痛，无疾而终。"这个天神听了说："哎哟，你求的这个，此乃上界神仙之福；你求人世间的功名富贵，要官做得大，财发得多，都可以答应你，但是上界神仙之清福，我没法子给你。"

一生不愁吃，不愁穿，有钱用，世界上好地方都逛遍，谁做得到呢？地位高了，忙得连听《金刚经》都没有时间，他哪里有这个清福呢？所以，清福最难。涅槃翻译成寂灭，虽然包含了清福的道理，但是一般人不大容易接受。实际上，涅槃是一种境界，就是"长乐我净"的境界，是一个极乐的世界。那才是"我"，我们生命真正的"我"。

清福是朴素之福，闲适之福，淡雅之福，平常之福。然而正如上面所言，"一生不愁吃，不愁穿，有钱用，世界上好地方都逛遍，谁做得到呢？"

清朝的慎郡王允禧，是很会作诗的，他曾经作过一首樵歌，道："不闻人声，但闻斧声，寂寂岩馨答，丁丁飞鸟惊。得柴换酒，醉归踏月山歌清；友木石，无衰荣。白云流水自朝暮，万山漠漠烟光青。"

"得柴换酒，醉归踏月山歌清；友木石，无衰荣。"这是清福，是许多为尘俗事务所累的朋友所艳羡的。允禧身为郡王，却很爱风雅，一任他的哥哥胤禛——雍正猜忌、禁压、杀戮，过足帝王瘾，而他却游山玩水，吟诗作画，大做其春浮居士。

他享受的是清福，而且还把这清福"赏给"了"友木石，无衰荣"的樵夫。"得柴换酒，醉归踏月"，福气的确很好，不过这只表现了才子们的闲情逸致。事实上，靠着两条胳膊，一柄板斧，天天在山上砍柴的樵夫，是不懂得的。他们只知道得柴换米，饥归踏月。但倘要这样说，这就不能算是清福，反倒有点像是清苦了。

清福难享，这是一种哲理。正因为难以享清福，因此也就只好降低"福"的标准了。幸福在不同人的眼里标准是不同的，人与人是不可比的，也是无法相比的。不管别人怎么看，只要自己拥有一个率真的快乐心灵、知足的心态就是拥有一个幸福的世界。虽然没有多少金钱、没有任何权势、没有多大的名声，但在踏踏实实地过日子，努力做到拥有平凡宁静而丰富的生活心态，争取每一天的日子都能在快乐中度过，这就是享清福。

佛祖说，知足的人，即使睡在地上，仍然安宁快乐；不知足的人，即使处在天堂，也不满意。

为什么呢？如果一个人打算不满意，就没有什么能让他满意。因为他总能找到不满意的地方。好比童话故事里的那位公主，床上铺了十几条柔软的被子，不过是被子底下放了一颗蚕豆而已，她就被硌得整夜睡不着觉。固然是因为她的皮肤柔嫩，也是不知足的毛病在作怪。相反，一个知足的农民，劳作之后，躺在草地上，天当被，地当床，也能睡得十分香甜。

享受需要一定的物质基础，但物质资源的丰富，并不等于得到了享受。至少在睡觉这件事上，富人不一定比穷人能得到更多的享受。在其他方面也是如此。

一位美国学者曾进行过一个关于"幸福指数"的调查，他惊奇地发现，美国公民的幸福指数并不比非洲原始族群的居民高。美国是世界上最富的国家之一，非洲原始居民的物质条件十分贫乏，后者的幸福指数为什么不低于前者呢？恐怕还是知足常乐吧！

佛祖又说，不知足的人，虽然富有却很贫穷；知足的人，虽然贫穷却很富有。这好像悖论，其实不然。贫富本无限度，富到比尔·盖茨那种地步，还可以更富；穷到乞丐那种地步，还可以更穷——若是跑到沙漠里，多喝一滴水都是奢侈，不是更穷吗？所以，贫富并不绝对，到这个地步觉得富，就是富；觉得穷，就是穷。

心有所得

财富的最大价值是投资于正当事业，以创造更大的社会价值，并借此实现自己的人生价值。懂得这个道理的人，赚钱只是他的一项工作、一种修炼、一个游戏，他能从中得到最大的满足和最愉快的心灵体验。这样的人才是真正的富人。

知道满足了，也就幸福了

"逍遥"这两个字是庄子最先提出来的，庄子讲的逍遥，不是西门町那个逍遥池的意思，那是洗澡的地方，不过也许有一点是取了《庄子》里逍遥的意味。我们现在说人生要逍遥，这个逍遥常常是修道的人的理想，等于学佛的人要求解脱。结果我们看修道的人，又吃素又守戒，又这样又那样，认为这叫作道。看他一点都不逍遥，越看越苦。学佛修道要求逍遥解脱，人生既不逍遥又不解脱，这个人生是很苦的。

——南怀瑾大师

大师为我们这些在俗世中浮浮沉沉的人指出了人生应该达到的一种境界，这就是"逍遥"。大师认为，吃素守戒并不能让自己达到人生真正的逍遥之境，这样做会适得其反，给自己带来肉体与精神上的苦痛。既然此非逍遥，那我们又何处寻觅逍遥呢？对于这一点，我们不妨先看看《逍遥游》中的一段话："鹪鹩巢于深林，不过一枝，偃鼠饮河，不过满腹。"这段话的意思是说，小鸟藏在森林之中，如果能够有一根树枝给它立足，小鸟就会感到非常高兴了。田鼠口渴跑到河中喝水，但也只是需要喝一点点水就能感到肚子发胀。对此，南怀瑾大师说道："庄子拿两个生物界的现象做比喻，揭示了一个人生哲理——不管是土里钻的，或者空中飞的小人物、小境界，只要自己觉得满足就够了。"

人需要有一颗"知足心"。心中常常有一份知足感，就会对大千世界没有太多的索求。一个人求得少了，幸福点就会大大降低。原来要山珍海味才能为自己带来的幸福感，可能仅仅从一道家常小炒就可以得到了；原来要豪宅名邸才能点燃的喜悦感，可能只需要一间不大却温馨的小屋就可以带来了。知足易生幸福，幸福易生逍遥。想要达到逍遥的境界，是需要先读懂"知足"二字的。

一个人来到沙漠，想要找到传说中的宝藏。但是宝藏还没有找到，他带的水就喝完了，食物也被吃光了。他知道他只能静静地等待死亡，但他不愿意就这样死去，于是心中祈求菩萨能够降临，将他救出苦海。就在他快要绝望的时候，菩萨真的出现在了他的面前。菩萨问他需要什么，他迫不及待地说："请你赶快给我水和食物，哪怕只有一点。"

菩萨满足了他的请求，给了他不少的食物和水。他吃饱喝足后，将剩下的水和食物全都装进了随身携带的口袋里。但他不甘心，决定继续寻找宝藏。或许是皇天不负有心人，宝藏终于被他找到了。

看着宝藏他贪心顿起，把身上所有的口袋都装满了金银财宝，甚至还扔了一些食物和水，这才起身往回走。

很快食物和水就被用没了，他只好继续忍饥挨渴，慢慢地，他意识到自己不可能背负这么多财宝走出沙漠了，于是他边走边扔，很快就只剩下最后一小袋财宝了。这时候的他恨不得将这些财宝全都变成吃的喝的，但他知道这是不可能的。他悔恨自己将水和食物扔了。

这时候菩萨再次出现了，对他说："你现在需要什么，还是宝藏吗？"

他有气无力地说："我只要食物和水，再也不要宝藏了。"

有这么一句话："鸟儿的翅膀缚上了黄金，它就无法再自由地飞翔。""不知足"是逍遥心境的大敌，贪多何止是嚼不烂，它甚至会让你患上"精神胃病"。

总有些人因为轻而易举地得到幸福与快乐，而觉得索然无味，心灵产生不了愉悦的涟漪。从而欲望膨胀，一定要有新的东西来满足精神上的空虚。但是人力终究有限，你不能指望着自己无所不能，所以你的力量很有可能满足不了自己精神上的需求，这时候失落感就会一点点地浮上来，吞噬掉你的快乐。最终，你不仅没有捡到想要的西瓜，反而连最初的芝麻也丢了。

不知足是快乐心境的大敌，想要战胜这个人生的大敌，就要让自己在生活中学会朝下看。当你为买不起名牌时装而烦恼时，不妨看看那些需要别人捐献衣物的人。他们虽然穿着别人的旧衣服，但是心里面感到温暖。你穿着自己的衣服，为何还要自寻烦恼？

此外，一个人要懂得选择性地不知足。比如，小时候常听父母这么教育我们——"我们不比吃穿，就比学习"。是的，学习上的不知足，难道不是我们应该存有的一种心理吗？对吃穿不知足，这种不知足就是晦暗的；对学习不知足，这种不知足则是光亮的。

南怀瑾大师用庄子的《逍遥游》为我们诠释了人生的逍遥境界应该是什么样子，其论述之独到精辟，不愧其国学大师之名。而我们，是否也应该追随大师的足迹，让自己达到逍遥的境界呢？

知足常乐，道理虽然很简单，可有些人偏偏就是难以做到。将自己的欲望之火调小一些吧，这样你才是一个具有大智慧的人。

第二章

心灵包容：宽容别人，就是善待自己

在这个世界上，很少有人会亏待自己。可是，锦衣玉食、住在高楼广厦之中就是善待自己了吗？善待自己应该是一种纯净的心灵感受，不带有任何的杂质。而这份纯净，则来自对别人的宽容。

茶杯只有低于茶壶，才能被注入香茗

凡有才具的人，多半锋芒凌厉，到不得势的时候，一定受不了，满腹牢骚，好像当今天下，舍我其谁。如果我出来，起码可比诸葛亮。有才具的人，往往会有这个毛病，而且非常严重！我们看到许多朋友，个性非常倔强，人格又很清高，但是这样性格往往锋芒太露，不但伤害了别人，同时也伤害了自己。

——南怀瑾大师

一些人恃才傲物，不将别人放在眼里。他人身上的优点也都看不到，只觉得自己天下第一，做什么事情都舍我其谁。这就是傲，这就是忘乎所以，这就是人心中的魔障。南怀瑾大师认为，一个人的才华、本事在有些时候就像是一把利器，自己掌控不好，必然伤人伤己。所以，无论自己有多大的能耐，都要保持一颗谦逊之心。

在佛家看来，世人的悲哀之处在于"不识己"。"不识己"就是不知自身之所长，不晓自身之所短。"不识己"者往往会在心灵世界生出一个虚妄之相，并误以为这个虚妄之相就是自己在大千世界里的面目。而这虚妄之相，大多是傲慢之相、得意之相、骄纵之相，而非谦逊之相、淡泊之相、谨慎之相。世人若为这些虚妄之相迷惑，必然会使自己难以立于世间。

即便像南怀瑾大师如此学识渊博之人，在他的身上也找不到半分傲态。大师尚且如此谦逊，我们又怎能锋芒毕露，用凌厉的锐气去刺伤他人呢？其实俗世之中，大有好学上进之人。既然有上进之心，则应对师长存有一份谦恭才是。这师长不仅指专门为你传道授业之人，正所谓"三人行必有我师"，也许他人的某句话为你指点了迷津，这个人在此时此刻不就是你人生路上的导师吗？只有如此，方可琢成大器。倘若恃才傲物，那么心中便是生了魔障，再也容不下这大千世界里的一草一木、一影一像。即使遇到比自己术业专精之人，恐怕也会因为本心被魔障所困，再也分辨不出哪个是真高人，哪个是真庸才了。到那时的你连瓦砾都算不上，遑论玉器？

有一个年轻人非常喜欢绘画，可是总不能遇到让自己感到满意的名师。年轻人苦闷之下，特地来到法门寺，向方丈释圆禅师求教摆脱苦闷的方法。

年轻人对方丈说道："我一心一意地学习绘画丹青，可是至今却没有一个令我满意的老师，甚至有些人的画技还不如我。"

释圆禅师听完后，微微一笑说道："贫僧虽然不懂丹青，但平时也颇爱收集一些名家精品。既然施主画技不比那些名家逊色，那就劳烦为贫僧留下一幅墨宝吧。"

年轻人说道："画什么好呢？"

释圆说道："贫僧最好品茗，尤其喜欢那些造型古朴典雅的茶具，施主能否为我画一只茶杯和一只茶壶呢？"

年轻人痛快地答应了，于是释圆禅师命人奉上笔墨，只见年轻人寥寥数笔便画出一只倾斜的水壶和一只造型典雅的茶杯，茶壶中有一股茶水徐徐流出，注入杯中。年轻人画好后得意地问道："这幅画您满意吗？"

释圆摇了摇头道："画虽好，但是茶壶和茶杯的位置弄错了，应该是茶杯在上，茶壶在下。"

年轻人不解道："哪有茶杯往茶壶里注水的？"

释圆笑道："原来施主是懂得这个道理的，你渴望自己的杯子里注入那些丹青高手的香茗，但你却总把自己的杯子放得比茶壶高，香茗又怎么能注入你的杯子呢？"

年轻人一下子醒悟了过来，自此虚心求教，果然在绘画上取得大成。

释圆禅师用茶杯与茶壶做比喻，将这个年轻人心中的傲气扫尽，助其终成正果。这个故事就是在告诫我们这些俗世之人，若想有所大成，应当放低姿态，容纳百家之所长。若是自视甚高、夜郎自大，到时莫说有所精进，恐怕反而因这自满之心停滞不前，甚至一落千丈。

茶杯只有低于茶壶，才能被注入香茗。这句话听起来道理似乎很简单，但又有几人能真正做到呢？特别是一些略有才具之人，常常难以放下自己的架子。一些年轻人也由于年少气盛，很难将别人的优点看在眼中，很难将他人的告诫放在心上。而这些都会成为你人生道路上的魔障，若是不及时根除，人生的航向必然迷失。

一个人充实自我的动力是一颗进取心、一颗好学心。其实，学识见闻越渊博的人，越会感到自己是无知的，就像南怀瑾大师，一直说自己是借点"虚名"出来"骗人"的。他们在学习的过程中，发现知识的海洋是没有边际的，即使自己穷尽一生，也可能只是在知识的岸边徘徊。所以，好学就像是心灵的清洁剂，可以将一个人自傲自大的污垢清除掉。

塑造自我的必经之路则是勇于面对失败。自傲有时是源于成功，胜利的喜悦会让一个人忘乎所以，感觉自己无所不能，做任何事情都会轻而易举地取得成功。这种心灵土壤，怎么可能不结出骄傲自满的花朵？

我们应当谨遵南怀瑾大师的告诫，即使自己真有诸葛亮般的才干，也应该锋芒内敛，谦虚一些才是。

尺有所短，寸有所长。在这方面你可以做他人的老师，在那方面你可能就要做别人的弟子了。只有懂得谦虚之道的人，才能真正学到本领。

即使不能帮助，也要包容别人

"学而时习之，不亦说乎？有朋自远方来，不亦乐乎？人不知而不愠，不亦君子乎？"其中的"人不知而不愠，不亦君子乎？"就是说做学问的人，乃至一辈子没有人了解，也"不愠"。

——南怀瑾大师

在谈论《论语》中的这三句话时，南怀瑾大师曾这样说道："'不愠'这个问题很重要了。'怨天尤人'这四个字我们都知道，任何人碰到艰难困苦，遭遇了打击，就骂别人对不起自己，不帮自己的忙，或者如何如何，这是一般人的心理。严重的连天都怨，而'愠'就包括了'怨天尤人'。人能够真正做到了为学问而学问，就不怨天、不尤人，就能反问自己，为什么我站不起来？为什么我没有达到这个目的？自己痛彻反省，内心里并没有任何怨天尤人的念头。拿现在的观念说，这种心理是绝对健康的心理，这样才是君子。另一方面，连贯这三句话的意义来说明读书做学问的修养，自始至终，无非要先能自得其乐，然后才能随他人乐而乐。所以，这三句话的重点，在于中间一句的'不亦乐乎'。我们现在不妨引用明代陈眉公的话，作为参考：'如何是独乐乐？曰：无事此静坐，一日是两日。如何是与人乐乐？曰：与君一席话，胜读十年书。如何是众乐乐？曰：此中空洞原无物，何止容卿数百人。'有此胸襟，有此气度，也自然可以做到'人不知而不愠'了。不然，知识愈多，地位愈高，既不能忘形得意，也不能忘形失意，那便成为'直到天门最高处，不能容物只容身'了。做学问的人对不理解自己的人应该不愠，这样才能做得大学问。"对大师的话，我们也可以从治学的角度转化为人生的角度来进行理解——这就是人要"不愠"，也就是说要有一颗包容心。

在《论语》中，有这样一段话："子夏之门人，问交于子张。子张曰：'子

上篇 感悟篇：拈花微笑间，心悟人生真谛

夏云何？'对曰：'子夏曰，可者与之，其不可者拒之。'子张曰：'异乎吾所闻，君子尊贤而容众，嘉善而矜不能。我之大贤与，于人何所不容?我之不贤与，人将拒我，如之何其拒人也？'"

这段话的意思就是：子夏的学生向子张询问怎样结交朋友。子张说："子夏跟你是怎么说的呢？"子夏的学生回答道："子夏说：'可以相交的就和他交朋友，不可以相交的就拒绝他。'"子张说："我听到的和这些不一样，君子应该既能够尊重贤人，又能够容纳众人；既能够赞美善人，又能够同情那些能力不够的人。如果我是一个十分贤良的人，那么我对别人又有什么不能容纳的呢？如果我不贤良，那么人家自然就会拒绝我，又怎么谈能拒绝人家呢？"

这段对话中，表明了对"君子所为"的态度与认识。这就是尊敬、容纳、赞美和同情他人。而南怀瑾大师也同样认为，对于那些能力不及我们的人，我们不应该报以不屑的态度，而是应该在他需要帮助的时候，尽可能地帮助他，即使我们没有对其施以援手，也要学会包容他，允许他在你面前犯一些微不足道的错误。

当然，如果我们将包容简单地理解为一味迎合迁就，这就大错特错了。比如你在公交车上看到小偷行窃，却"包容"地想，可能他家里老母重病或者孩子上不起学，所以才不得不做出这样的事来吧。你要记住，这不是包容，而是纵容，你的想法其实就是对被偷窃的人没有同情心的表现。所以，真正的包容应该是凭借智慧与善良，去找到一颗宽广、博爱的心，容人所不能容之事，处人所不能处之境。

一座山上住着一位参禅人，他虽阅过许多佛教典籍，但是总觉着自己没有将心灵提高到一个新的境界。这一天夜晚，他在山林中散步。忽然，他停下脚步，仰头看了看天上的明月，顿觉脑海中一片清明。他喜悦地赶回住处，却突然发现屋子里有小偷。他知道屋子里没有什么值钱的东西，于是将身上的衣服脱了下来，拿在手中等小偷出来。小偷见屋子里没有什么值钱的东西，便想离开。他刚走到门口，发现参禅人正站在自己的面前。小偷吓得想跑，参禅人这时开口说道："我住在山上，你这么晚还赶山路来偷我，怎么能让你空手而回？夜深天寒，你带着这件衣服走吧。"说完就把衣服披在了小偷的身上，小偷不知所措，披着衣服赶忙离开了。

参禅人看着小偷远去的背影，说道："可怜的人啊！"他抬头看了看天上的明月，自语道，"但愿我能将这一轮明月送给他。"

参禅人回到屋里继续打坐，不一会儿便入定。第二天一早，参禅人睁开眼睛，看到一件衣服整整齐齐地摆放在门口，正是自己昨夜送给小偷的那件。参禅人喃喃说道："我终于将一轮明月送给了他。"

正是参禅人的这份包容，才使小偷幡然悔悟，改过自新。当然，我们这里只是在用一个故事来讲述包容的道理，并不是真的要你把自己的东西送给小偷，这一点，还需你心中了悟。

有句话是这么说的："世界上最宽阔的是海洋，比海洋更宽阔的是天空，比天空更宽阔的是人的心灵。"一个人如果没有宽广的胸怀，那么，怨恨与不满就会从他的心中生出来。这样的怨恨与不满，就像是扎在他心头的毒箭，令其痛苦难当。以这样的心态，必然享受不到人生的宁静与安详，也享受不到人生的幸福与快乐。

所以如果世界缺少了包容，这个世界必然会乱作一团；如果一个人缺少了包容，这个人必然会活在痛苦之中。只有学会如何去包容他人，才能让自己快乐起来。

心有所得

每一个人都有力所不逮之事，所以帮助不了别人并不是过错。但是包容则不同，包容之心是与生俱来的，我们怎么可以在长大成人后，反而将这颗心丢掉呢？

用爱代替仇恨，仇恨自己消失

要"于事无心"，能入世做事情，但心中没有事，这就是功夫了。一天到晚忙得不得了，"喜怒哀乐发而皆中节"，但心中没有事，心中不留事，"于心无事"，这样才是真正做到无事，无事就生定了。

——南怀瑾大师

南怀瑾大师说："无事是贵人。"只要心中无事就天下太平，心中无事就不会有冤家敌人，没有舍不掉放不下的人，也没有特别亲或特别怨恨的人，反而对任何人都有益处，因此他是贵人。有事的人是穷人，老是不满足、老是在追求、老是在贪取。而没有事的人心中经常很满足、很自在，即使有钱也不会吝啬骄傲，没钱也不会自卑丧志，所以气质高贵。

每天自己的心，好像有千斤重担一样：自己的子女不听话，不好好读书，放不下，心中苦恼；上班做事情，上级对自己好像不满意，放不下，苦恼；朋友交往，又恐怕对方会骗自己，让自己吃亏，也苦恼。一切一切的问题，使你苦恼，所以你的心里，好像有千斤重担，放不下，患得患失。每天自己那个心，好比如临大敌，收到一起，放不开，难过得很。

假如对方确实很坏，做了伤天害理的事，该怎么办呢？按佛家的观点，当予以宽恕。但现实世界不能这样和稀泥，应该由法律来决定作恶者应受的惩罚。惩治恶人是为了保护良善，也是一种慈善行为。

但是，遇到某些特殊情况，作恶者有强烈的改恶从善之心，也不妨从人情上而不是法律上给予足够的宽容。

佛祖曾说：一天到晚怀着仇恨，仇恨永远存在；用爱来代替仇恨，仇恨自然消失。

对仇人恨得咬牙切齿，能否伤害到他呢？恐怕不能。真正受到伤害的还是自己。如果采取报复行动，在伤害对方的同时，也制造了新的仇恨，最终还是会伤害到自己。佛祖提倡"不念旧恶"，就是为了提醒大家不要在冤冤相报中损人自损。

但是，有人跟自己结了仇，不报复怎么甘心呢？如果不报复，不等于胆小怕事吗？不是让人觉得自己软弱可欺吗？很多人就是因为这样的心理而卷入无休止的争斗中。实际上，这种心理只是妄执。其一，"仇人"的可恶，也许是自己想象出来的，实际上对方的可恶之处并不比可爱之处多；其二，"让人非我弱"，对别人表现出大度，是自己内心强大的表现。

在第二次世界大战期间，一支部队在丛林中与敌军相遇。激战后，安德森和一位战友与部队失去了联系，而且迷了路。两人来自同一个小镇，以前就是好朋友。现在同陷绝境，他们互相鼓励，互相扶持，在丛林中艰难跋涉。十多天过去了，他们仍未走出丛林。一天，他们打死了一只鹿，依靠鹿肉又艰难地度过了几天。最后，他们只剩下一小块鹿肉，背在安德森的身上。此时的二人饥肠辘辘，却找不到任何可以充饥的东西。

这天，他们与一小股敌人相遇，经过一番枪战，他们巧妙地避开了敌人。走在前面的安德森以为脱离了危险，松了一口气。没想到，就在这时，只听一声枪响，安德森中枪了——幸亏伤在肩膀上！战友惶恐地跑过来，抱着安德森的身体泪流不止，并赶快撕下自己的衬衣替安德森包扎伤口。

晚上，战友一直念叨着母亲的名字，两眼直勾勾的。他们都以为熬不过这一关了。尽管饥饿难忍，可他们谁也没动最后一块鹿肉。幸运的是，第二天，他们被友军发现，脱离了危险。

事隔30年，安德森说："我知道谁开的那一枪，他就是我的战友。当时他抱住我时，我碰到他发烫的枪管。我怎么也不明白，他为什么对我开枪？但当晚我就宽容了他。我知道他想独吞我身上的鹿肉，我也知道他想活着回去见他的母亲。此后30年，我假装根本不知道此事，也从不提及。战争太残酷了，他母亲还是没有等到他回来，我和他一起祭奠了老人家。那一天，他跪下来，请求我原谅他，我没让他说下去。我们又做了几十年朋友。"

为了一块鹿肉竟然要谋杀自己的战友，此行为确实令人不齿。但当时在死亡的威胁下，人难免做出一些疯狂的举动。就像人们能够宽恕一个疯子一样，安德森宽恕自己的战友也在情理之中。如果宽恕能得到一个真心悔过的好朋友，而不宽恕只能得到一个罪犯的话，宽恕比不宽恕更有价值。

宽容，不庸人自扰，不锱铢必较，不为外物所役——心中无事一床宽，将能使我们拥有这种至真至纯的境界，将能使我们拥有一个更广阔的胸怀。

心有所得

宽容是一种巨大的人格力量，如一股麻绳，有强大的凝聚力和感染力，使人团结于自己的周围；宽容是一种豁达和挚爱，如一泓清泉，可浇灭怨艾、嫉妒和焦虑之火，可化冲突为祥和，化干戈为玉帛；宽容是一种深厚的涵养，是一种善待生活、善待他人的境界，能陶冶人的情操，带给人心理的宁静和恬淡，慰藉和升华自己的心灵世界。

器量决定人生格局

你要修道，要够得上修道材料，先要变成大海一样的汪洋。所以佛经上形容，阿弥陀佛的眼睛"绀目澄清四大海"，又蓝又大，就像四大海一样。而我们的眼睛太小了，有时连眼白还看不见呢！当然，观点和气魄都不行了。

——南怀瑾大师

大师感慨道："一个越是有德的人，当他的地位越高，临事时就越是恐惧，越加小心谨慎……不但一国君主应该戒慎恐惧，就是一个平民，平日处世也应该如此，否则的话，稍稍有一点收获，就志得意满。赚了一千元，就高兴得一夜睡不着，这就叫作'器小易盈'，有如一个小酒杯，加一点水就满溢出来了，像这样的人，是没有什么大作为的。"

古人立身修德，求"海纳百川，有容乃大；壁立千仞，无欲则刚"之境界。目光短浅、骄傲自大之辈绝不会成就大事。宋代学者陈希夷有一篇名为《器量论》的文章，是专门谈论器量的，其中一段文字尤其精到："人亦一器也，莫不各有其量，如天地之量，圣贤帝王之所效焉。山岳江海之量，公侯卿相之所则焉。古夷齐有容人之大量，孟夫子有浩然之气量，范文正有济世之德量，郭子仪有富量，诸葛武侯有智量，欧阳永叔有才量，吕蒙正有度量，赵子龙有胆量，李德裕有力量，此皆远大之器。"

法国大作家雨果说过："世界上最宽阔的东西是海洋，比海洋更宽阔的是天空，比天空更宽阔的是人的胸怀。"中国也有一句俗语，就是"宰相肚里能撑船"。为什么不同国家和不同民族一说到心胸，竟能异曲同工、不谋而合呢？这至少说明，世界上的人对于心胸的认识是相通的，都认为人的心胸，既能容纳四海云水，也能吞吐五洲风雷。换句话说，人完全能够做到想通天下事，明白世上理，正确认识和对待现实生活中发生的一切事情。虽然人们胸膛里的那片海洋时常有风暴，也有迷雾，有暗礁，也有旋涡，但一个心胸宽广的人，终究能把心灵之船，撑得游刃有余。

南非的民族斗士曼德拉，因为带领人民反对白人种族隔离政策而入狱，白人统治者把他关在荒凉的大西洋小岛罗本岛上27年。当时尽管曼德拉已经步入老年，但是白人统治者依然像对待年轻犯人一样对待他。

曼德拉被关在总集中营一个"锌皮房"里，他的任务是将采石场采的大石块碎成石料，有时也需从冰冷的海水里捞取海带，同时还做采石灰的工作。因为曼德拉是要犯，专门看守他的就有三人，而且对他并不友好，总是寻找各种理由虐待他。

27年的监狱生活并没有打倒曼德拉，他坚强地走出监狱，获得了自由。1991年，他被选为南非的总统。曼德拉在他的总统就职典礼上的一个举动震惊了整个世界。总统就职仪式开始时，曼德拉起身致欢迎词。他先介绍了来自世界各国的政要，然后他说，他深感荣幸能接待这么多尊贵的客人，但他最高兴的是当初他被关在罗本岛监狱时看守他的三名前狱方人员也能到场，然后他把这三人介绍给了大家。

曼德拉博大的胸襟和崇高的精神，让那些残酷虐待了他27年的白人无地自容，也让所有到场的人肃然起敬。看着年迈的曼德拉缓缓站起身来，恭敬地向三位看守致敬，世界在那一刻平静了。

事后，曼德拉向朋友们解释说，自己年轻时性子很急，脾气暴躁，正是在狱中学会了控制情绪才活了下来。牢狱岁月给他磨砺，使他学会了如何面对苦难。他说，感恩与宽容经常是源自痛苦与磨难的，必须以极大的毅力来训练。

他说起获释出狱当天的心情："当我走出囚室，迈过通往自由的监狱大门时，我已经清楚，自己若不能把悲痛与怨恨留在身后，那么我其实仍在狱中。"

这就是器量，这就是胸怀。大胸怀成就人生的大规模，而小胸怀只能围于方寸之地。器量是一种大智慧。有大智慧的人，在顺境的时候，不被顺境牵着鼻子走，在逆境的时候，不被逆境牵着鼻子走。无论是顺境，还是逆境，他都能"顺逆一如，随缘自在"。具有这样的精神境界的人，就是佛教里所说的果地佛，也就是我们所说的大彻大悟的人。

面对挫折、苦难，保持一份豁达的情怀，保持一种积极向上的人生态度，需要博大的胸襟、非凡的气度。其实，生命本身就是一种幸福，逆境能磨炼你的意志，不必计较一时的成败得失。"风物长宜放眼量"，人生重在追寻长久的精神底蕴。忍受孤独，在彷徨失意中修养自己的心灵，这就是最大的收获，如蚌之含沙，在痛苦中孕育着璀璨的明珠。

心有所得

　　器量，是一种不需投资便能得到的精神高级滋补品；是一种保持身心健康、具有永久疗效的"维生素"；是一种宠辱不惊，笑看庭前花开花落的清醒剂；是一种使人做到骤然临之而不惊，无故加之而不怒的智慧和定力。器量，鄙视的是斤斤计较、蝇营狗苟和鼠目寸光的行为；崇尚的是磊落坦荡、无私无畏和志存高远的品格；失去的是不平、烦恼和怨恨，得到的是友情、快乐和幸福；抛弃的是狭隘、偏激、小气和毫无意义的你争我斗，得来的是宽广、博大、舒畅和融洽的人际关系。

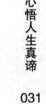

学问应无门派之别

耶稣的道，佛的道，穆罕默德的道，孔子的道，老子的道，哪个才是道？哪个道大一点，哪个道小一点呀？学佛的人不应该问这个问题，因为没有定法可说，所以真正的佛法能包含一切，一切圣贤皆以无为而有差别。认为这一点才是对的，其他是错的，其实是他错了。

——南怀瑾大师

南怀瑾大师在儒、释、道三家的造诣都颇深，不过又有所偏重、有所取舍。他崇尚以积极的态度入世，这与儒家的思想主张是一致的。大师于八十高龄之际，仍然四处奔波，指导后辈，可见其思想基础是儒家的学说与主张。而就其学术基础来看，南怀瑾大师似乎偏重于佛学。大师对其他学说的感悟以及解说，很多时候都是以佛家的思想主张为载体的。而从为人处世的态度来看，大师又偏重于道家，做人随和恬淡，处事顺其自然。

由此可见，"学问"二字，是真正深入到大师的身中、心中、意中，不像我们有些人，只是将"学问"看作是"有用则贵，无用则弃"的工具而已。这是一种"假学问"，而南怀瑾大师的这种境界，才称得上是"真学问"。

南怀瑾大师的治学精神，是令人钦佩的。大师对各家的学说，既没有特别偏爱哪一家，也没有鄙夷哪一派。大师总是能够自由穿梭在诸家学说的门庭之间，汲取精髓。这体现出的就是一种包容，一份器量，而非像某些酸腐文人，总认为自家的是香饽饽，别人家的都是糟糠。大师曾经说道："我国自唐、宋以后，以儒、释、道三家的哲学，作为文化的主流。在这三家中，佛家是偏重于出世的，虽然佛家的大乘道，也主张入世，普救众生，但出家学道、修道的人，本身还是偏重于出世。而且佛家的学问，从心理入手，然后进入形而上道；儒家的学问，又以孔孟之学为其归趋，则是偏重于入世的。像《大学》《中庸》。亦有一部分儒家思想，从伦理入手，然后进入形而上道，但是到底是偏重入世；道家的学问，老庄之道就更妙了，可以出世，亦可以入世，或出或入，都任其所欲。像一个人，跨了门槛站在那里，一只脚在门里，一只脚在门外，让人去猜他将入或将出，而别人也永远没有办法去猜，所以道家的学问，是出世的，亦是入世的，可出可入，能出能入。在个人的养生之道上，亦有如此之妙。"

大师的这段话，并非是在对儒释道三家的学说进行一个定评。南怀瑾大师能够对这三家学说进行一个客观的看待，保持着一份尊重，几分欣赏，这是十分不简单的。我们现在太多的学者，就好似王婆一般，总是夸自己家的瓜好。这样的器量，这种将学问划分派别的做法，怎么能做得真学问！

有一位僧人向从谂禅师询问什么是真道，从谂禅师回答道："院墙外面的道路就是。"僧人说道："我问的不是这个。"从谂禅师说道："那你问的是哪个？"僧人说道："大道。"从谂禅师回答道："大道通长安。"

从谂禅师的"大道通长安"，其实与西方谚语"条条大路通罗马"的意思相似。道路虽从四面八方而来，但是最终还是汇聚到"长安""罗马"这样的中心，这就是真理合一，殊途同归。

所以，世间一切皆是佛法。这"佛法"二字，不能狭义地理解为佛家的法，而是万物之法、世界之法，也就是真理。《金刚经》中说："如来说一切法，皆是佛法。"《法华经》则说得更明白："一切世间法，皆是佛法。"世上的任何理论、观点、方法、行为，无论是高深的"道"，还是平时做事的小技巧，甚至只是下意识的一个举动，都是佛法。正如《法华经》所说："一切治生产业，皆与实相不相违背。"

"一切世间法，皆是佛法"体现出佛教精神的博大之处。它正视一切、包容一切、以平等心态对待一切。

所以，南怀瑾大师时常告诫学佛之人，不应该犯了"佛有定法"这个错误。对此，南怀瑾大师进一步解释说："并不一定说脱离人世间，脱离家庭，跑到深山冷庙里专修，才是佛法。治生产业就是大家谋生！或做生意等，各种生活的方式，皆与实相不相违背，同那个基本的形而上道，并没有违背，并没有两样。"

真正的佛法是包含一切的，是没有亲疏之分、门派之别的。只有懂得这一点，你才能离佛法更近。

心有所得

治学应当重精神而轻形式。真正善于学习的人，必然有一颗包容之心。

放人一马，亦是放己一马

人生的快慰往往源于不记恨。

——南怀瑾大师

《论语》中说：君子之道，忠恕而已矣。己所不欲，勿施于人。我不欲人之加诸我也，吾亦欲无加诸人。"己所不欲，勿施于人"是"恕"的根本。自己也不想要的，就不要强加给别人；自己做不到的，就不要要求别人。这是基本的原则问题。

南怀瑾大师对此有自己的见解，他说："有人对于一件事情的处理，常会有对人不痛快、不满意的地方。说老实话，假如是自己去处理，不见得比对方好，问题在于我们人类的心理，有一个自然的要求，都是要求别人能够很圆满；要求朋友、部下或长官，都希望他没有缺点，样样都好。但是不要忘了，对方也是一个人，既然是人就有缺点。再从心理学上研究，这样希望别人好，是绝对的自私，因为所要求对方的圆满无缺点，是以自己的看法和需要为基础。我认为对方的不对处，实际上只是因为违反了我的看法，根据自己的需要或行为产生的观念，才会觉得对方是不对的。"

大师的这段话的核心意思就是，做人不要自私，因为自私的人就只会注重自己的得失，而完全忽略别人的利益，这样必然是得不到别人的支持的。反过来说，做人宽容、大度，不但获得别人的好感，而且自己不受别人的影响，身心愉快，于人于己都是一件好事。

一个初入职场的年轻人被工作的压力弄得很痛苦，他为了排解心中的憋闷采取了自认为最解气的办法，他向客户散布自己要辞职的消息，导致客户方的对接人很是犹豫，从而一再推迟了合同的签订。不明就里的上司还不断地给客户施加影响，希望早日尘埃落定，无奈客户就是躲闪，追问之下才得知原因，气愤的上司狠狠地警告了这位年轻人。

年轻人不但没有就此接受教训，反而怀恨在心，工作上拖拖拉拉，私下里到处散播不好的言论，终于有一天，有人向老板"举报"，说："某某私下里煽动同事，年底不给涨工资就集体辞职，让老板好看。"老板痛下杀手将其辞退，谁知这位年轻人不但不悔过，反而追问老板是谁在"陷害"自己，甚至声称自己一个月的工资不要了，就想知道是谁和自己过不去。

赋闲在家的他每天都会和原来的同事聊天，目的只有一个，就是想要挖出那个陷害自己的"小人"。

暂且不论谁是谁非，但就这位年轻人的做法而言，是很值得商榷的。首先，他不懂得尊重起码的职场规则；其次，不懂得宽容待人。不懂得尊重最起码的职场规则，使得自己处于被动；不宽容待人，使得自己纠结在"小人"的"背叛"中难以释怀，身心长时间地处在负面情绪的包围之中。

大师很推崇西方医学心理学界流传的一句名言，即："宽恕那些伤害过你的人，不是为了显示你的宽宏大度，而首先是为了你的健康。如果仇恨成为你的生活方式，那你就选择了最糟糕的生活。"人的宽恕品格对自身健康有着良好的影响，而且这种影响是多方面的，虽然目前还不知道，宽恕是如何具体调理身心健康的，但好处却显而易见，宽恕者更健康长寿。

大多数人以为只要自己不原谅对方、不宽恕对方，就可以让对方受到应有的惩罚。其实"只要我不原谅你，你就没有好日子过"这样的想法是错的。做不到宽恕，最终倒霉的是自己。

相反，你宽恕对方，其实也就是宽恕了自己。而要真正做到宽恕对方，首先要从心里真正宽恕自己。宽恕是要从自己的内心开始的，与别人的关系并不大。大多数人不断试着宽恕，但总想先宽恕别人，才宽恕自己。这样做反而会滋生真正的问题，因为并不是每个人都想要被宽恕的。不接受宽恕的大有人在！有些人甚至拒绝相信自己是有罪的！你曾试过宽恕一位自认为无罪的人吗？那是行不通的！反过来，也有一些人始终心怀愧疚，不断尾随你身后，请求你的宽恕，但你就是无法宽恕他们！

所以，先从心里真正宽恕自己，同时也就宽恕了他人。不管对方是不是受到了惩罚，最起码自己的心灵没有受到任何的惩罚，这是最好的结果。

南怀瑾大师告诫人们：最基本的宽容就是学会控制自己的情绪，不被别人和小事所左右，或者在不利于自己的事情发生后，能够在最短的时间内冷静地面对，而不是成为冲动的俘虏。他举了一个曾国藩的例子来佐证：

曾国藩的一位同学性情比较暴躁，有一次，那个同学看到曾国藩的书桌放在窗前，就说："我读书的光线都是从窗户那里来的，你的桌子挡着我的光线了，赶快挪开！"曾国藩什么话没说，就把桌子移开了。曾国藩晚上点灯用功读书，那个同学又说："平常不念书，夜深还要聒噪人吗？"曾国藩又只好低声默诵。

后来，曾国藩中了举人，那个同学知道了，大怒道："这屋子的风水本来是我的，反叫你夺去了！"其他的同学都替曾国藩打抱不平，但是曾国藩自己却和颜悦色，毫不在意，反而去安慰同学，像没事人一样。

曾国藩的一生都保持着低调的态度，面对同学的无理取闹，他就像个从容大度的看客一般，不但没有生气，而且还满足了同学的无理要求，体现了他的大度，也使那位同学的胡搅蛮缠变成了一种自取其辱。

所以，面对那些无足轻重的小事时，你不妨试试这样做——像一个宽容的观众一样，欣赏他拙劣的表演。你的闲庭信步也会让对方为自己的行为并没有产生预想的效果而气急败坏。

南怀瑾大师解释了《中庸》中"喜怒哀乐之未发谓之中，发而皆中节谓之和"这句话。他说，人在没有产生喜怒哀乐等这些情感的时候，心中没有受到外物的侵扰，是平和自然的，这样的状态就是"中"。在处理各类事务的时候，不可避免地要在心理上产生反应，发生各种各样的情绪变化，并且在表情、行动、语言等方面表现出来。如果表现出来的情绪恰到好处，既不过分，也无不足，而且还符合当事人的身份，不违背情理，适时适度，切合场合，这样就达到了"和"的境界。而身心只有在这种"和"的境界中才能健康自在。

宽容面对别人的伤害，也是在宽恕自己，所以，要让自己有一个平和健康的心态。

第三章

心存大爱：境由心生，万般神佛皆有情

南怀瑾大师曾经说："佛要教化一切众生，慈爱一切众生，对好的要慈悲，对坏的更要慈悲。好人要度要教化，坏人更要教化。天堂的人要度，地狱里的更可怜，更要度。这是佛法的精神，所以说要度一切众生。"这就是爱的智慧。

做人要有菩萨心肠

一个人如果觉悟了，悟道了，对一切功名富贵看不上，却万事不管，遇事就脚底下抹油溜了，这种人叫作罗汉。但是菩萨境界则不然，觉悟了，解脱了世间一切的痛苦，自己升华了，但是，看到世上林林总总的众生，还在苦难中，就要再回到世间广度一切众生。这种牺牲自我、利益一切众生的行为，就是所谓有情，是大乘菩萨道。

——南怀瑾大师

南怀瑾大师曾经有云："自立立他，自觉觉他，牺牲自我，普济众生，这才是大乘菩萨永不退失的行愿。经云：'自未得度，先度他人，菩萨发心。'"这句话体现出南怀瑾大师对佛教中的罗汉、佛与菩萨的特定而深邃的理解：罗汉乃是"无情"者，自身觉悟了，却不再为芸芸众生劳心；佛则介于"有情"与"无情"之间，佛注视着芸芸众生，对其管或不管，度或不度。佛讲求引导，而不肯亲自施以援手。唯独菩萨乃是"觉悟有情"者，也就是说自己已经悟道，但是心中大爱仍存，对芸芸众生抱有一份怜悯之怀，因而愿意将众生度到更高的人生境界。

对于参佛悟禅者而言，菩萨的境界应当是神往之境。修行者，须有一份菩萨心肠。菩萨心肠，就是无私大爱，是"纵然己身达至境，亦将撒爱到世间"的胸怀。罗汉之境、佛陀之境，虽也能给人带来心灵上的超脱，带来精神上的洗礼，怎奈终归是对己身的"小爱"，就像是于六月饮下一杯冰水，心中虽畅快，但他人干渴依然。唯有菩萨之境，乃是为"六月之天，普降甘霖"之举，不仅修行自己的境界，更是将众生一起度化。

其实又岂是参佛悟禅者，众生行于大千世界，当以"善"为行事之本。"扫地恐伤蝼蚁命，爱惜飞蛾纱罩灯"，纵然是蜉蝣，也当以珍宝视之。唯有如此，心中方可善念长在，善念长在一分，就离菩萨之境更近一分。

南怀瑾大师认为，在这个世间，活佛、活菩萨、活罗汉都是确确实实存在的。换句话说，就是那些具有佛心、菩萨心、罗汉心的人在世上很多。只不过活佛的境界太高，虽然存在，但是我们目力不能所及，看不到他们的身影。而罗汉与菩萨则常常可见，比如陶渊明就是"罗汉"，自己顿悟后，"采菊东篱下，悠然见南山"，虽然自己超脱，但世人仍在水深火热之中。陶渊明解脱了自己，却无法将世人带出那一汪苦海。所以，陶渊明也只是罗汉之境，没有达到菩萨之境，虽然超脱，但也只是小乘而已。若然心中有些许他人之影，自己超脱，不忘助别人脱离沼泽，这就是南怀瑾大师所说的"大乘菩萨道"。

南怀瑾大师讲述了这样两个故事，来警戒世人"存有菩萨心肠，多为善行之事"的重要性。

一个故事是说有位财大势大的商人，手里有好多座矿山。虽然生活富足，怎奈恃富而骄，待人刻薄不说，更不知体恤工人。但是他却觉得自己这么做没有什么过错。直到后来他身患重病。为了治病，他不得不放弃自己的事业，甚至将矿山、房子都卖了。更可悲的是，他的遭遇没有赢得旁人的同情，人们甚至说这是老天对他的报应。可见，平日里为富不仁，落了难也难得到他人的同情，更不要说帮助了。

另一个故事是说有位老板平日里十分慷慨，常常宴请亲朋好友，从来不在乎花掉多少钱。这位老板认为自己是"广结善缘"，是在做好事。其实不然，这位老板不知"朱门酒肉臭，路有冻死骨"。虽然当今社会，"朱门酒肉未必臭，路边未有冻死骨"，但是他却不知自己一掷千金之时，有多少父母正为孩子的学费愁眉不展，又有多少儿女在为父母的医药费劳心劳力。他以为自己是在"广结善缘"，对真正的善事却不闻不见，这种人的境界连罗汉都算不上，更不要说菩萨了。

那么，怎样的人才算是达到了菩萨的境界呢？大师认为，那些怀着善心去做一件件看起来很平常很简单的事情的人，才是达到了菩萨的境界。比如那些志愿者们，无所求地为需要帮助的人贡献着自己的力量，这就是"活菩萨"。

虽然在如今的社会，人们越来越重视自己的利益需求，完完全全做到"自未得度，先度他人"已经很难，但是对一个人而言，只有在帮助他人的时候，心灵的世界才会充盈着最真挚的幸福感。菩萨般的心肠，是人类温情的源泉，流淌出的泉水，可以将我们的世界滋润出最美的色彩。

心有所得

"善"是生活中最美好的德行，心有善念，则不为恶事，不为恶事，则不堕魔道。只有修出一颗菩萨之心，方能体会到人生的禅境。

人心平则世界平，心不平则世界不平

佛要教化一切众生。慈爱一切众生，对好的要慈悲，对坏的更要慈悲。好人要度，要教化，坏人更要教化。天堂的人要度，地狱里的更可怜，更要度。这是佛法的精神，所以说要度一切众生。

——南怀瑾大师

佛说："我不入地狱，谁入地狱？"南怀瑾大师在解释这句话的意思时认为，佛家倡导的是教化一切众生，而深处地狱中的人，自然是最应该被教化的了。但是地狱险恶，没有人愿意下地狱去行教化之道，那么这个重任就只能交给佛自己了。南怀瑾大师用这样的解读，向我们诠释了佛家普世济人的主张。而在历史上，那些得道的高僧，无一不是甘愿己身下到地狱，普度世人的。

在日本的圆觉寺，住着一位得道高僧，他就是盘硅禅师。每当盘硅禅师闭关参禅，禅师的弟子们就会从日本各地赶来参加集会。

没想到在一次集会时，发生了严重的偷窃事件。许多弟子的财物失窃。最后窃贼被查了出来，是禅师的一位弟子。失窃的人纷纷要求盘硅禅师将这个人逐出师门，要不然他们就会集体离开。

盘硅禅师得知此事后，将弟子们召集到一起，然后对他们说道："你们都来我这里入禅修道，可以说都是具有智慧的人。而你们也分得清善恶与对错，所以即使不在我这里参禅，去到别的地方修行，我也可以放心了。但是这位可怜的弟子呢？他现在是因为分不清是非，所以才行偷盗之事，如果我现在将他逐出师门，那么以后还有谁会来教他呢？所以即使你们全都离开了我，我也不能将他赶走啊！"

盘硅禅师说完这番话，那个偷窃的弟子既悔恨又感动，他向禅师进行了忏悔，然后将偷来的东西全部物归原主。其他弟子在听到禅师的一番话后，为其折服，并且原谅了那个偷窃财物的同门。自此之后，这个曾经做出偷盗之事的弟子，在盘硅禅师身边潜心参禅学佛，最后终于学有所成，造诣很高。

盘硅禅师在面对失窃弟子们的不平时，心中仍然保持着一个"平"字，所以盘硅禅师的世界是平的。他真正做到了南怀瑾大师所说的"慈爱一切众生，对好的要慈悲，对坏的更要慈悲"。近朱者赤，那位曾犯下过错的弟子，当然可以在盘硅禅师这株菩提树下，开出一朵佛性之花。

南怀瑾大师说佛家好人要度，坏人更要度，这难道不是学佛人价值意义之所在吗？不光是学佛之人，每一个人都应该仔细思考一下自己的这一生、这一世，是不是具有"意义"。这"意义"绝不是每日吃着山珍海味、穿着绫罗绸缎、开着名车、住着豪宅，而是在自己只有一碗粥的时候，能将半碗分给比自己更饥饿的人。这悲悯之心，与只注重自己衣食住行的贪痴之心相比，哪一种能为你带来心灵上的宁静，想必是不言而喻的。所以，每一个人都应该抽出时间来思考自己存在于这个世界中的意义。当然，有些人为工作所累，每天辛辛苦苦赚钱，也越来越觉得生命的意义就是赚钱。其实，你也许忘记了自己赚钱的初衷，这初衷也许是为父亲买一瓶好酒，为母亲买一件漂亮的首饰，也许是为了自己能有帮助别人的物质能力。总之，一个人在刚刚开始赚钱的时候，绝不是为了赚钱而赚钱。所以，你不妨沿着一路走来的足迹走回去，也许就能发现你想要的生命意义。这个意义就是——当你为他人而忙时，你会感到快乐盈心。

为他人而忙，我们可以理解成为自己所爱的人奉献。爱家人而奉献，这是小爱，内心可以得到"小平"；爱世界而奉献，这是大爱，内心可以得到"大平"。做到了"大平"，你的人生意义不就彰显出来了吗？

心若不平，实则庸人自扰。南怀瑾大师在其《宗镜录》一书中这样说道："'居三界尘劳之内，犹热病见鬼'，脑神经部分高烧时容易看到鬼、看到很多可怕景象，这都是假的，这种幻境属非量境界。我们现在坐在这里，以为自己是清醒的，既没有高烧，也没有发疯，实际上，如果从佛眼来看，我们的心性本来无事的，可是我们现在感觉有那么多事，还是在高烧、在发疯喔！这种非量境界，等于'热病见鬼'。'非怨处认怨'，我们人活着，一天到晚都在是非恩怨中。"

这段话就告诉我们，一个人精神上的苦痛，正是因为自己感觉有那么多的事。为什么会有这么多的事呢？是因为欲念，欲念会使你"心不平"。

南怀瑾大师有言："每一个众生的本性就是佛，我们的本性是澄清湛寂，这就是佛所悟到的本有的生命，找到了这个叫觉。一切众生本来是清净的。这个东西也叫涅槃，也叫道，也叫佛。"大师的教诲如同晨钟暮鼓般给人带来凝思，我们应该去寻找心中的佛性，为心灵世界打开一道"大平"之门。

心有所得

在佛经里，记载着许多佛家子弟焚身剜肉，以代众生受苦，救赎众生的故事。当然，我们不必用焚身剜肉来表明自己帮助他人的决心，只需要从生活的点滴做起，做一些小的善事，一样可以达到"心平"的境界。

心怀善念，方可度己度人

　　我常常告诉出家的同学们，你们学佛先要懂得做坏人，会做坏人而不做，才可以做圣人，因为圣人什么都懂。

——南怀瑾大师

　　知道什么是坏人，但是却不行坏人之事，这样就可以做一个善人。南怀瑾大师用辩证法，为我们阐明了这样的人生哲理，可谓是拨开了我们心头的重重迷雾，指点了我们人生道路上的迷津。对每一个人来说，心中仅仅知道什么是恶行还不够，必须在心中留下善念这一方净土，只有如此方可度己度人。

　　其实，善与恶是存于人心的一念之间的，一念是刹那的取舍，一念是瞬间的抉择。在人的一念之间，一个人的心灵世界既可以登得极乐净土，又可以坠入阿鼻地狱。倘若心中长存一份善念，那么这份善念便像是春天的甘霖，心灵世界的花草树木可以为其滋润，最终获得一片草翠花香的宁静；若心中留有恶念，那么这恶念便如烈火一般将心灵世界燃烧成一片荒漠，而这荒漠会扩散到一个人的行为，恶行便由此而来。而那些心存大恶之念的人，连佛祖都是不愿意度化的。

　　佛祖坐在一口井边。这口井可不是普通的井，这口井连接着地狱，向井里看去，你会看到许许多多的鬼魂，他们在井里发出凄厉的号叫。

　　在这些鬼魂中，有一个粗脖子、大块头的叫得最是凄厉。他圆睁着两只眼，向井外的佛祖喊道："大慈大悲的佛祖啊，求求你带我脱离这苦海吧。"

　　佛祖一看，便认出这个鬼魂就是在人世间作恶多端的乾达多，于是佛祖说道："你作恶多端，叫我如何救你。对了，我想起你有一次不忍踩死一只蜘蛛，算是行了一件善事，那我就用这蜘蛛的力量救你出苦海吧。"

佛祖说完，一条又细又长银光闪闪的蛛丝从地狱上空唯一的透入亮光的小洞中垂了下来。乾达多赶紧抓住蛛丝奋力向上爬。可是他爬了一会儿，发现蛛丝摇晃得很厉害，回头一看，原来地狱其他的鬼魂也都抓着蛛丝往上爬。乾达多拼命喊叫要这些鬼魂下去，可是无济于事，于是乾达多干脆割断了脚下的蛛丝，这些鬼魂又都跌回了地狱。可就在这时候，蛛丝突然断了，乾达多掉落下去后狠狠砸在了其他鬼魂的身上。这些鬼魂见到乾达多，顿时都扑过去撕咬，乾达多痛苦难耐，冲着井上大叫："佛祖，快来救我，快来救我！"

可是佛祖已经离去。

佛祖并非没有度化过乾达多，而是乾达多不知悔改。这个故事就告诉我们，心中怀有恶念的人，最终会害了自己。只有心怀善念，方能得到最终的善果。

一个人应该时常保持一份善念，而为了可以保持这一份善念，你可以在生活中多亲近亲近良善之人。有句话叫"近朱者赤，近墨者黑"，你若整日与品行不端者为伍，又怎么会行良善之事？多与良善之人接触，自己的道德修养才能更高。不妨多去参加一些公益活动，这样有助于自己总保持一份善良的心灵感觉。

南怀瑾大师在这里让我们对善与恶有了更深的理解，那么我们何不沿着大师的指引，去做一个度人度己的善人呢？

自己不做善事，则没有人愿意来帮助你。多做善事，既可以充实自己的内心，又可以获得他人真诚的帮助，何乐而不为呢？

智慧与慈悲，同为人生至宝

我们看到世界上有许多人做善事，看似种了善因，结果所得的却是恶果，其理由就因为欠缺般若智慧。修行在智慧，不要自认为在行善，往往身语意在造作增长种种恶业而不自知。有人只喜欢放生，放生是善根之一，可是我常劝人在都市中不要乱放生。例如你去菜场买些动物来放生，这不但不是放生，反而是杀生。有些卖动物的人晓得有人爱放生，他就拼命去抓来卖。甚至于你今天放生的，明天就又被抓回来，所以真放生是很难的，有时救了个小动物不见得是做善事，做善事是要智慧的。像有的人没钱还好，你一帮助他，他反而有本钱去作恶。所以说，没有智慧所做的善事，反而会变成坏事。

——南怀瑾大师

生命就是有情，这个情，既可以是父亲的教诲，母亲的叮咛，也可以是良师的谆谆教导，益友的诚挚忠告。这个情，还可以来自陌生人对你不求回报的帮助。当然，反过来，你对提到的这些人，也可以照样付出真挚。

三丈红尘中，最美好的情感就是慈悲。也许有人认为，处处都讲慈悲，有时会损害自己的利益，所以，做事还是讲"智慧"二字为妙。一个人做事，当然离不开思考，可是如果只知道思考，忘记了做人应有一颗慈悲之心，这样的人生充满着算计，还能得到真正的快乐吗？

星云大师曾经说过这样一句话："智慧，是人生的透视，是微妙的颖悟；慈悲，是善美的关怀，是立场的互易。智慧与慈悲，乃人间至宝也。"

星云大师在这里将智慧与慈悲视为一个人的两件宝物，是人生所不可缺少的两个"心"。二者之间应该是相得益彰、相辅相成的关系。倘若一个人只是有一颗慈悲之心，而无智慧之心，那么慈悲就有可能得不到正确的引导，由此产生"滥慈滥悲"，反而会误己害人；但倘若只有智慧之心，而无慈悲之心，那么智慧终不过是自私自利的"小智"，稍有不慎便会成为奸诈油滑，最终不过是"聪明反被聪明误"而已。

从前有一个和尚跟一个屠夫是好朋友。和尚天天早上要起来念经，而屠夫天天要早起杀猪。为了不耽误早上的工作，两人约定早上互相叫对方起床。

多年以后，和尚与屠夫相继去世了。屠夫去上天堂了，而和尚却下地狱了。

为什么？因为屠夫天天做善事，叫和尚起来念经，相反地，和尚天天叫屠夫起来杀生……

一个人应该以慈悲为根，浇之以智慧之水，那么心灵世界自然会开出至善之花，结出至爱之果；以慈悲为源，以智慧为流，那么这流出的水自然会清澈甘甜，源源不断，最终达成汪洋之境，自是可纳俗世之百川而波澜不惊。

众所周知，一休禅师是日本著名的高僧。他在世人心中简直就是智慧的化身，在他身上曾有许多有趣的故事，"和尚娶妻"就是其中之一，而这个故事，也恰恰体现出一休禅师的慈悲之心。

某日，一休禅师正在禅房坐禅，一个信徒忽然走进了禅房，向一休禅师哭诉自己不幸的生活。原来他为了治病借了许多高利贷，现在病虽然好了，但债主却天天催逼还债，甚至扬言要放火烧房，他天天惶惶不可终日，甚至常有自杀的想法。

一休问他有无其他办法解决这个问题，他摇了摇头，说除了一个年幼的女儿外，其他一无所有。

一休皱紧了眉头，这个信徒看到后哭道："请禅师帮忙，否则我的女儿就太苦了。"

一休忽然说道："帮你女儿找个夫婿，然后让女婿来帮你还债吧。"

信徒一听苦笑道："我女儿才八岁，怎么嫁人啊？"

一休说道："就把你女儿嫁给我吧，然后由我替你还债。"

信徒听完大惊失色，急忙说道："这怎么行！"

一休禅师却微笑说道："就这么定了，你快回家去准备准备吧。"

信徒此时别无他法，只能按照一休禅师的办法试一试了。他回家后把一休禅师要娶自己女儿的消息传了出去，一传十，十传百，十里八乡的都知道了这个消息，都打算在迎亲那天看个究竟。

迎亲那天，信徒的家门口里三层外三层挤满了人。一休禅师端坐在院内，命人将自己的著作《狂云集》拿出，竟然就这样签名售书起来。那些本来来看热闹的人见状纷纷解开钱袋买书。等一休禅师把带来的书售罄之后，已经积累了几大箩筐的钱。

一休禅师问信徒："这些钱够吗？"

信徒感激流涕道："够了够了，多谢禅师。"说完便跪倒叩拜。

一休禅师将他扶起道："我的忙已经帮到了，女婿自然也不必做了。"说完转身而去。

一休禅师先有慈悲之心，然后由慈悲之心开启智慧之门，最终救人于苦难，不得不说是寓慈于智的成功典范。

没有慈悲的智慧，就如同失去航道的行船。要知仁慈才是本，智慧不过是末，舍本逐末，最终会使自己的内心为业障所困，悟不透佛理，参不透禅机。

南怀瑾大师曾经这样说道："你为什么念经拜佛？有许多人到这里来学打坐，我说你为了什么，你先讲，不准考虑。我为了身体。好了，为了自己身体好，我也教，但是把他摆在一边，因为他的目的自私自利，不是为了菩提道业。你说我学这个是为了佛道，自利而后利他，那还可以。"对大师的这番话，我们可以这样理解：你为自己的私利而拜佛诵经，却不知道怀一颗悲天悯人的仁爱心，你认为自己聪明，其实是愚人自欺。

切记南怀瑾大师所说的"有情"，这样你的人生才是具有真正大智慧的人生。

心有所得

慈悲与智慧是相辅相成的，千万不要认为自己才智过人，即使少了点慈悲，也不会对自己的人生造成太大的影响。对他人存点慈悲心，这个世界就会对你更好一点。

同情弱者是天下最大的学问

做人的道理是应该如此，对于不及我们的人，不必讨厌他，要同情他，能够帮助的就尽量帮助他，即使不能帮助也要包容人，原谅人家一点，如果自己是对的，当然要助人，自己不对就免谈。

——南怀瑾大师

曾经有这样一个问题："天下最高的学问是什么？"对此，南怀瑾大师的答案是：同情弱者，帮助弱者。大师认为，对一个人而言，同情弱者是其天性和本能。这是一种美丽的本能，人类想要营造和谐共存的环境，就需要同情这种本能。正是因为有了同情，人类才没有陷入过度自私自利中；正是因为有了同情，人类社会才不会变成弱肉强食的野蛮丛林。

任何一个人，都想成为生活中的强者，即使那些身有残疾者也不例外。想要成为强者是一种值得赞扬的心理，但是更重要的是，你想过在成为一个强者后，什么是自己应当做的，什么又是自己不应该做的吗？在日常生活中，有些人一看到残疾人，看到他们动作不灵便或者目不能视、耳不能听，就想嘲笑他们，更有缺乏道德的人，甚至想戏弄他们一番。这样的人其实是精神上的弱者，是道德上的残疾人。

有句话叫"力量越大，责任也就越大"，当你成为真正的强者后，不是说从此以后，你就可以肆无忌惮地轻视甚至欺压弱者了，而是说你从此具有了帮助弱者的责任。你若领悟不到这一点，内心一定会因为力量的强大而陷入泥淖之中，迷失自我，变得自私自利。你的这份强大会让他人生出一番畏惧。这不是敬畏，而是夹带着愤怒的害怕，一旦人们愤怒到极点，你的强大还能保护你吗？

大师曾经讲过这样一个故事：

释迦牟尼座下有一个弟子，这个弟子双目失明。但是他自己缝补衣服，从不依靠他人。有一天，他费了好长时间也不能将线穿到针眼里，于是高声向周围的僧人求助。但这时候，僧人们都已经打坐入定，因此没有人对他的求助做出回应。释迦牟尼看到这一切，亲自下来帮他穿好针线，然后交到他手上，教他怎样缝。这个弟子听到来人的声音，这才知道是释迦牟尼。弟子立刻谦恭地说："您怎么亲自下来呢？"释迦牟尼回答他说："这是我应该做的。"然后释迦牟尼对其他正在打坐的弟子说："你们刚才应该帮助他，这才是真正参禅学佛者应该做的事啊！"

　　南怀瑾大师讲述这个故事，意在告诉我们，同情弱者而对其施以援手，这才是真正具有佛心的行为，这也就是南怀瑾大师认为的最大学问。希望你能谨记大师的教诲，去做天下最大的学问。

心有所得

　　这个世界是有强者与弱者之分的，但是，每一个人都有存在的意义，并不能因为是弱者，就要受到不公的待遇以及蔑视。只有怀着一颗同情弱者之心的人，才是真正的强者。

无佛中求佛，无善中行善

"只修祖性不修丹，万劫阴灵难入圣。"学佛的人只高谈理论，对于生命根源没有掌握住，经一万劫也修不到圣人的境界。不论怎么说，有一个基本原则，就是想成仙要修无数功德、无数善行才行。

——南怀瑾大师

南怀瑾大师曾经讲述了这样一件事："一天，一位在乡村当了许多年警察的人来看望我，谈话中他提到了自己执行勤务的一些苦处，于是对我说：'老师，我非常想早点退休，这样就能在你身边做事了，打扫清洁，端茶送饭，我都可以做。'我说：'你是一个诚实的君子，应该多担待一些烦恼苦痛，为地方百姓多做好事，这才是真修行、真学问。'"

南怀瑾大师认为，如果一个人整天地打坐念经，整天地求佛、求菩萨、求福报、求智慧，这其实也是一种贪求，并不是真正的学佛。这些都是形式主义的东西，真正的学佛可不是你摆出一副俨然学佛悟道的样子。要知道，功德是一个人实实在在的行为，可不是打打坐就能修来的。因为打坐本身也是种享受，你想啊，两条腿一盘，两只眼睛一闭，仿佛天下万事都与自己无关，这世界上还有什么比这个更舒服呢？这是绝对的自私自利，是修不到真正的功德的。

大师认为，真正的修行，应该是行愿。什么是行愿呢？就是说要修正自己的心理行为。一个人起心动念，这是没有发出来的行为，而一个人的行动靠什么？不就是思想的发挥嘛！有些人想求得空，其实这是在追寻形而上的问题，这些人是想在行为与思想上做到空，这怎么可能呢？假定有人已经做到了思想上的空，这就变成无知了，又何必学佛参禅呢？所以空的道理绝不是这样的。而打坐求空，很多人都在犯一个错误，这就是根本没有认识清楚空性的理。认识不到空性的理，再打坐也不能进步。所以，一定要认识到改变自己的心理行为是一件必要的事。只有懂得改变心理行为，一个人的见地才能圆满。

在《集法句》中，有这样一段话："虽作微小恶，后世招大怖，能有大损失，如毒入腹中；虽作小福业，后世感大乐，能成大义利，如谷实成熟。"这段话就告诉我们，微小的善恶，可以生出心中广大的苦乐。而南怀瑾大师也曾告诫他的弟子们，即使是微小的善业也应该做好，而对微小的恶业，就应该尽早断除。所以，真正的修行就是无佛中求佛，无善中行善。

有一个非常虔诚的学佛者，每天只要有空就会往禅寺里跑，不是帮着园头师种菜浇水，就是帮着典座师劈柴煮饭，反正总是忙个不停。当禅寺的方丈讲经的时候，他也会与其他人坐在一起，聚精会神地听讲。

一天，这个学佛者在禅堂外面，看到了里面学僧眼观鼻、鼻观心的坐禅姿态时，不禁叹了一口气。此时方丈正好从他身边经过，这一声叹息被他听到，于是方丈问他："你为什么叹气呢？"

谁知道学佛者反而又叹了一口气。

方丈更是不解，仍然追问道："平日里我见你为寺里忙里忙外，我讲解佛经的时候，你也用心倾听，可以说你的肉身与精神都沐浴在佛法之中，又为何叹气呢？"

学佛者回答说："不瞒方丈，我之所以烦恼，是因为我听不懂佛法。方丈讲的'祖师西来意''狗子有佛性否''即心即佛''如何是宗门中事''如何是佛''如何是本来面目''道在何处'等佛家智慧，我一句都听不懂，因此感到十分苦闷，故而叹息。"

方丈听后说道："你知道吗？临济禅师见学僧入门便训喝，德山禅师见学僧入门便棒打，而历代的得道高僧，有些人穷尽其一生来参究一个公案，都不能开悟，可见学禅需要用心，而不是仅仅倾听。"

学佛者问道："那么如何去参呢？"

方丈回答道："那你不妨就先参这个'听不懂'。"

故事中的这个学佛者，因为自己听不懂佛经而苦恼。其实这大可不必，因为这是为学佛而学佛，并没有了解佛禅的真谛。南怀瑾大师认为许多人学佛，只是因为看到别人学佛，于是自己也学佛，他自己并未真正了解佛法。所以南怀瑾大师提出这样的建议："与其呆坐在那里苦心悟佛，不如多做些实实在在的善事，这就是于无佛中求佛。别以为盘腿就能让自己了解到佛法的真谛，你修的是心理行为，而不是修腿。一个人如果不明白这一点，就不要谈四禅八定，更不要谈正果。功德是在行上来的，不是在打坐；打坐本来在享受嘛！两腿一盘，眼睛一闭，万事不管，天地间还有什么比这个更享受？这是绝对的自私自利。但是话又说回来，打坐不需要吗？需要啊！那是先训练你自己的起心动念，或者空掉念头，或者克制念头，或者为善去恶的训练。"

南怀瑾大师教导我们去做实事，而不是盘腿，这是将修得正果的途径告诉了我们。所以，如果你还在盘着腿，就赶快站起来去做一些善事吧。

心有所得

"点滴功勋岂自然"，一个人的功德是被一天天的善事累积起来的。你坐在那里，心里想着为善，可是又有谁是真正得到了你的帮助呢？所以，要去做，而不是坐。

无缘大慈，同体大悲

真正纯净的布施，就是要有爱心，尊重人家、信任人家，乐意帮助任何一个人，乃至猫、狗、虫子等一切有生命的生物。"慈心"，即对一切众生生起慈悲心。慈，也可说是父性的爱心；悲，也可说是母性的爱心。这两种爱心合起来，也就是观世音菩萨的大慈大悲。

——南怀瑾大师

真正行布施之事的人，在别人眼中就像是疯子一样。因为他们根本就不在乎金钱，只要有人需要，他们就会把钱送出去。南怀瑾大师还提到过香港的一些行乞者，其实家里面的财产都过了百万，可是他们仍然行乞。而那些施舍的人也根本不考虑这些人是否真的需要钱，也不在意自己是不是上当受骗了。这些施舍的人，他们的布施是无条件的，这就是在行真正的布施。这就如同佛家所讲的"无缘大慈，同体大悲"，真正的布施，以别人的痛苦和需要为自己的痛苦和需要。而大慈大悲这种至善至爱，就是佛家所说的"普度众生"。怀有此心之人，不但爱善人，就是不善的人，也同样爱。所以，佛教里就塑造了这样一位菩萨，这就是地藏王菩萨。在佛教里，地藏王菩萨的愿望是最大的，所以佛教里称其为"大愿地藏王菩萨"。据《地藏王菩萨经》上说："地藏王菩萨，无量劫来，早已成佛，然而，他化身为菩萨，发下大愿：'地狱未空，誓不成佛；众生度尽，方证菩提。'"

对普通人而言，乐于助人，善于分享，就是最好的布施。普通人的布施既是一种美德，也是一种善良与爱心。而这种布施在给自己带来快乐幸福的同时，也可让自己收获到更多。

那么，一个人想行真正的布施之事，又应该怎么做呢？

第一，自己是真心助人的，没有任何其他的想法。南怀瑾大师曾经提到自己认识的一位姓黄的医师，因为经常要为病人做手术而顾不上吃饭。有时候他想来南怀瑾大师这里听课，因为工作的原因也来不了。南怀瑾大师认为黄医师的行为是对的，吃饭也好，上课也罢，只是在满足自己肉身与精神上的欲望而已，这与病人的生命相比，都是可以牺牲的。

第二，既然在做布施之事，就不能怕将来有麻烦。比如有些企业家在某个大学设立了奖学金，其他大学见了，也希望这位企业家能慷慨解囊。你说他该不该往外掏钞票呢？今天要是答应了，搞不好明天、后天又有大学需要他捐资助学。这多麻烦啊！可难道就因为怕麻烦，就不去捐资了吗？这当然是不行的，所以既然布施了，就不要害怕以后会有麻烦事。

上述这两点就是真正布施的原则，知道了这一些，也就知道什么是真正的施主了。有个词叫"不简福田"，就是说真正的布施是不挑对象的。不管被布施的人是什么样的，布施者只会感受到因为帮助了人而产生的那一份心灵深处的快乐。对世间之人充满爱心与同情心，"心信开眼，生爱念已，舍物施与，心常普缘一切众生"，只有具备这样的博爱精神，心中没有多余的杂念，才称得上是真正的施主。

南怀瑾大师劝诫我们要有慈心，一颗慈心就像是源头，可以流下真布施的溪流。

布施是一件功德无量的事，这就像是蜜蜂采蜜，而花就是布施者。众多的花粉被酿成蜂蜜，可是对花本身并没有造成多大的损害。所以，布施者不一定会有多大的损失，可是得到的功德却是无量的。

为善无近名，为恶无近刑

<blockquote>
做善事是应该的，应做到做善事不留名，这就是"为善无近名"。"为恶无近刑"意思是没有绝对的完人，每一个人总有不对的地方，但是这些坏事不要达到犯法的边缘，不要达到受打击痛苦失败到极点的边缘。

——南怀瑾大师
</blockquote>

做善事应该不留名，这才接近于至善的境界。那么，真正的至善是什么呢？对于这一点，佛祖已经讲得十分清楚了，一是要出于一颗至诚之心；二是不求日后的回报；三是不随随便便贬低别人。

我们先看第一条——出于一颗至诚之心。在这三大布施原则之中，至诚之心当然是最重要的了。你行布施之事，不是因为权势，不是因为外表，不是因为日后回报，不是因为炫耀自己，内心坦坦荡荡，没有任何的私心杂念，纯粹出于一念之善，这就是真布施，这就是真慈悲。无论你的施舍多么微不足道，都是应该得到善报的。一个人能够依从一念之善，这是真行善。

南怀瑾大师就曾讲述过一个因为施善而得到好报的故事：

一次，佛祖出来化缘，路上遇到两个孩童在玩沙子。这两个孩童看见佛后，非常恭敬地行礼，然后其中一个孩子抓起一把沙子，将其放在了佛的钵盂里，说："我用这个来供养你。"

佛说："善哉！善哉！"

另一个孩子也将一把沙子放在了佛的钵盂里。佛预言这两个孩子在一百年后，一个会成为英明的帝王，另一个会成为贤明的宰相。

果然，多年后一个成了历史上有名的阿育王，另一个成了阿育王的宰相。阿育王向佛施舍的这一把沙子，是出于一念之善，没有任何的私心杂念。如果动机不纯，或者为了炫耀自己的善心，或者为自己求得一个好前程，或者因为自己做过恶事，怕有恶果而施舍，就算是捐出金山银山，也不会换来大功德。

行善是不能求回报的，否则就不是真行善。有些人一天到晚地抱怨，自己这辈子好事也做了不少，可是总得不到幸运女神的眷顾，认为好人没好报。其实从严格意义上讲，这种人哪能称得上是好人呢？他们做好事是为了有好报，这不就跟商人一样吗？

此外，不要随随便便就贬低接受帮助的人。你施舍了他人，自己处在了"施主"的位置上，心里难免就会生出几分优越感，然后会表现在语言神态上。谁都不是傻子，你的傲气会让接受你施舍的人难过，也许有人会因为你的高傲而"廉者不受嗟来之食"，你想施舍都找不到对象。另外，在背后也不要说别人坏话。比如，有些人因为受到过你的恩惠而飞黄腾达，平步青云，你自己却原地踏步，没什么改善进展。这时候你的心理难免就会失衡，逢人便议论你曾经对他的恩惠。其实，你这不是在变相地说人家知恩不图报吗？你大可想想自己目前是否真的需要人家的回报，如果在真正需要帮助的时候，他却袖手旁观，你再议论人家也不迟。

南怀瑾大师劝诫我们要"为善无近名，为恶无近刑"，这就是在告诉我们何为大爱。我们沿着大师指出的方向，一定可以找到心灵深处的灵山。

心有所得

与人为善是一种可贵的美德，古往今来都是受到人们的推崇和褒奖的。而做好事可以不留名，则更是一种大爱的体现，这才是真正的无私奉献。

第四章

祛除浮躁：无欲则刚，淡泊明志心自远

欲望过多的人定然浮躁，他们在做事的时候总要求一个"快"字，然而"欲速则不达"，也许你得到了一些物质上的东西，可是人生最美、最动人的风景，你却错过了。浮躁是当下许多年轻人的通病。南怀瑾大师曾经说过："每个人养成独立的人格，就是真的民主，真的自由了。"这是大师对年轻人的告诫。

物来则应，过去不留

我经常跟年轻人一起跑步、做事，逗他们说，自己老了，拿不动了，实际上我的心里没有这个观念，要拿就拿，我从来没有年老与年轻的观念，年轻不觉得年轻，老也不必觉得老。这些劝告的话，我称之为劝世文，年轻人应该听，老年人可以不必听。虽百年犹若刹那，滚滚长江东逝水。"似西垂之残照"，太阳下山，一下子就天黑了。

——南怀瑾大师

百年犹若刹那，何来老与年轻之别？沿着大师的指引，我们对人生又有了新的感悟，这就是"物来则应，过去不留"。人与现实之间，本来就存在着各种各样的博弈。是利用现实，还是为现实所利用？这个决定权是掌握在自己手中的。这也是人们对儒家倡导的中庸之道的广泛应用。

庄子是最早提出"中庸"的思想家。《齐物论》中讲："唯达者知通为一，为是不用而寓诸庸。庸也者，用也；用也者，通也；通也者，得也。"南怀瑾大师就对庄子所说的"庸"提出了自己的观点，大师认为无用之用是为大用，完全不用是行不通的。还是应该用，而且要用得恰当，用得适可。

同时，南怀瑾大师还认为，庄子所处的时代是动乱的战国时期，那个时候许多人选择了逃避现实的处世态度。可是现实是每个人必须面对的，是逃不开的。所以，这就要求每个人想办法去利用现实，而不能被现实逼得连条活路都没有。将现实利用得好，这就是"庸"，用得不好，那就是"庸碌"。"庸"字最初的本意不是马虎，而是"得其环中"、"恰到好处"。"庸"是一种非常高深的智慧，它看起来平常无奇，但是具有"得其环中，以应无穷"的强大力量。

有一个青年，出生于贫寒家庭。在一路走来的岁月里，他种过庄稼，当过木匠，干过泥瓦工，甚至收过破烂，卖过煤球。他的感情经历也非常不顺，经常感情受挫。他没有一个属于自己的家，只能居无定所，四处漂泊，他也因此总是遭受到别人鄙夷的眼光。但是他却非常热爱文学，而且写下了许多饱含情感的诗歌，这些文字清澈而纯净。幸运的是，他的诗歌受到了一些人的喜爱，不过这些人疑惑的是，这样清澈的文字居然出自一个挣扎在生活边缘之人的笔下。

面对着他人的不解，他说出了自己的答案："我从小在农村长大，农村人有个习惯，家家都会储粪。小的时候，每当我看到父母往地里运粪的时候，我就会感到非常奇怪，这么臭这么脏的东西，为什么就能让庄稼长得更加壮实呢？我长大之后，虽然经历了许许多多生活上的不如意，但是我自己没有堕落，没有犯罪，在这时候，我才明白了粪和庄稼的关系。

如果你将粪便一直放在粪池之中，它就会一直臭下去脏下去。但是它们一遇到土地，一遇到庄稼，那情况就大不一样了，它们会成为最有用的肥料。对一个人而言，生活中的苦难就像是粪便一样，如果将苦难只是视为苦难，苦难就会一直发酵下去，让你痛不欲生。但是如果你将这苦难与你未来世界里最广阔的那片土地结合到一起，苦难就会变成宝贵的养料，让你这一棵青苗长出硕大的金穗。"

这个年轻人向我们揭示了人与现实的博弈关系，土地能够显示出粪便的价值，一个人的心灵则可以主导苦难之水的流向。让我们看一看这个年轻人笔下流淌的清澈文字吧——"我健康的双足是一对有力的鼓槌，在这个雨季敲打着春天的胸脯，没有华丽的鞋子又有什么关系啊，谁说此刻的我不够幸福？"

《庄子》中有这样一句话："且夫乘物以游心，托不得已以养中，至矣。何作为报也！莫若为致命，此其难者！"这句话中的"乘物以游心"，是说抱着一种超然物外，游戏人间的心理来度过这一生。南怀瑾大师对此做出自己进一步的讲解，他认为游戏人间并不是玩世不恭，而是要让自己的心境处于轻松的状态中，在内心深处守住做人的本分。一个人当从俗事之中解脱出来，切莫被物质所累。

大师经常讲，人生只有十二个字："看得破，忍不过；想得到，做不来。"人这一辈子，总会被过去的种种因由牵绊着，即使有些人能够将这一切看破，但是未必能解脱得了。想要挣脱苦海，就需要以"中庸"的态度对待世间之事、世间之物。正所谓"物来则应，过去不留"，它来时要勇敢地面对，它走时也不过度留恋。一个人在心中做到了不藏是非，在行为上做到了毫不挂怀，自己的精神能够不被物质所打垮，不被环境所诱惑，这不就是圣贤的境界吗？

大师同时认为，一个真正在修道上有所了悟的人，可以做到"俗人昭昭，我独昏昏，俗人察察，我独闷闷，澹兮其若海，飂兮若无止"。这是什么意思呢？"昭昭"是高明得很的意思，形容什么事都很灵光的样子。"俗人昭昭"就是说一般的俗人都想高人一等。相对来看，"我独昏昏"就是说修道人不在意自己的聪明才智是否高人一等，他们宁愿给人看起来是平凡无奇的。"我独昏昏"同时也说明修道人的一言一行虽是入世，但是在心境上却是出世的。"俗人察察，我独闷闷"，这就是在讲一般人对待任何小事会处理得很精明，事事都要精打细算，但我却是闷闷的、笨笨的。也就是说有道德的人表面看起来混混沌沌的，但是他的内心世界是清明洒脱的，是遗世独立的。旁人想要耍聪明，就让旁人去耍聪明好了，你们愿意吹毛求疵、斤斤计较，我对此则抱着无所谓的态度。这样的人，胸襟就像海洋一般宽广。这样的人志向高远，人生境界更是让他人仰望。

　　那么，如果想修一颗出世之心，又应该怎么做呢？对此，你需要记住一句话，这就是"身做入世事，心在尘缘外"。如果我们将人生比喻成一杯水，杯子是名利、是财富，是所有的身外之物，是不会因为你出生就存在、死亡就消失的东西；而水则是人生的价值意义，沉淀着一个人最本质的东西，你认为是杯子重要还是水重要呢？我们的一生是需要一个杯子装着，但是这只杯子决定不了水的味道。水倒进杯子里，这就是入世，不过记住，水不是因为杯子才存在的。明白了这一点，你就知道什么是"心在尘缘外"了。

　　浮躁感似乎成了许多现代人的通病，每一个人既为过去的事而怅惘，又在为将来的事而烦恼。让自己的心淡定一点，这才是根除怅惘烦恼的良药。

质本洁来还洁去

庄子曾借用孔子的话说"人莫鉴于流水，而鉴于止水"。这话的意思是说，水流动时不能反照到自身，当水静止澄清时才可以作为镜子来用。是啊，人的心理状况永远像一股流水，心波识浪不能停息，永远不能悟道，也不能得道。人要认识自己，必须把心中的杂念、妄念去除，才可以明心见性。

——南怀瑾大师

一个人为什么会心忙，会庸人自扰呢？其中的一个原因，就是自己的能力还不够强大，却总想做一些大事情，施展一下大身手。这就像是自己还不会爬，却一天到晚总想着帮别人跑得快一些。你说，这难道不是心忙吗？这难道不是庸人自扰吗？

一个人想要去改变周围的人和物，首先要做到的应该是改变自己，先要修心，让自己从头到尾地成为一个正人君子。那么，这颗心又应该如何去修呢？"人之初，性本善，性相近，习相远"，这就告诉我们，每个人的一生，一定会受到外界环境的影响。这些影响既有来自家庭的，又有来自社会的，但无论环境如何变化，内心的坚定信念总是最重要的。

一天，老和尚带着小沙弥出门。一路上无论是宽广大道还是通幽小径，老和尚都是逍遥自在地走在前面，小沙弥则背着行李紧随其后。

小沙弥走着走着，心中突然冒出一个念头：如今我身在佛门，应立志当菩萨救度众生才是，所以我不能懈怠，必须赶快精进才行。

小沙弥想到这里，一抬头发现走在前面的老和尚突然停了下来，回过头对自己说："我来背包袱，你走在前面吧。"小沙弥虽然感到莫名其妙，不过还是将包袱递给了老和尚，自己走在了前面。

走着走着，小沙弥心中突然生出一份逍遥自在之感。这时候他又想，佛经里说菩萨必须顺应众生的需要而行各种布施，世人的需要那么多，菩萨不是很辛苦吗？还是独善其身，过这种逍遥自在的日子好啊。

他刚想到这里，就听老和尚很严厉地喝道："你停下来！"

小沙弥赶快回过头，只见老和尚一脸严肃。老和尚上前将包袱递给小沙弥说："你把包袱背好，跟在我后面走！"小沙弥走在后面，不禁又想到了做人之苦。他立刻又觉得还是修菩萨好。哪知他刚想到这里，老和尚又面带笑容地让他走在前面，自己背上行囊。可不一会儿小沙弥刚觉得过逍遥日子好，老和尚又让他背着行囊走在后面了。

小沙弥终于忍不住心中的疑惑，问道："师父，您今天一会儿让我走在前面，一会儿又让我走在后面，这究竟是为何啊？"

老和尚说："你虽然有心修行，但是修行之心并不坚定。一会儿想修菩萨之为，一会儿又想独善其身，过着逍遥的日子，这样进进退退，你怎么可能有所成就呢？"

小沙弥听了这一番教导，心中很是惭愧。当他又生起菩萨心时，便不敢再走在前面了。他对老和尚说道："师父，我甘愿以万丈高楼平地起的大心大愿为道基，一步一步向前精进。"老和尚听后很是高兴，说道："你终于可以修一颗菩萨心了。"

这个故事就告诉了我们坚定内心的重要性。而南怀瑾大师在讲解《庄子》的时候，对古代的明君舜是给予了很高评价的。南怀瑾大师认为尧和大禹虽然也很了不起，但是相比之下，舜的身世要比这二人更为悲苦。但是舜却能在逆境中坚持自我，没有让自己的操守德行败坏下去，这是多么的难能可贵啊！

南怀瑾大师劝诫我们不要自找麻烦，那么就请你按照大师的指点，让自己轻松一点吧。

心有所得

"质本洁来还洁去，强于污淖陷渠沟。"一个人只要内心笃定，并且有一个光明正大的信念，那么即使周围一片漆黑，也可以找到光明的所在。

剔除生命杂质，让快乐盈心

婴儿没有思想，他饿了知道要吃，冷起来也不舒服，就会哭，高兴时，不会讲话，只是微微笑容状。

——南怀瑾大师

大多数人一定会说，婴儿虽然没有思想，但是没有思想不就也没有任何的杂质了吗？有些人感慨越长大越烦恼，是因为生命这潭清水里，随着时间的流逝而注入了各种各样的杂质。这些杂质里有怯懦、嫉妒，也有骄横、冷漠。这些杂质，会将一个人内心中的快乐河道堵塞，让你感受到的，仅仅是心灵上的黑暗。

历史上有这样一个典故：某日，梁惠王在花园中游玩，身边有孟子作陪。当梁惠王欣赏着各种飞禽走兽的时候，不禁为自己能得到这样的快乐而感到十分得意，于是他语带讥讽地问孟子："贤者亦有此乐乎？"意思是说像你孟子这样的贤者，难道也喜欢这些世俗之乐吗？孟子不卑不亢，坦然说道："贤者而后乐此，不贤者虽有此不乐也。"意思就是说真正的贤者，只有在天下太平、百姓安居乐业的时候，才会去享受园林之乐。而那些不贤的人呢？虽然他们身处在园林之中，可未必会感受到真正的快乐。

南怀瑾大师对梁惠王和孟子的这番对话有着颇深的感触。他认为外界物质环境的好坏，虽然会对一个人的心情与思想产生影响。但这只是对那些精神世界没有达到一定高度的人而言，那些具有高度精神修养的人，环境的改变绝不会影响其心志，心志不变，则快乐永恒。

快乐是每一个人想要得到的一种心灵状态。快乐其实并不复杂，因为快乐与俗世那些复杂的东西，比如名啊利啊，是没有任何关系的。快乐是简单的，你躺在草地上,看着天边的云朵,就能感受到快乐;你坐在溪流边,看着嬉戏的鱼儿,也可以感受到快乐。快乐应该是轻松的,如果你的快乐为你带来负担感,那你一定没有明悉快乐的本相。

某次,洞山禅师与云居禅师谈禅,洞山禅师突然问云居禅师:"你爱色吗?"

正在用竹箩筛豌豆的云居禅师闻言吓了一跳,手一抖把竹箩里的豌豆都撒了出来。撒下的豌豆正好滚到了洞山禅师的脚边,洞山禅师笑着弯下腰,将豌豆一粒粒捡起。

云居禅师的脑中依然是洞山禅师的提问,他一时之间不知道怎么回答才好。因为"色"的范围太大,女色是色,美食也是色,世间万象在佛的眼里都是色,云居禅师想了好久才回答:"不爱。"

洞山禅师在一旁将云居禅师的受惊、闪躲、逃避看在眼里,认真地说:"你真的想好了吗?你在面对诱惑的时候能经受住考验吗?"

云居禅师大声回答:"当然。"然后看着洞山禅师,希望能听到他对这个问题的回答。

但是洞山禅师只是笑笑,没有任何的回答。

云居禅师忍不住反问:"那你能经受住女色的诱惑吗?"

洞山禅师哈哈大笑道:"我早知道你会这样问了,女色在我眼里只不过是一副具有美丽外表的臭皮囊而已,因此爱与不爱又有何区别?所以我心中可以坦坦荡荡地回答你的问题,而你却因为心中仍然对美丽的外表持有执心,所以无法做到真正的坦荡。"

同样是德高望重的佛家禅师,洞山禅师的心灵世界里完全没有了大千世界的影像,而云居禅师却还在内心留有对俗世的贪恋,无法做到内心完全的坦荡。因此他在回答洞山禅师的问题时,心灵世界里找不到快乐的影子。

生命中最难剔除的杂质,就是"欲念"二字,而诸般欲念之中,最侵扰人心的就是"贪欲"。南怀瑾大师曾经这样说道:"一切众生贪取无厌,唯求财利邪命自活。"大师还警告我们:"学佛的人第一步要放弃贪嗔痴。老实讲,修道人的贪心比任何人都严重,至少贪图成佛,说是什么都不要,其实什么都要。贪取自己跳出生死、了生死,这个动机是大贪,这个大贪对与不对是另外一个问题,不要认为自己没有贪。至于一般学佛修道呢?一边有这个出世的贪,一边又不肯去掉世间的贪,自己很放逸,真正的大贪还起不了。贪取是无厌的。'唯求财利',财利是维持生命必要的,这还算不错,最可怜的是被财利所迷,不知道为什么求财利。"一个人都不知道为什么求财利了，渐渐也会忘记为什么快乐，怎样才能快乐。

南怀瑾大师的教诲是发人深省的，聆听大师教诲，剔除生命杂质，让快乐盈心吧。

心有所得

让快乐简单一些，快乐就会离你近一些。

繁华本是幻，心斋当为真

斋是中国文化，语出庄子的"心斋"，心里一点杂念、妄想、欲念都没有，保持清净的念头叫"斋"。这个无关乎吃素，真的吃素是内心素到了极点，素净、干净到极点叫"心斋"。中国文化几千年来讲斋，是讲心的清净，而不是佛教的吃素。

——南怀瑾大师

精神上的吃素就是说心里面没有太多的欲念和妄想。少了欲念和妄想，外界的干扰就会减弱。一个人之所以时常感到痛苦，就是因为心太容易受到外界的影响。如果一个人的内心是空灵澄澈的，那么烦恼与痛苦又怎么可能出现呢？

无论是佛家还是道家，都提倡人们心如止水。然而这种境界并非一朝一夕就可获得，这是需要勤修苦练的。那么，心静如水究竟是什么样的境界呢？南怀瑾大师借庄子的一番言论，向我们打开了这种境界的大门。《庄子》中有这样一段："我心如水，止水澄波。平者，水停之盛也。其可以为法也，内保之而外不荡也。德者，成和之修也。德不形者，物不能离也。人莫鉴于流水，而鉴于止水。唯止能止众止。"

"平者，水停之盛也。"水真正地平了、停住了，就不会流了。但是如果有一点倾斜呢？水自然又会流出来。庄子在这里，其实已经很明确地告诉了世人修行的方法，这就是效法水平。心如止水，一切的杂念、妄想、喜怒哀乐都是空，都是幻。如果一个人能做到这一点，外界的风再高、浪再大，心灵世界也不会泛起丝毫的涟漪。

"内保之而外不荡也"，意思就是内在的心境永远不受外部环境的影响，始终如止水一般平衡不流。正所谓"德者，成和之修也。德不形者，物不能离也"。这里所说的"修"，是长路、希望、前途的意思。一个人有了这种内在的道德修养，无论是出世还是入世，内心总能保持祥和的境界。如果一个人的内心常常如波涛汹涌的海面一般，情绪十分不稳定，无异于给自己的人生道路堆满荆棘。

有一个人生来脾气暴躁，因此常常得罪他人。而他在发完脾气之后，总会感到懊悔不已。他知道再这样下去，恐怕连个肯跟自己说话的人都没有了。于是他决定好好修行，把自己的脾气改了。他甚至为此花钱盖了一座庙，然后在庙门口的牌匾上写上"百忍寺"三个大字。他这么做，是为了显示自己悔改的诚心。他每天都会站在庙门口，向香客们诉说自己的悔过之心。

这一天，他如往常一样站在庙门口。这时，一位香客问他牌匾上写的是什么字。这人回答他是"百忍寺"三个字。哪知香客没有听清，又问了他一次。他再次回答时的口气有些不耐烦了。但香客似乎还是没听清，第三次问他牌匾上写的是什么。这次他非常生气，对这位香客吼道："我跟你说了好几遍是'百忍寺'，你难道是聋子吗？"香客听后，不仅没生气，反而笑着说："你只不过回答了我三遍就不耐烦了，那你还建什么'百忍寺'呢？"

这人听了惭愧不已。

由此可见，心如止水可不是随随便便就能做到的。我们已经知道心静如止水的境界，那么这种境界究竟是什么样子的呢？南怀瑾大师借《庄子》中的一段话进行了解释："回（颜回）曰：'敢问心斋？'仲尼曰：'若一志，无听之以耳而听之以心，无听之以心而听之以气。听止于耳，心止于符。气也者，虚而待物者也。唯道集虚。虚者，心斋也。'"

颜回向自己的老师孔子询问心斋是什么，一个人怎样做才能达到心斋的境界，对此，孔子的回答是"听止于耳"，也就是说听觉停止了，外界的一切声音听不见，人不就可以入定了吗？"心止于符"，就是说心里面不动任何念头，这样不就接近于自然之道了吗？"气也者，虚而待物者也"，"待物者"就是说虽然身心内外一片空灵，但与外部世界仍然是具有关系的。那么这个时候呼吸的空气，也是空灵的。"唯道集虚"则是在说，一个人内心的空灵境界修炼得久了，要达到大成境界也就不是什么难事了。所以，心斋就是一个人内心意识不动，心平神定，在窥视自己内心世界之中，让自己的精神得到升华。

南怀瑾大师认为，孔子告诉颜回的是要摒除心中的杂念，让自己的心神专一起来。从不用耳听而用心领悟，到不用心领悟而用虚无的心境去感应。因为耳只能聆听，心也不过是与外界事物交合，唯有虚无的心境才能从容应对世间万物，而这种虚无空明的心境就叫作"心斋"。

心斋是一种清净的境界。每一个人的心灵，本来是很灵妙的，犹如圆明宝镜，普照十方，尘尘刹刹，映现其中。明镜的清净，是含相而清净，一个人的心灵，亦是如此。正如佛家所说的"清净"，是"含相而清净"，而非"避相而清净"；佛家所说的"超然"，是"即世而超然"，而非"避世而超然"。

赵州禅师的一段禅话问答，就说明了"含相而清净，即世而超然"的精神境界。有一个人问义存禅师：很清净的境界，这是一种怎样的境界呢？义存禅师说：这种境界是很深远的，是无有边际的。后来，这个人又问赵州禅师：很清净的境界，这是一种怎样的境界呢？赵州禅师说：依照世人的标准来看，这是一个清凉无比的境界，然而，如果依照佛家的标准来看，住在这种清净境界上的人，依然是被这种清净境界囚禁着，不是佛家所说的智慧解脱。后来，赵州禅师的回答，传到义存禅师那里。义存禅师听后，说：赵州禅师，真乃古佛在世啊！于是，便向赵州的方向，遥拜作礼。

依照赵州禅师的说法，智慧解脱的境界，必须是契合"平常心"的。"平常心"的境界，就是不怨不艾，不浮不躁，勤奋无住，淡泊宁静。具有这种境界的人，既不避喧求静，也不着相自缠，"即世而超然，超然在世间"。

南怀瑾大师告诫我们每一个人，应当讲求心灵世界的清净。依照大师的嘱咐而去为自己做一份心斋，你就会发现自己的内心正在强大起来。

心有所得

每一个人的内心世界都需要一份属于自己的安宁。这份安宁就像是一个港湾，使人在最脆弱的时候可以停靠。

生命不能从谎言中开出美丽的花朵

活在这个人生的大道上，要多问、多听。问了听了做什么？不是当知识用，耍花样的。

——南怀瑾大师

人活一世，就应该多问多听。但是需要注意的是，你问了听了后得来的知识，可不能用来去对不懂的人耍花样。什么是耍花样？不就是欺骗吗？南怀瑾大师这是在劝诫我们为人要诚实，不要满口谎言。

子曰："人而无信，不知其可也。"可见圣人很早就意识到诚信对一个人的重要性了。而南怀瑾大师也认为，身为一个人，必须要言而有信。一个人只有做到了诚信，才能和那些有学问、有道德的人成为朋友，使自己达到更高的境界。诚信既是人性的底线，也是品格的基石，一个人不懂得这一点，是无法与人很好地相处的。

在现实生活中，总有些人感觉答应别人的事情没有做到，没什么大不了的。因为自己并没有给人家带来肉体上的伤害，殊不知精神上的伤害其实往往比肉体上的伤害更让人难以接受。肉体上的伤容易愈合，精神上的伤却可能会留下永久的疤痕。所以人活一世，千万不要对别人轻易地许下诺言，你必须经过一番深思熟虑，想一想自己能否做到自己的许诺。一个人一而再再而三地说到做不到，你在别人的眼里就会如鹅毛一般轻了。你再说什么做什么，别人都不会放在心上的。

还有种行为比不守承诺更让人感到憎恶，那就是撒谎。有句话叫"谎言重复了一千遍就是真理"，这不是说谎言能变成真理，而是恰恰说明了谎言的可怕。

有一个婆罗门的教徒，他想弄到一只野兽来做祭品，于是他上山打猎，并捕到了一只山羊。教徒很高兴，背着山羊往家赶。路上走累了，他便坐下来休息。这时候三个骗子恰巧从这个教徒身边经过，看到教徒身边的山羊，几人窃窃私语说："我们今天有羊肉吃了。"于是他们嘀咕了几句，然后先后朝这名婆罗门教徒走去。

第一个骗子走过去对教徒说："你身边的这条狗真不错啊，一定猎杀过不少动物。"说完这句话，他就走开了。这个婆罗门教徒心里就想："这个人怎么胡说八道呢？这明明是一只山羊啊。"

这时候，另外两个骗子也走到了他面前，跟他打了个招呼，然后说道："你这位教徒怎么如此荒唐呢？你拥有神圣的祭绳、念珠、水钵和额前的圣点，可身边却是一条猎杀过许多动物的狗，你怎么对得起你的教徒身份呢？"这两个骗子说完，也离去了。

教徒一下子糊涂了，于是仔细地摸了摸山羊的耳朵、角以及尾巴。摸完后他才暗自说："这些家伙真笨，他们竟然会将一只山羊当成一条狗。"他觉得休息够了，于是将山羊重新扛到肩上，继续往家中赶去。

这时候三个骗子又出现在了教徒的面前，他们走在前面，不时地回过头对这个教徒喊道："你离我们远点，千万别挨着我们。你这个婆罗门教徒，居然背着猎杀其他动物的狗，你会受到惩罚的。"这个时候，教徒不禁疑惑起来，他开始怀疑自己背后的确实不是山羊，而是一条狗。他觉得三个人都这么说，应该不会错吧，于是他将山羊丢下，一个人往家里赶去。而那三个骗子看他走远后，便将山羊拖走吃掉了。

南怀瑾大师曾说："信，人之言为信，言而无信则非人。"谎言会让一个人的良知渐渐埋没，会让这个世界变得越来越丑恶。不知道你是否听过这样一句名言："生命不可能从谎言中开出灿烂的鲜花。"谎言长出的只能是毒瘤。

用诚信之光照亮你的一生吧，只有这样，你才能拥有光彩的人生。

在与他人的交流中，一是要相信自己的判断力，千万不要轻易就被他人的话所迷惑；二是不轻易许诺，说话前要深思熟虑。做好了这两点，你很容易就会受到人们的欢迎。

内心平静，生命才能开出幸福之花

今日的世界在表面上来看是历史上最幸福的时代。但是人们为了生存的竞争而忙碌，为了战争的毁灭而惶恐，为了欲海的难填而烦恼，这在精神上来看，也可以说是历史上最痛苦的时代。在这物质文明发达和精神生活贫乏的尖锐对比下，人类正面临着一个新的危机。

——南怀瑾大师

人是有七情六欲的，所以总是难免被情绪和欲望的缰绳牵着，不是向左就是向右，不是往前就是往后，在这样的纠缠和拼争中，人是很难静得下心来品味生活，调节心情，过好日子的。因为，一个人精神生活的匮乏会使得他很容易被物质利益驱使，而这是最不牢靠和不长久的，所以往往发生大喜大悲的极端事件。

南怀瑾大师告诫人们，这样的时代虽然物质文明非常发达，但是精神生活的贫乏使得很多人失去了生活的信念，因此，从这个意义上来说，人类正面临着一个新的危机。

很多人都知道并认同"身体是革命的本钱"这句话，因此养生成了热门，人们试图通过这种方式来延长生命，获得健康。但如果不能停止对身体和精神的无谓损耗，所有的养生都是徒劳的。所以，"前半辈子拿命换钱，后半辈子拿钱换命"是最现实、最可悲的现代人真实生活写照。要想保持一个健康的身体，首先需要做的是让自己"静"下来。这里的"静"不是指少活动，少运动，多睡觉，而是指减少无谓的损耗。

关于这一点，南怀瑾大师有很精辟的论断，他说："世界上有没有一个真正的静止状态呢？没有。所谓静态，只是一种缓慢的动态，一种延长的现象。……你看宇宙万物，譬如我们吃的水果，稻子，麦子，花木，是个静态的生长。静态是生命功能的一个状态。换句话说，能源从哪里来的？是从静态来的，从空来的。所以我们在妈妈肚子里十个月的生命，是静态的。为什么我们白天忙碌，到夜里要睡觉呢？因为需要静态。脑筋不休息不行的。"

由此可见，大师把"静"看成是生命能量的来源。

大师还引用并解释了先哲老子关于"静"的哲言。

老子说："万物芸芸，各归其根。归根曰静，静曰复命。"

南怀瑾大师对此的解释是：天地万物的生命，"芸芸"表示大地上的草木非常多，数不清，用来比喻万物。草木的生命力在根上。为什么生长那么快那么多？因为根吸收了天地间正的力量。根是什么？是万物生命的来源。回归根才是静，能静才回归生命。这是讲静态的重要。

这也就是说，只有静下来，才能给身体必要的补充和调整，才能为下一步的重新迈步做好充足的准备，同时也是不断积蓄力量的必要过程。有一个健康而充满活力的身体，对人生而言何尝不是一种幸福呢？

但是，很明显，仅仅积蓄力量是远远不够的，如果精神找不到强有力的支柱和依托而失去方向，其结果，就是力量越足越接近消亡。因此，"静"的另一大好处就是让自己的身心放松下来，好好思考一番。这一点从某种程度上来说，比生命的延长更为重要和迫切。

要想让自己能够静下来去思考，首先要学会放下，放下各种私心杂念，放下利益纠葛，放下让精神感到疲惫的东西，让精神能够平和、轻松地去思考人生，体味生活。

老和尚携小和尚四方云游，途中遇到一条河，他们看见一个女子正想过河，却又不敢过。于是，老和尚主动背着该女子蹚过了河，然后放下了女子，与小和尚继续赶路。小和尚不禁一路嘀咕：师父怎么了？竟敢背一女子过河？一路走，一路想，最后终于忍不住了，说："师父，你犯戒了，怎么背了女人？"老和尚叹道："我早已放下，你却背着她走了一路还放不下！"

古语云：君子坦荡荡，小人常戚戚。一个人只有遇事拿得起、放得下，才能永远保持一种健康的心态。

学会放下，不是从来不拿起，而是懂得拿起之后适时地放下来，不会总是背负在身上，成为心灵的重荷。

每个人的生活都充斥着这样那样的问题和烦恼，这些并不是与生俱来的，而是在漫长的人生道路上随着行进的步伐一个个捡拾起来，并背负在自己的行囊中的。捡拾得越多，压力也就越大，有的人会被压垮；有的人会在力不能支的时候放下歇口气，然后背着沉重的负担继续前进，就这样走走停停、磕磕绊绊，不知道哪天就坚持不下去了；有的人在发觉压力的时候，及时果断地抛弃、放下，获得难得的轻松，轻装简从，反而步履轻快，更有心情欣赏身边的风景，人生也就多了很多的乐趣和幸福。

放下，不是简单地从背上放在地上，而是要真正从心里放下。只要卸下心灵的负累，才能感受到生活的幸福。

老子说："不出于户，以知天下。不窥于牖，以知天道。其出也弥远，其知也弥少。是以圣人不行而知，不见而名，弗为而成。"不走出家门，而能了解天下的事情；不看窗外，而能知晓天道的存在。这是为什么呢？答案就是"静心思考"。即通过人的"静心思考"，而了解天下的事情，了解"天道"的存在。当然，这个"静心思考"，并不是脱离实际，而应当建立在对客观世界有所认识的基础上。

南怀瑾大师很注重这一点，他说："因为大家习惯了动态，自己忘记了生命的那个静态，更忘记了必须要把脑筋静下来，思想情绪完全静下来。一切的智能，如果不是在静态中，是发挥不起来的。"

他很提倡老子八个字的修养方法——"专气致柔，能婴儿乎"。把自己身体活动的功能宁静下来，完全恢复到婴儿状态，脑筋是清楚的，是快乐的。

为此，他提倡用打坐的办法来实现这种"静"。他认为：打坐，是修禅定的方法，禅定是宁静的深入，禅定的目的是开发智慧。譬如一杯水，乱搅动的时候，是看不清楚的，沉淀下来就看清楚了。

静涵盖了无穷的力量。印度学瑜伽，中国学武功的，学到最高处，就要练静功了。打坐的姿势那么多，我们大家要修养要学静，最高的原理，不靠别的方法，就是反省观照自己，乃至不加任何判断地观照、观察自己。

面对"南怀瑾无所不至无所不能"的赞誉或者"南怀瑾就是一个走江湖的"之类的质疑，大师只是淡淡地不置可否："清者自清浊者自浊。明白的人自会分辨，不明白的人辩解也不明白，徒费口舌而已。"这份从容与大度、凝练与坦然，与其说是一种胸襟不如说是一种姿态。这种姿态体现的正是智者参悟生活的超凡脱俗的境界。

这是最好的时代也是最坏的时代。在物质文明发达和精神生活贫乏的尖锐对比下，人类正面临着一个新的危机——在激进浮躁的俗世，我们渐渐忘记了自我，丢失了自己。南怀瑾大师放慢脚步，在禅学和茶文化的浸润中把心灵安放下来，在宁静的悠然中敏锐地观察生活、觉知生命。"渐除烦恼三千丈，接近仙灵一性真。对镜莞尔还自笑，依然故我我非新"。

心有所得

静涵盖了无穷的力量。我们大家要修养要学静，最高的原理，不靠别的方法，就是反省观照自己，甚至是不加任何判断地观照、观察自己。

第五章

淡看生命：弹指一挥间，生死任自然

　　生与死的问题，自从人类文明一开始就一直备受关注。世界上的各个宗教，也对生与死的问题持有各自的观点。南怀瑾大师精通儒、释、道三家的文化，对生与死自然有其独到而引人深思的见解。而在多次讲演中，南怀瑾大师也被听众问及这个哲学问题，而大师认为这不是三言两语可以讲透的……

生与死皆为天命，谁也不能避免

　　"自然"二字，从中国文字学的组合来解释，便要分开来讲，"自"便是自在的本身，"然"是当然如此。老子所说的"自然"，是指道的本身就是绝对性的，道是"自然"如此，"自然"便是道，它根本不需要效法谁，道是本来如是，原来如此，所以谓之"自然"。

　　　　　　　　　　　　　　　　　　　——南怀瑾大师

　　对一个人而言，生老病死是再自然不过的事情，无论是谁都会经历，而不同的是每一个人对待生老病死的态度。有些人对待生命持有敬畏的态度，而有的人则是游戏人生；有些人畏惧死亡来临的那一天，有些人与死亡赛跑，在死亡到来前争取做到了无遗憾；有些人不在意自己鬓角的斑白，有些人则拼命想留住青春；有些人畏惧病魔，有些人则勇敢地与病魔抗争。人性是丰富多彩的，但无论闪耀着什么样的色泽，生的颜色、死的颜色、老的颜色、病的颜色，这些都是不可避免的。

　　佛家讲生、老、病、死皆是人生之苦，皆是一个人一生中再寻常不过的事情，无须对自己的这身皮囊有过多的依恋，因为一切都会重新轮回，一切都会重新来过。

　　有句话叫"生死有命，富贵在天"。这句话是想告诫世人，万事莫要强求，顺其自然才是做人处世的妙理。本应到了寿终正寝之时，却还贪恋红尘，非要逆天而行，其结果必是可悲可笑。其实，人的这一身皮囊只不过是灵魂暂居的地方，死亡只不过是舍弃了一副皮囊而已，没有必要过度贪恋生存，畏惧死亡。

　　有一个人觉得自己一生十分不幸。因为在他很小的时候，其母就因为想不开而自杀，永远地离开了他。而母亲自杀的一幕正好被他撞见，因此在他幼小的心灵上留下的阴影，这一生恐怕都无法抹去了。而就在他十七岁的时候，弟弟得了一种怪病，最终不堪忍受痛苦的弟弟也选择了自杀。亲人们的离去给了他一种错觉，就是死亡才是人生最终的归宿。于是他多次尝试自杀，但是每次都被人救了。

附近报恩寺的住持觉得他实在是太可怜了，于是将他收留在寺中。他虽然不再寻短见，但是觉得自己对别人没有任何用处，这让他陷入深深的痛苦之中。

一天，住持前去看望他，并对他说："我不能救你，能救你的人只有你自己。我只能告诉你，你可以每日坐禅，但其实坐禅也没什么用。"

他疑惑问道："既然没有用，那为什么还要这么做呢？"

住持回答说："正因为无用，所以才要坐禅。"

他顿时醒悟，原来人活着不是为了用处，而是为了生存。

故事中的年轻人因为目睹了亲人的离去，因而在内心产生了对死亡的误解。他一心求死，而没有将生与死看成是天命使然的规律。这样的态度是对自己生命最大的不尊重，只会带给亲人们悲伤沉痛。

一个人要吃五谷杂粮、果蔬禽肉。人也一样会生病，并且在某一天离开自己的亲人们。所以，缘尽时心无遗憾，寿终时心有释然，一切都应看开，一切都应看淡。

生与死也是缘成缘灭，正像佛陀所言："生无所从来，去亦无所至；老无所从来，去亦无所至；病无所从来，去亦无所至；死无所从来，去亦无所至。"

南怀瑾大师曾这样说道："生死是个大问题，人活着固然苦，如果叫你忘了痛，否则下一分钟就要死，你一定马上忘，因为最大的痛苦就是死，死的问题太恐怖。人虽有百年寿命，回头一看，刹那之间过去，我加一句，要'回头一看'。我经常体会到，现在老了，回头一看当年，好像俱在目前，向前面一看，自己还觉得前途无量呢！老年人不要有心灵空虚、前途有限的心境，这种心境受衰老之威胁，很要命，算不定活它三千年，要有这个志气，心里不受威胁，就算明天要死，你当还有一万年，多舒服，虽然不是生死，这也是唯心所造。"

大师指点给我们一个四字真经，这就是"唯心所造"。生命的意义在于质量，而不是长度。不要让自己的内心执着于自己能活多久，而是要看能活出什么样的精彩。记住，生死皆在天，富贵各有命，但求菩提心，往生极乐界。

心有所得

今日的死亡就是明日的新生。生老病死是最寻常不过的事，所以一个人无须留恋青春，无须畏惧死亡。

死生度外，感悟禅心

真正了解我们的生命不是这个肉身，也就是悟道，见法身，见空性，见自性，见实相。若是没有悟道，那你所有学佛的功德都是在学加行，要见道以后才能修道。实相是什么相貌呢？本来清净，是无相，是空相。

——南怀瑾大师

对于生命的感悟，佛家认为，"生活就是生命的延续与活动，是生命当下的存在，虽然也包含对往事的记忆和对未来的想象，就其身心活动过程而言，生命的一切活动总在当下一念"。

然而世人皆对"生"抱有欣喜，而认为"死"晦气，南怀瑾大师曾说过：世人最恐怖的就是生死。死了怎么办？死了就没有我了。有没有我是另外一个问题，但是认为死了就没有我了，就是认为这个身体是我，在佛法上这是恶见，不是善见。身体不是我，是这一生借用的工具，是四大假合而成。一般人分生死，是以身体失去功用就叫作死亡。一般人的恐怖和悲哀就是怕死亡到来，我这个身体没有了，我到哪里去？

学佛的人不应该有这样的看法，生命是永恒的，非断非常。其实，"生"与"死"不过是生命存在的两种形态。而在禅中，死正是自然之事，甚至是幸福之事。

仙崖禅师的书法很好，一位富人请他为自己写些祝福的话，祝愿家族永远兴旺，并表示要把仙崖的墨宝作为传家之宝，代代相传。仙崖爽快地答应了，他提起笔，饱蘸浓墨，在一张大纸上，挥毫写了几个大字："父死，子死，孙死。"

富人一看，非常气愤，嚷道："我请您写些祝愿的话，您怎么能开这种玩笑呢？"

"我没有开玩笑呀！"仙崖心平气和地说，"假如你的儿子在你前面死，你将十分悲痛。假如你的孙子在你儿子前面死，你和儿子都会十分悲痛。假如一代一代人照我写的次序死，就叫享尽天年，这才是真正的兴旺啊！"

仔细想来，禅师的话正是透着大智慧。正如南怀瑾大师所说："心无碍菩萨说，普通人把肉身看得很牢，等到肉身坏了，以为是两件事。庄子也讲过一个比喻，骊戎有位小姐骊姬长得很美，这个国家被灭，她被献给晋献公，当时的她怕得哭哭啼啼。在古代一旦进了宫中，就只有靠祖上积德，哪一天被皇上看中能选为妃子，否则可能一辈子老死宫中，连家都回不去。后来这位小姐果然被选为妃子，享受恩宠了，想想当时怕的心态，觉得很好笑。庄子就说，世人都怕死，可是如果死后比生前还好，就会觉得自己临死时怕得很没有道理。其实，生死不只是身体坏了才经历到，我们凡夫天天都经历生死，每晚睡觉，就是一次生死。再进一步讲，我们身上的细胞，因为新陈代谢的作用随时都在生灭，因此这个身体也不断在变化，本身随时在生死中。所以生死没有什么可怕，就像换个房子住，修道成功了，就像是发财的人换新房子，对旧的房子毫不眷恋。那个没发财，被人赶出来的，对自己那个旧房子，不知道有多舍不得！"

禅正是这样一种智慧，它所面对的是世界上无穷无尽的问题。在禅的智慧中，"死"正是超脱，对生并无太多留恋。更有甚者，当生命陷入迷途时，还能够将死生置之度外，更是禅心的高境界。

有一次，空也禅师外出弘法，在一条山路上，突然跑出很多土匪，把刀剑架在他脖子上，向他索取"买路钱"。空也一看这架势，不觉掉下了眼泪。

匪徒们哈哈大笑说："你真是一个胆小和尚！"

空也禅师说："我不是害怕才流泪，对于生死，我早就不放在心上了。"

"那你为什么流泪呢？"匪徒们问。

空也禅师说："我想到你们年轻力壮，不为社会工作，不凭劳动养活自己，却在此拦路劫财。我想到你们所犯的罪过，不仅国法难容，将来还要堕入地狱，遭受苦难。我是为你们感到伤心才流泪啊！"

匪徒们听了，竟然抛下了贪婪之心，皈依到空也禅师门下。

空也禅师之所以能说服强盗，不是因为巧言，而是因为真心。在强盗的刀下，禅师想到的不是自己，而是他人，正是这种大慈大悲，打动了那些看起来

"心狠手辣"的强盗。

回到我们纷乱繁杂的现代生活中，有多少人早已忘记了真实的自我，忽视了内心的声音。当我们迷失于大千世界时，当我们感到疲惫、恐慌时，不妨静下心来，重新思考生与死的意义。记住南怀瑾大师的告诫："想发脾气，把脾气转为慈悲，把烦闷转为快乐，这就叫一步一步修行，修正自己的行为。"

心有所得

生命是永恒的，非断非常。其实，"生"与"死"不过是生命存在的两种形态。而在禅中，死正是自然之事，甚至是幸福之事。

参透生死，一切随遇而安

我们大家从妈妈肚子里出来的时候，谁说是带了一个目的来的呀？不管是说人生以服务为目的，或说以享受为目的，以赚钱为目的，以劳动为目的，等等，这都是人们乱加的。所以我说这位先生的题目出错了，其实这个命题的本身就是答案。什么道理呢？人生以人生为目的，没有另外的答案。

——南怀瑾大师

没有谁是天生带着某种目的活在这个世上的，当大官也好，赚大钱也好，成大名也好，这些目的都是后天灌输到一个人头脑中的。

依照南怀瑾大师所言，我们每一个人在降临人世的第一刻，并不是"有"，而是"无"。"无"才是最初的生命意义。"无"是不是最后的生命意义呢？当然是，谁不是赤条条地来，又赤条条地走呢？既然"无"才是人生的本质，那么一个人的外表、才华、财富、名望，最终都会化为尘土，觅不到半分踪迹。甚至就连生与死，也都并不真实。所以，一个人何必妄执，随遇而安一些，也许更能得到一份快乐的心境。

在《庄子·养生主》中，记述着这样一个故事：

老聃死，秦失吊之，三号而出。弟子曰："非夫子之友邪？"

曰："然。"

"然则吊焉若此可乎？"

曰："然。始也吾以为其人也，而今非也。向吾入而吊焉，有老者哭之，如哭其子；少者哭之，如哭其母。彼其所以会之，必有不蕲言而言，不蕲哭而哭者。是遁天倍情，忘其所受，古者谓之遁天之刑。适来，夫子时也；适去，夫子顺也。安时而处顺，哀乐不能入也，古者谓是帝之县解。"

每一个活在这个世界上的人，都是顺着生命的自然之势而来的；一个人年龄大了，知道要离开这个世界了，这也是顺着自然之势去的。南怀瑾大师根据《庄子》中的这段话而提到了老子的一个观点——"物壮则老"。"物壮则老"的意思就是说一个东西壮大到了极点，自然是要衰老的。就拿我们人类来举例，谁不是过了壮年就开始走向老年？没见过谁返老还童吧？所以，我们何必太在意生命的某些现象，比如个子长高了，肌肉更结实了，这都是很自然的。而对于生死，我们则要看开看透。生死的问题看空了，自己就不会被后天的情感扰乱了，正所谓"安时而处顺，哀乐不能入也"，说的就是这个道理。

　　南怀瑾大师曾说过："科学文明越发达，一般人的心理疾病就越严重。庄子的'无怛化'这三字就有助于治疗疾病。'怛'就是忧虑的意思。把生命看空一点，不需要那么害怕自己的生死。但是在现实生活中，又有多少人可以真正参透生死，不会在人生的旅途中受到生死的困扰呢？其实，在生与死面前，绝大多数人都茫然失措。他们迷恋生存，畏惧死亡，希望借外力能让自己活得更长一些。但是他们有没有想过这是逆天而行呢？"

　　南怀瑾大师告诉我们要以人生目的为目的，那么这个"人生目的"指的是什么呢？从一定意义上来讲，这个"人生目的"就是死亡。其实这个道理就跟吃饭是为了果腹，穿衣是为了暖身一样简单，一样纯粹。但是"人生目的"变成名、权、利的时候，就像吃饭讲究色香味，穿衣讲究美与时尚，以为这是本质的东西。其实大错特错，饮食再好，穿着再美，不也是为了充饥遮体吗？当你能抛开这些表面的东西时，就能体会到这个"人生目的"的含义了。而从某种意义上讲，这个"人生目的"就是随遇而安。

　　正所谓"宠辱不惊，得失无意"，凡事只要自然就好，何必在乎那些外在的形式呢？只有这样，一个人才可以获得身心上的安宁、惬意、舒适、安逸。

　　如《大涅槃经》中所云："复次菩萨修于死想，观是寿命，常为无量怨仇所绕，念念损减，无有增长，犹山瀑水不得停住，亦如朝露势不久停，如囚趣市步步近死，如牵牛羊诣于屠所。"对这句话，大师有着自己的感悟，他曾这样说道："《大涅槃经》是佛快要圆寂的时候说的。永明寿禅师现在引用《大涅槃经》讨论生死的问题，后世学禅宗的首先就标榜'了生死'。其实生死不是个问题。但是一般常人的心理，对死有极大的恐惧，生的问题还觉次要，大家仔细想想为什么？死了很恐怖，怕死的痛苦吗？对不起！我们都没有经验，如果我晓得死后的痛苦，一定来告诉你，可是谁都没有经验过。那么我们可以想象，死的痛苦和病的痛苦差不多，总而言之，就是很痛苦。"大师在这里指出生与死不是问题，一个人对生与死的态度才是问题。死亡的痛苦就像是病痛的痛苦，既然大多数人可以忍受病痛的折磨，为何不能放下死亡带来的莫名恐惧呢？

　　南怀瑾大师还说道："中国文化素来不把生死看成大事，战国时代道家思想发达，道家求长生不老、修神仙，正式把这个问题提出来。战国之后经过七八百年，佛家思想逐渐传入中国，与道家思想不谋而合。所以，中国原始观念对于生死看法并没有什么，大禹等传统文化的圣人都讲，生者寄也，死者归也。活着是寄居旅馆，死是回家，生寄死归是中国文化的根本。《易经》思想认为，生是阳面，是动力。死是阴面，是休息，盈虚消长。'消息'是《易经》名词，很有意思，'消'是成长，有哲学意义，比如一朵生长的花，又如电能，成长正是它的消耗，'息'，表面上看起来是死亡，其实是未来生命成长的准备和充电。它说一个生命活久了应该死亡，电池用久了应该充电，再来就是了嘛！此之谓'生生不已'，所以中国文化始终以'早晨'的观念看待生命。"从中我们可以看出，以"早晨"的观念来看待生命，是对生死的一种积极态度。因此，参透生死，随遇而安，而不是陷入对死亡的恐惧中，这样你的"生"才会更有意义。

心有所得

　　生与死的距离，可以远在星汉，近在毫厘。而决定这个距离的，是你的内心。

参万岁而一成纯

我们看古人留下的书，一辈子的经验，往往只留下一本书。

——南怀瑾大师

数十年的生活阅历、人生感悟，积淀成力透纸背的大书。正所谓"参万岁而一成纯"，将过去的种种溪流汇聚成最后的大海，人生不就可以变得更宽广了吗？达到这样的境界，你就不会觉得时间过得快或是慢了，因为你已经做了有意义的事情。

《庄子》中讲："予尝为女妄言之，女亦以妄听之。奚旁日月，挟宇宙，为其吻合，置其滑涽，以隶相尊。众人役役，圣人愚芚，参万岁而一成纯。万物尽然，而以是相蕴。"这一段讲的是圣人的人生境界：与天地的精神融合在一起，这便是找到了生命的真谛。

人活在这个世界上，就是佛家所谓的"凡夫"，受到欲望的奴役。一般人总会有这样的感觉，美好的时光总觉短暂，痛苦的时刻又觉得十分漫长。时间对他们而言，会是一种痛苦的存在。因为他们生活中的各种感情都依附在时间上，时间在流逝，各种感情也会随之生成或者消失。但是圣人的境界则不同，他们内心的强大使其超越了时间的观念，苦痛不入心，他们驾驭着时间，而不是被时间所奴役。

"参万岁而一成纯"中的这个"纯"，是一种参透了时空观念，达到了佛学禅宗中的"一念万年，万年一念"的境界。身心一体、心物合一，而道藏于心中，这样的人就不再是物质的奴隶。

佛光禅师门下，有一位法号大智的弟子出外参学。数年之后，大智回到了师门，在法堂上向佛光禅师讲述自己这几年来的见闻。佛光禅师含笑倾听，这时候大智问道："您这几年来可还好？"佛光禅师回答道："很好，很好！这些年来我讲学说法、著作写经。整日畅游在佛海禅洋之中，感觉再也没有比这更让我感到惬意的生活了。"大智听后关心地说："虽然如此，可您应该多注意休息才是。"

两人聊着聊着，不知不觉已是深夜。佛光禅师对大智说道："你也累了，快去歇息吧，有话我们明日再谈。"大智依言退了下去。

清晨时分，大智在睡梦中隐隐听到佛光禅师的禅房里传出木鱼之声。大智心想老师真是勤勉，于是自己也赶快起床。白天，佛光禅师向一批批前来禅寺礼佛的信众开示，讲解佛法禅道；晚上回到禅堂，又要对弟子们交上来的对佛法的心得感悟作出批阅。日复一日，年复一年。终于到了一次休息之时，大智忍不住向佛光禅师问道："您如此辛劳，为什么不觉得您老呢？"佛光禅师道："我的心中没有'老'字，所以不觉得老。"

心中无老，就是心中没有时间。没有了时间，那么就是活在当下，当下不老，那么永远不老。

南怀瑾大师在讲《宗镜录》的时候，这样说道："世间事物就是那么在变化，这一切都属于幻术的境界，所以佛告诉诸菩萨说幻不可求。幻术的范围包括很广，文字也是不可靠的，文字是代表人类思想、情感的符号。拿中文来说，几千年来到现在，文字衍变已有六七种体裁，将来是不是再有变化还不知道，人类的各种语言的变化都是如此。所以佛说，你要求幻术文字固定的体型是做不到的。这就说明世界上万事万物没有一样是固定不变的，这个地球、山河大地随时在变化中。"大师一席话，让我们可以领悟到万事万物皆在变的道理。若是一味跟随变化而变化，反而失了本心。"参万岁而一成纯"，既然时间总是在走的，你的心境又何必跟随呢？

心有所得

一个人应该学会"积淀"的智慧。这样，你才算是一个有境界的人。

上篇　感悟篇：拈花微笑间，心悟人生真谛

懂得死的意义，才能参透生的价值

我们人活着并不痛快，痛苦！不过是慢慢地、细细地痛。人生遭遇，过去，忘记了，回想起来越想越痛，犹如古人比方"钝刀割肉"。快刀割肉当下还不觉得痛，等血流出来才知道痛。钝刀是慢慢地割，折磨。

——南怀瑾大师

南怀瑾大师曾说："不亡以待尽"，这句话可以理解为人活着就是等死，意思也是"慢慢地，细细地痛"，事实上，人生的确如此。一个人等功名、等利禄，等一个能够和自己踏踏实实过日子的人。可是，这些东西是等来的吗？有些人穷尽一生去追求都得不到，更不要说坐在那里等了。然而，有一样东西就算你不等，就算你心里面一千个一万个不愿意等，它还是会在该出现的时候出现，这就是死亡。

古人常言道："死生亦大矣。"就是说生与死是一个人这辈子的大问题，我们能看到新生儿降生，一家子欢天喜地地庆贺；老人去世了，只要有点条件就要把葬礼办得好一点，甚至还有"喜丧"之说。但是重视生死不见得就了解生死，或者说有些人虽然懂得生的意义，比如应当多行善事，但是未必了解死亡的意义。对于这一点，我们还是看看庄子的观点吧。

当一个婴儿出生后，我们都说"生了、生了"，但是在庄子的眼中，这并不是出生，而是死亡的开始。怎么理解呢？比如你三个月大的时候，是不是刚刚从娘胎里出来的那个你"死"了？你长得高大威猛了，那个在父母膝下玩耍的你是不是"死"了？从这一层来看，每一个人的每一天都在生死中新陈代谢。不仅仅是肉体，精神与思想也是如此，比如你想改变一下自己的性格，那改变性格前的那个你，是不是就"死"了？所以，庄子认为，你看着生命是活着的，没有死，其实也只不过是在等待最后一天的到来而已。

南怀瑾大师也认为，从哲学的观点来看，人这一辈子确实如同庄子所说的那样，人生几乎没有什么意义。不过虽然这样，南怀瑾大师还是有自己的对生死的观点。他认为生也好，死也罢，重要的是一个人需要有看透生死的勇气。有了这一份勇气，就等同于将生死这个问题彻底解决了。这份勇气并不是对生死抱着无所谓的态度，而是正视生死，放宽心境。

生与死的问题，自然也是佛家要去解答的问题，而一些得道高僧，其对生死的态度正是我们需要效仿的。相传六祖慧能弥留之际，他的弟子围在榻前，痛哭不已。而六祖慧能却对他们说了这么一句话："你们不用伤心难过，我另有去处。"

就是"另有去处"这四个简简单单的字，体现出了六祖慧能的境界。他将死亡当成是新的旅程的开始，他将自己的生命投放在更宽的空间和时间当中，这是一种何其大、何其深、何其高、何其远的境界啊！

南怀瑾大师认为，上苍给了我们了不起的生命，我们就要学会面对生命中的一切，包括生与死。

南怀瑾大师对生与死进一步解释道："世界就是一个有缺憾的世界，人生要有缺憾。做人都要留一点儿缺憾。"为此，大师举了宋代大哲学家邵康节的例子。

邵康节是宋代的大哲学家，他和理学家程颢、程颐是表兄弟，与苏东坡也有交情。邵康节在弥留之时，程颢、程颐两兄弟前来见他最后一面。这时候苏东坡也前来看望，程氏兄弟与苏东坡素来不睦，不允许他进屋。邵康节看在眼里，慢慢地举起双手，冲着程氏兄弟摆了一个缺口的样子。程氏兄弟不明所以，邵康节缓缓说道："把眼前的路留宽一些，让后面的人可以行走。"邵康节的手势，就是告诉程氏兄弟人生难求圆满，何必与人为难。

每个人的生命之旅本来就是既短暂又充满缺憾的，如果你计较沿途的那些不快，不是放弃了那些美丽的风景吗？死亡既然在前方等待着我们，我们又有什么理由不去健康、自在、安乐地度过每一分每一秒呢？懂得死亡的意义，才会理解活着是多么幸福的一件事。

心有所得

好好活，有意义地活，请从了解死亡的真谛开始。

解脱生死，一切归零

> 要晓得所有的一切都是虚空中的花朵，今天我们讲的，听的，一切所作所为都是假的。人生如戏，要晓得我们现在是在唱戏，演父母的就要像父母，要演得大家都叫好。但是，不要忘记你是在唱戏，唱完戏，卸了妆，都要去殡仪馆报到，这一切都是假的。但是，一般人唱戏都唱昏了头，上了台就下不来，上台容易下台难。
>
> ——南怀瑾大师

《圆觉经》有云："善男子，如来因地修圆觉者，知是空华，即无轮转，亦无身心受彼生死，非作故无，本性无故。"这段经文的意思就是："善男子啊！之所以说修圆觉是成佛的基础，因为一切都是空华，也没有所谓轮回，更没有身死心灭的现象发生。这并非不空而故意说空，而是一切本来皆空。"

南怀瑾大师曾经说道："空，是学佛的第一步，也是学佛的最后一步。"那么，什么是"空"？"空"这个概念并不容易理解。古往今来，修佛之人何其多，可是最终成佛的寥寥无几。其中一个原因，就是被这个"空"字卡住了。多少僧人为寻到空，东奔西走跑破无数芒鞋；多少僧人为寻到空，打坐参禅坐破无数个蒲团，却遍寻不得。

按照《心经》的说法，"空"的意思就是"无人相，无我相，无众生相，无寿者相"，就是"不生不灭，不垢不净，不增不减"。虽然还是很难理解，但是有一点可以肯定，"空"肯定不是找出来的，也不是参出来的。如果是有，不管多么难得，总会有人想尽办法弄到手。正因为是空，所以才没办法弄到。

根据南怀瑾大师的解释，"空"即非什么也没有，也非真的有；既不是毫无知觉，也不是妄念丛生。"空"是"不空而自空，不定而自定，即空即有，即有即空"。大师在解释"虚空"这个词时，这样说道："我们往往有一个错误的观念，把自然界的空间当成虚空，所以，在心理上自己造就一个空空洞洞的境界，以为这就是虚空，实际上，有个空空洞洞的境界存在，已经不是空了。这是第六意识有个虚空的观念，是加以造就出来的，从唯识的道理讲来，就是作意。自然界的虚空其实并不空，里面含有空气、水分、灰尘、细菌，等等。佛法所讲的虚空是个名词的引用，虚空既不是有，也不是没有，无以名之，名之曰虚空。千万不要抓住一个虚空的境界，当作虚空。"

人们之所以要参破"空"这个字，是为了从生与死中解脱出来，达到"涅槃"的境界。南怀瑾大师有言："生生死死是现象的变化，我们那不生不死的真我，并不在此生死上，你要能找到这真生命，才可以了生死。"那么，从生死中解脱了，又有何意义呢？要知众生之所以为很多问题所困，摆不脱、放不下、躲不开，就是因为受到了生死问题的拖累。所以，一旦解脱了生死，就不会"贪生怕死"，就无所畏惧，身心全然自由，进入佛家所说的"极乐世界"。

当然，这种境界是很难达到的。曾国藩老年曾说自己活到了"可生可死的境界"，不过他能到达这种境界，是因为在"立德、立功、立言"这三方面做得比较圆满。既有如此之圆满，那么无论生死，都可以无憾了。反过来讲，如果他一生寸功未建，籍籍无名，未必会有如此洒脱之言，所以这不是真正的"涅槃"境界。孔子"七十从心所欲而不逾矩"，这或许称得上是"不空而自空，不定而自定"的大自由境界。

既然"可生可死""从心所欲"的境界，对普通人而言很难达到，那么不妨退而求其次，追求一种"归零"的境界。什么是"归零"的境界呢？就是清空过去，从零开始。这就好似算账用到的算盘，无论花费多久的时间，费了多大的心力把账目算明白算清楚了，最终算盘还是会回复到零的状态。如果这笔账算清后，也不归零就算下一笔，算出的肯定是一笔糊涂账。这又好似在纸上写字，写满一页后，自然要翻到第二页，如果不翻页，最后纸上的字肯定连自己都不认得了。所以，一件事情结束了，无论是成是败，都应当"归零"。

心有所得

找到一个新的起点，走起路来便会目标明确、信心十足。人生原本就处于不断的变化之中，上了山肯定要下山，到了甲地肯定又要去乙地，完成了这件事肯定要开始那件事，让过去的"有"归于现在的"零"，不背任何包袱，轻轻松松地走向未来，不是很好吗？

第六章

感悟幸福：眼里有风景，心才能幸福

心态对人的情绪影响非常大，很多人的心情常常因外因而改变，如在雨过天晴、风和日暖的天气里，草木显得生机勃勃，人的心情也往往因此豁然开朗；当人们怒发冲冠时，看周围的事物都觉得可悲可叹。正所谓：心静自然凉，心安便是家。当人的心态积极乐观时，世界就是安宁、和谐、美好的。

心中有佛方能看到高尚

我们大家学佛修行，做功夫不得力、修行不上路，因为大家心中没有敬，没有恭敬的心。我们敬，不只敬佛菩萨，同时敬自己，比如我们看到佛会合掌恭敬，心里不敢乱想了，所以敬佛就是敬自己。因此我们对父母好、对长辈好，看到行个礼也不敢随便，因为我们觉得对他们行礼，实际上是敬重自己。

——南怀瑾大师

有的人很在意形式，或者这种形式在某些时候是一种仪式，比如，结婚的时候一定要吃枣、栗子、花生，一定要照婚纱照，等等，如果没有这样做，心里一定会很别扭，甚至寝食难安。实际上，这不过是一种美好的暗示和寄托罢了，并没有实际作用。一个人能不能获得幸福，重要的是他的心里有没有幸福。如果心里没有幸福，那眼中看到的也大多是不幸。这样的行为用南怀瑾大师的话来解释，就是不敬自己，或者说不相信自己。不相信自己能够获得幸福的人永远也不会幸福，即使满眼繁花似锦，他也只会慨叹落叶的孤寂和飘零。

一个年轻人找工作很不顺利，然而面对失败的结果，他不是自省，找到自身的问题，在下次面试的时候竭力避免，而是一出了面试单位的门，就恨不得把面试官的八辈子祖宗都问候到；好不容易找到工作了，不是怪领导严苛、同事较劲，就是怪客户挑刺，唯独不去想自己有什么问题；找了个女朋友，总觉得不理想，然后不断换来换去，看着同龄人结婚的结婚，有孩子的有孩子，他只会抱怨为什么自己就找不到能够相携一生的人；和家人的关系处得也很糟糕，和父母的交流很少，总怪父母对自己干涉太多，甚至连父母的嘘寒问暖都烦得要命……

这个年轻人的问题很严重，他的心态很成问题，最重要的就是他的心中没有敬，没有恭敬之心，所以，对身边的一切缺乏最起码的正确认识和判断，自以为是的结果就是眼里看到的都是不如意。

实际上，仔细观察就会发现，当一个人认为别人不如自己的时候，他会想尽办法挖对方的缺点，即使对方的优点摆在眼前，他也会视而不见；当一个人不认为过马路遵守交通规则是最基本常识的时候，他会无所顾忌地闯红灯、横穿马路、酒后驾车；当一个人认为幸福很遥远的时候，即使幸福触手可及，他也会看不到……

很多事实说明，当一个人的心中没有什么的时候，他自然不会去做，即使他知晓其中的道理。比如，某人经常随手乱扔垃圾，罚款、警告都无效，于是有人得出结论：此人素质太差。实际上，不随手乱扔垃圾是基本常识，他之所以随手乱扔，就是心中缺乏对环境和他人的尊重和敬意。

或者反过来说，当他随手乱扔垃圾的时候，他眼中无视别人的目光和环境的整洁，因为他的心中没有这样去想、去体会。有一个例子很好地说明了这一点：

有一次，苏东坡来到金山寺，跟佛印和尚一起打坐参禅。苏东坡觉得自己打坐的样子帅呆了，就得意地问佛印："和尚！你看我像什么？"

佛印说："像一尊佛！"

苏东坡听了非常高兴。佛印又问苏东坡："学士！你看我像什么？"

苏东坡故意说："像一堆牛粪！"

和尚哈哈一笑，没有说话。

苏东坡经常跟佛印和尚打禅机，输多赢少，这次把佛印说得无话可说，他很是得意，回来后，对苏小妹说："我今天总算赢了佛印老和尚！"

苏小妹问他是怎么赢的，苏东坡就眉飞色舞地把经过讲了一遍。苏小妹聪颖过人，是个才女，听了苏东坡的叙述，嘻嘻笑道："你又输了！"

苏东坡不服气地问："为什么？"

苏小妹说："老和尚心中有佛，所以看你如佛。你心中有牛粪，所以你看老和尚像牛粪！"

苏东坡哑然。

苏东坡以为自己占了便宜，实际上却是露了怯。骂人者以为骂倒了对方，自己得了利，实际上，他骂得越难听，越说明自己的心灵肮脏。看似打了胜仗，实际上却输得很惨。

那么，为什么只有心中有什么，眼中才能看到什么呢？原因在于人的自我意识的主导作用。

一位云水僧想跟无相禅师论法，找上门去，不巧禅师外出了。一个侍者出来接待他，说道："师父不在，有事我可以代劳。"

云水僧说："你年纪太小，能行吗？"

侍者大言不惭地说："我年纪虽小，智能可不小呢！"

云水僧心想：人不可貌相，还是试一试再说。于是，他用手指比了一个小圆圈，向前一指。侍者摊开双手，画了个大圆圈。云水僧又伸出一根手指，侍者马上伸出五根指头。云水僧又伸出三根手指，侍者用手在眼睛上比了一下。

云水僧诚惶诚恐地跪下来，顶礼三拜，掉头就走。走到半路上，正巧碰到无相禅师回寺，就满怀敬意地说："您座下的侍者禅功可了不得，大师您的禅功可想而知。"

无相禅师就问是怎么回事。云水僧告诉他说：我用手比个小圆圈，向前一指，问他的胸量有多大？他摊开双手，画了一个大圈，说自己的胸量广大如海。我伸出一指，问他修行如何？他伸出五指，说已受持五戒。我伸出三指，问他三界如何？他指指眼睛，说三界就在眼中。我自愧浅薄，只好一走了之。

无相禅师回寺，问起刚才的事。侍者报告说："不知为什么，那位云水僧知道我俗家是卖饼的，他用手比个小圈圈说，你家的饼只这么一点大。我摊开双手说，有这么大呢！他伸出一指说，一文钱一个吗？我伸出五指说，每个五文。他又伸出三指说，三文钱可以吗？我比了一下眼睛，笑他不识货，不料，他却吓得逃走了！"

无相禅师听后，感慨道："果然是一切皆法，一切皆禅啊！"

就是因为云水僧心有所想，在这个想法的主导下，才看到了自以为是的结果。

所以说，心中有什么，眼中才会看到什么。当心中有了敬的时候，就看到了环境之于人的重要性，就看到了别人的不易和立场，就看到了家人的关心和爱护，就看到了即使柴米油盐也是一种平凡的幸福。

心有所得

眼里的世界，只是自己的心像。心中有什么，眼里就有什么。与其希望世界按自己的心情改变，不如改变自己的心情。

换个角度，苦乐之异不过一念间

人类社会是由两个苹果造成的：一个苹果是牛顿发现了，引来现代文明社会，造就了科学；一个苹果是亚当和夏娃偷吃了，产生了人类，是艺术想象。

——南怀瑾大师

人生的苦与乐、不幸与幸福，真的是不可避免的吗？真的是像某些人所说的是命中注定的吗？

当然不是，如果真的是命中注定的，那还要努力、拼搏干什么，等着就是了。实际上，人们之所以不懈地努力和拼争，就是在试图改变自己的命运。而在很多时候，很多人会在几次的拼争之后败下阵来，然后，心安理得地告诉自己："我努力了，这就是我的命。"事实上，只有换个角度来看待失败，失败才能真正成为成功之母。

爱迪生在研究了8000多种不适合做灯丝的材料后，有人问他，你已经失败了8000多次，还继续研究有什么用？爱迪生说，我从来都没有失败过，相反，我发现了8000多种不适合做灯丝的材料……

同样的一件事情，如果换个角度看，就会得到不同的启示。

有一位老妇人整天愁眉苦脸，一位云游道士问她为什么，老妇人说："我有两个女儿。"道士又问："有两个女儿多好啊！为什么愁啊？""我的两个女儿嫁给了两个商人。""那太好了。""我的一个女婿是做布鞋生意的，一个是做雨伞生意的。一到晴天，我那卖雨伞的女婿雨伞就卖不出去，我愁；而一到雨天，我那卖布鞋的女婿生意又不好，我又愁啊！"于是她成了远近闻名的哭婆。

很显然，这个故事中的老妇人只是从消极的角度来看待这件事情的。而那位云游的道士则相反。他听了老妇人的话，安慰她说："你只要按我的方法想，你就能获得幸福和快乐。晴天，你卖布鞋的女婿生意好，你应当高兴；雨天，那卖雨伞的女婿生意好，你也应当高兴。这样，你不就整天生活在幸福和快乐中了吗？"

美国心理学家艾里斯曾提出一个叫"情绪困扰"的理论。他认为，引起人们情绪结果的因素不是事件本身，而是个人的信念。所以，许多在现实中遭遇挫折的人，往往认为"自己倒霉"，"想不通"，这些其实都是个人的片面认识和解释，正是这种认识才产生了情绪的困扰。实际情况是，人们的烦恼和不快，常常与自己的情绪有关，和自己看问题的角度有关。

拥有乐观、积极心态的人，能够把挫折变成成功的契机，找到打败挫折的积极因素；相反，有着悲观心态的人，即使遇到了喜事，也无法真正享受其中的快乐。即使是同一件事情，如果看待的心态不同，也会得到截然不同的结果。

南怀瑾大师告诫人们，人生的苦和乐，不幸和幸福，都不是绝对的。苦乐之异，不过是一念之间。今日之乐可化为明日之苦，今日之苦也许会是明朝之乐。痛苦与欢乐其实是共存之态，没有苦的概念，你又怎么知道什么是快乐呢？反过来说，没有乐，也就不存在苦了。

也就是说，是苦还是乐，是不幸还是幸福，不在于事情本身，而在于你看待这件事情的心态和角度。

心理学家阿弗瑞德·安德尔花了一辈子的时间来研究人类所隐藏的能力之后，得出一个结论——人类最奇妙的特性之一，就是"把负的力量变成正的力量"。

有一次，小提琴演奏家欧利布尔在法国巴黎举行一场音乐会。演奏时，小提琴上的A弦突然断了，欧利布尔就用另外的三根弦演奏完了整支曲子。欧利布尔感悟到"这就是生活，如果你的A弦断了，就在其他三根弦上把曲子演奏完"。当命运只交给你一个柠檬的时候，你就试着把它做成一杯柠檬水。

换个角度，不但化解了不幸，相反还有所收获，不是失去了，反而是加倍得到了。就像一个人做了噩梦，被吓醒，搞得一天都没有好心情。这固然很可恶，可做美梦就一定很快乐吗？未必。那些做美梦的人，觉得相比于虚假的美梦，自己的现状就更如同一场真实的噩梦。因此，如果虚假的噩梦能让人们关注到自己早已忽略的那些珍贵的拥有，又何尝不是一种幸福呢？

日常生活中，很多人以为的苦和不幸，实际上未必真的如此，很多时候不过是习惯思维导致的结果罢了。其实，任何事情都需要打破常规，换个角度来看待，即使得不到期待的结果，也一定会有意外的收获。

对此，南怀瑾大师曾讲过这样一个哲理故事。

一对祖孙每天早上都在一起读《圣经》。一天孙子问道："爷爷，无论怎么读我还是不懂得里面的意思，这样能有什么收获呢？"老人不回答，只是递给他一个装过煤的篮子，说："你到河里去打一篮子水回来。"孩子照做了，可来回跑了好几趟，篮子里的水都漏光了，孩子喘着气说："爷爷，这根本没用。"老人笑着说："你认为这真的一点用都没有吗？你仔细看看这篮子。"孩子仔细一看，发现篮子比原来干净了许多，已经没有煤灰沾在上面了。这时老人温和地说："孩子，这和你读《圣经》一样，你可能是什么都没有记住，但是它依然在影响着你，净化着你的心灵。"

平常人以为的学习一定是日进斗"识"的，可是，换个角度来看，日进斗"识"是一种学习，潜移默化的影响同样是一种学习，只是两种学习产生的作用不同罢了。换个角度来看，让人心灵受到影响的学习比单纯学会知识的学习更能给人思想上的启迪。

当面对一件事情的时候，人们总会顺着习惯去思考，这就容易让错误一再重复，让契机一再错失，从而带来更大的"挫折"，实际上，在"困难"的时候换个角度看问题，这既是一种心态，也是一种智慧和涵养。

 心有所得

人生的苦和乐，不幸和幸福，都不是绝对的。苦乐之异，不过是一念之间。今日之乐可化为明日之苦，今日之苦也许会是明朝之乐。痛苦与欢乐其实是共存之态，没有苦的概念，你又怎么知道什么是快乐呢？反过来说，没有乐，也就不存在苦了。

智者治心不治境，愚者治境不治心

佛法道理谈得头头是道，却没有研究心行。多少人说自己的七经八脉打通了，三脉七轮打通了。打通了又怎样呢？又比如神通，神通又怎么样？先知又怎么样？多少个自称有神通的人死于高血压、糖尿病。真正的修行，最后就是一个路子：行愿。什么叫行愿？就是修正自己的心理行为。

——南怀瑾大师

当一个人心情不好的时候，他看什么都不顺眼，即使艳阳高照他也觉得阴云密布，因为他的心烦躁不安，纠缠于烦恼之中，根本无暇顾及身边的一切。这样的人需要好好调整，使自己的心态归于平和安宁。

有的人烦躁不安，是因为周围的环境很嘈杂，或者身边某人看着不顺眼，抑或是某栋建筑遮挡了自己的视线……总之，都怪周边的环境不遂人愿。这样的人总会从客观上去找原因，很难主动发现自身的问题。善于推卸责任的人是很难取得进步和提升的。

在我们的身边，这两种人都存在，我们自己也是其中的一种人。当我们感到烦躁、愤怒的时候，我们首先应该学会调整自己的心态，而不是抱怨身边的环境不如意。因为，某种程度上，环境是客观存在的，并不会以谁的意志为转移。相对于个人而言，是强大的，是需要去适应的，抱怨和生气根本无济于事。

一个人真正能够改变的只有自己，确切地说是自己的心态，心态的改变不但改变了一个人看问题的视角和思维方式，也改变了一个人做事情的出发点和方法。只有懂得不断调整自己心态的人才是聪明的人，因为他们不会在无力改变的事情上徒费工夫。

著名哲学家苏格拉底还单身时，和几个朋友一起住在一间只有七八平方米的小屋里。环境不太好，生活也很不便，但是，他一天到晚总是乐呵呵的。

有人问他："那么多人挤在一起，连转身都困难，你怎么还能这么开心呢？"

苏格拉底说："朋友们在一块儿，随时都可以交换思想，交流感情，当然会很开心了。"

过了几年，朋友们陆陆续续地都成了家，先后搬了出去，最后屋子里只剩下他一个人，但他每天还是非常快乐。

又有人问他："朋友们都搬走了，就剩你一个人孤孤单单的，别说交流了，连个说话的人都没有了，你怎么还能这么快活呢？"

"当然快活了，我有很多书，每一本书都是一位老师，和这么多老师在一起，我随时都可以向他们请教，这难道不让人高兴吗？"

又过了几年，苏格拉底也成了家，搬进一栋七层高的大楼最底层。底层比较嘈杂、不安静，也不安全、不卫生，不过这位哲人还是一副自得其乐的样子。

有人很奇怪："你住这样的房间，也感到高兴吗？"

"住这一层很好呀！进了楼门就是家，搬东西很方便，朋友来访很方便……最重要的，门口还有小院，可以在空地上养花、种草。这些乐趣呀，数之不尽！"苏格拉底喜不自禁地说。

又过了一年，苏格拉底把一层的房子卖给了一位家里有老人的朋友，自己搬到了楼房的最高层。搬到顶楼后，苏格拉底仍是快快乐乐的。

有人不解地问他："先生，住顶楼有那么好吗？"

"当然，住顶楼的好处很多呢。比如说：每天上下几次，这是很好的锻炼机会，有利于身体健康；视野好，能看到远处美丽的风景；光线好，看书写文章不伤眼睛；白天黑夜都非常安静，没有人在头顶干扰。"

有人看到苏格拉底不管在什么情况下都能高高兴兴的，非常不理解，遇到苏格拉底的学生柏拉图时，便问他："你的老师总是那么快快乐乐，可我却感到，他每次所处的环境并不那么好呀？"

柏拉图说："决定一个人心情的，不是在于环境，而在于心境。"

一个人的心态决定了一个人的心境，而一个人的心境又决定了他的心情。从心理学角度来讲，心态可分为积极心态和消极心态两类。良好的心理状态通常会让你开心快乐，而不良的心态，则会让人心生烦闷。

那么，如何才能做到治心而不是治境呢？

南怀瑾大师在自己的一篇文章中讲到了这样一个故事，间接回答了这个问题。

清觉禅寺有一位心明禅师，是一位盲人。他悟性很高、感应灵敏，对禅对世间万象有另一种观察和体悟。而他脸上常年挂着祥和的微笑，更是令人为之动容。

有一天，心明禅师正坐在寺院的石凳上晒太阳，有一位信众看到他笑眯眯的自在相，就问他："您老笑什么呢？"

"笑这明媚温暖的阳光！"心明禅师随口答道。

有一天，阴雨连绵，心明禅师坐在禅房里参禅，一位前来上香的居士看到禅师笑眯眯的恬然的样子，就问他："您老笑什么呢？"

"笑润物无声、金贵如油的春雨！"心明禅师顺口答道。

有一天，寺院里游人稀少、冷冷清清，心明禅师在寺院里悠闲漫步。有一位前来挂单的云水僧看到他笑眯眯的神情，就问他："您老笑什么呢？"

"笑那高山流水、鸟语花香！"心明禅师顺口答道。

有一天中午，心明禅师坐在一棵大树下假寐，有一位女施主看他打盹的时候还笑眯眯的样子，就问他："您老笑什么呢？"

"笑你看我时怪怪的表情，笑我又将有个美丽的梦境！"心明禅师顺口答道。

南怀瑾大师以此告诫人们，"智者治心不治境，愚者治境不治心"，治心就要保持积极、乐观、健康的心态，在任何的环境之中都能找到积极、乐观的因素，这样就总能保持乐观和满足。

除此之外，南怀瑾大师还提醒人们，凡事保持积极乐观并不是很容易做到的，在大的挫折和失败面前，人们很难真正乐观起来，这时候，不要强迫自己，不如静下心来咂摸其中的味道，得到收获和警醒，这对改善自己的心态是很有帮助的。

李叔同先生曾经是一个大学者，有过歌舞寻欢的日子，后来却遁入空门，法号弘一。一天，著名教育家夏丏尊去拜访弘一大师，吃饭时，见他只吃一道咸菜，颇不忍心地说："难道您不觉得咸菜太咸吗？"

弘一大师回答："咸有咸的味道！"

弘一大师吃完饭后，手里端着一杯白开水。夏先生又皱皱眉头说："难道没有茶叶吗？怎么每天都喝这平淡的开水啊？"

弘一大师笑笑说："开水虽淡，但淡也有淡的味道。"

这看起来是十分普通的道理，每种食物都有自己的味道，即使是苦味，也是一种味道；每件事情都有自己的意义，即使失败，也是一种教训。重要的是不要被情绪控制，而是要控制情绪，冷静、客观地去看待事情，这样就能找到自己想要的了。

佛祖在《佛遗教经》中说："受诸饮食，当如服药，于好于恶，勿生增减。趣得支身，以除饥渴。如蜂采华，但取其味，不损色香。"意思是说，享用饮食，应该像服药一样，不论味道好坏，也要依正常的限量，不要因为味道好就多吃，味道不好就少吃。吃饭的目的是养活身体，解除饥渴，就好比蜜蜂从花中采蜜，只品尝花的味道，却不伤害花的颜色和香味。

一个追求自我灵魂塑造的人，能够在创造性的精神活动中享受到快乐，用不着把吃饭作为一种享乐工具，更不必以糟蹋粮食来满足那些可怜的心理冲动。

放慢脚步，每一步都是风景

"动之徐生"也是我们做人做事的法则。一切要悠然"徐生"，慢慢地来。要态度从容，怡然自得，万万不可气急败坏，自乱阵脚。不过，太懒散的人应该快两拍，否则本来就已经拖拖拉拉，再慢一拍就永远赶不上时代。和社会脱了节，再想追，火车已经跑远了。

——南怀瑾大师

出门旅游，总会急匆匆地赶往目的地，最快捷的交通总是首选，不在乎沿途经过的其他的风景；做任何事情都是急匆匆的，美其名曰是为了节省时间，提高效率，实际上则是习惯使然……这是很多人真实生活状态的体现，由于身边的人也都大多如此，所以并不以为意，在人群的裹挟中盲目地随波逐流。可是，等到了目的地一看，根本不是自己想要的，要么回头，要么将错就错。于是，心生不满，抱怨也由此而起。

"快"是现代人生活的真实写照，也正是因为快，使得人们变得匆忙，没有时间慢下来用欣赏的眼光看待身边的一切，而是浮光掠影、匆匆而过，即使再美的风景就在身边，又有几人能看得见呢？

这可以视为是一种加法，一种不断给生活加码的做法，效率的本义就是在更短的时间内做更多的事，于是，加得多了自然也就加得重了。当负荷超出了能力范畴，也就滋生了众多的问题出现。

南怀瑾大师告诫世人："如今，几乎每个人都是天天分秒必争，忙忙碌碌，东跑西颠，不知为了什么，好像疯狂大赛车一般，在拼命，在玩命。这要不得。"

所以，给业已繁重的生活做减法是当务之急，让生活回归到原本的、可接受的范围之内，正常地运转，才不会因为超负荷而出现突然崩盘的危险。因此，南怀瑾大师告诫时下的人们："一切要悠然'徐生'。"放慢脚步，才能看得到美丽，才能有心情去欣赏身边的风景。当你放慢脚步的时候，你会发现原本平淡无奇的地方，原来也有自己的独特之处。

其实，只要抱着一颗平常心，用心去感受和欣赏，我们的身边处处都是风景。人们之所以看不到身边的风景，是因为人们的心中没有风景。心中没有风景，眼中又哪里来的风景呢？

一个叫慧能的小和尚，独坐寺内郁闷了好几天，他的师父看见了，微笑着领他走出寺门。门外，是一片大好春光，天地之间弥漫着清新，半绿的草芽，斜飞的小鸟，动情的溪水……小和尚有些纳闷，不知师父葫芦里卖的什么药。天色将暗之时，师父领着慧能回寺。刚到寺门，师父突然跨前一步入寺，并掩上两扇木门，把慧能关在门外。很快，天色暗了下来，雾气笼罩了四周的山冈，树林、小溪、鸟语、水声也渐渐变得不明朗起来。这时，师父问慧能："外边怎么样了呢？"慧能答："全黑了。""还有什么吗？""什么也没有了。""不，还有清风、绿草、花、溪水，一切都还在。"听了师父的话，慧能突然顿悟，几天来笼罩在心头的阴霾一扫而光。

当一个人的心智被很多欲望、诱惑牵引着的时候，他的眼中就只有那些欲望和诱惑，所有的心思都只是为了尽快满足自己的贪欲之心，根本无暇他顾。这时候的他即使身处繁华之中，也很难感知到春天的气息。

实际上，就像旅游不一定要去远方一样，风景也不一定就在不同的地方，即使我们每天熟视无睹的环境，只要用心观察、用心体会，也同样有难得的风景。相反，如果心中没有风景，那即使花费时间和金钱去向往的地方，也未必能够得到期待的满足，甚至还可能失望而归。

一名摄影爱好者和两名同伴去西藏采风。黄昏的时候准备就地安营扎寨，这时，20米开外有一个小喇嘛也在忙着搭自己的帐篷。小喇嘛十二三岁的模样。大概是为了朝拜赶路的原因吧，他身上的衣服已经有些破旧了，但他忙活得却很快乐。

那个晚上，那位摄影爱好者睡得非常香甜。跋涉的疲惫，花儿的清香，轻拂的微风，让他连梦都没有做，天就亮了。

早晨起来，他却发现一件怪事，小喇嘛的帐篷离他们足足远了50多米！这让他很费解，于是走过去看他，顺便打个招呼。

"你的帐篷，昨天不是在那里吗？"他问小喇嘛。

"对呀！"他听懂了。

"那你今天早晨怎么会在这里？你又重新搭的帐篷吗？"

"是啊！"小喇嘛笑呵呵地回答。

他更不解了，用了近一个小时才搭好的帐篷，他为什么要拆了，挪远一些重新搭呢？

小喇嘛依旧笑眯眯地看着他，仰着红扑扑的小脸不急不慢地说："你没发现这边的花儿开得更大更美吗？"

摄影师这才发现自己忽略了近在身边的美景。

生活中有很多人都习惯于"忽略"，他们像工蜂一样忙个不停，为的只是搭建一个窝，快点钻进去，放松两条灌铅一样重的腿。而那个小喇嘛，将搭好的帐篷返工，却是为了可以在更美的花儿旁边闻着花香入睡。很多人不屑于此，也就注定了身边的风景被轻易地忽略掉了。

南怀瑾大师曾说："宇宙间的一切道理，都是一增一减，非常简单。"殊不知这一增一减却蕴含了生活的大智慧，增在匆忙和目的性太强，因而只关注了目标和结果，自然很容易忽略过程，而美好恰恰就包含在这过程和经历过程的体验之中，这时候的结果反而变得不是那么炫目了；减在慢，减在用心，减在体会和感悟，只有慢下来才有心思和时间去观察去发现，进而去欣赏，也就为体会和感悟做好了准备。这一增一减、一快一慢看似简单，实则见功力。

有一次，僧人源律问大珠慧海禅师："和尚修道，还用功吗？"

大珠慧海答道："当然用功啦。"

"如何用功？"

"饥来吃饭，困来睡觉。"

源律不以为然地说："一切人都是如此，不是与大师一样用功吗？"

"不同。"

"有什么不同呢？"

"他们吃饭时不肯好好吃饭，百般挑拣；睡觉时不肯好好睡觉，千般计较。因此，他们与我不同。"

源律无话可说。

同样是吃饭和睡觉，不同的人就能得到不同的体会和感悟，全在是否用心上。用心，吃饭也能吃出想要的味道来，睡觉也能睡得踏实坦然；否则，吃饭挑三拣四，睡觉千般计较，吃饭还有什么滋味？睡觉如何不失眠？

有一居士请教无德禅师说："我学禅多年，仍不能开悟。尤其对经典上所说的地狱与天堂深深怀疑。除人间外，哪有什么天堂、地狱呢？"

无德禅师没有回答，叫居士去河边提一桶水来。水提来了，无德禅师又说："你看看水桶里面，也许会感觉到地狱与天堂的不同。"

居士将信将疑，聚精会神地看着桶里的水，看了一会儿，什么也没发现，正要发问，无德禅师突然将他的头摁到水里。居士痛苦地挣扎着。过了一会儿，无德禅师松了手。居士呼呼地喘息着，责骂道："你太粗鲁了！在水里无法呼吸，那痛苦像在地狱一样。"

无德禅师笑问："现在你感觉如何？"

"现在呼吸自由，感觉好像在天堂一样。"

无德禅师庄严地开示道："一会儿工夫，你已从地狱回到天堂，为什么还不相信除人间外，还有地狱天堂呢？"

这是南怀瑾大师一篇文章中的哲理故事，通过这个故事，大师告诫人们，生活要用心体会和享受，用心体会和享受了每一个瞬间，其过程自然会是精彩充实的，当每一个过程连接起来后，就自然得到了一个精彩的结果。

心有所得

人生是一段旅行，在乎的不是目的地，而是沿途的风景，以及看风景的心情！

上篇 感悟篇：拈花微笑间，心悟人生真谛

105

"美好"在"欣赏"中开花

人与人之间是平等的，因此，没有必要因为地位、权势、名气、财富的悬殊而在人前摆架子，而应当把每一个人都当作朋友那样对待。

——南怀瑾大师

人和人之间的相处永远是最难解决的问题，因此，才会使得很多人因为和周围人不能很好相处而备受压抑、错失时机。同时，人和人之间的相处又是很简单的问题，只要诚心待人、与人为善，每个人都可以和身边的人友好相处。

那么，如何做到这一点呢？除了谦虚、和善、礼貌、亲切、尊重等之外，有一点很重要，那就是"欣赏"。只有抱着欣赏的心态和别人交往，才能够赢得别人的好感。因为，欣赏本身就是在发现别人的长处，就是在找寻对方的优点，看到对方比自己强的地方，在主观上忽略了对方的弱点。当以欣赏的目光去看待周围人的时候，你自然会发现更多的美好。

心理学家指出："只有心智健全的人才有能力欣赏他人的优点。而人性中最深切的心理动机，就是被人赏识的渴望。它能助很多人获取人格的力量，确立价值的标准，树立向上的自信，鼓起前进的勇气。"

事实上，欣赏并不是强己之难，也不是虚与委蛇，更不是装腔作势，而是一种尊重和友善，因为，每个人身上都有值得我们去学习和借鉴的地方。

孔子曰："三人行，必有我师焉。择其善者而从之，其不善者而改之。"孟子曰："子路，人告之以有过则喜。禹闻善言，则拜。大舜有大焉，善与人同，舍己从人，乐取于人以为善。自耕稼、陶、渔以至为帝，无非取于人者。"先哲的意思很明确，只有见贤思齐，互相学习，才能取长补短，取得进步，也才能更好看到人间的美好，感知人生的幸福。

在《吕氏春秋》中记载了这样一则寓言：

蛩蹶是一种前腿像鼠腿、后腿像兔腿的奇珍异兽，牙齿锋利，但由于前后腿长短不一，走起路来举步维艰。不巧的是，还有一种叫蛩蛩距虚的动物，这种动物没有锋利的牙齿，但有协调而强健的四肢。于是，蛩蹶和蛩蛩距虚这两种动物结成了朋友，前者给后者采集食物。当山火等自然灾害来临时，蛩蛩距虚则把蛩蹶负于背上，一起逃难。

对蛩蹶来说，解决了走路的问题何尝不是一种幸福？对蛩蛩距虚来说，解决了采集食物的问题，岂不是也是一种幸福？对人来说，这种相互配合、团结互助难道不是一种美好吗？

动物的生存繁衍是一种智慧，为了生存而取长补短是大自然的法则，也是人类生活的法则，人们应该从这个寓言中体悟人生，让幸福之花因为欣赏而开得更加娇艳。

有这样一个小故事：

大象和蚂蚁是一对普通的朋友。有一天，大象和蚂蚁发生了一场争论，他俩都认为自己的力气比对方大。大象指着一棵大树对蚂蚁说："你能拔起这棵树吗？"蚂蚁无能为力，大象就用鼻子把树连根拔起。蚂蚁走到一片草叶前，对大象说："你能搬动这片草叶吗？"大象无论如何也不能用鼻子卷起地上的草叶，而蚂蚁却能背起草叶轻松自如地走动。

这个故事告诉我们，即使别人在学识、能力、交际、工作等方面不如我们，在他们的身上总会存在比我们优秀的地方，需要我们去发现并欣赏他的闪光点。

欣赏别人是人生的雅量，是应具的修养和美德。欣赏别人需要胆识和勇气，需要包容别人的恢宏气度。欣赏是学习的前提，没有倾心的欣赏，就没有学习的欲望。欣赏别人，就是把自己的心胸扩展为大海，将花盆开拓成名山大川风景名胜，使自己的灵魂与人格丰富饱满。欣赏别人，就是对别人赞赏、认同与接纳，从而取长补短，完善自己。而在欣赏的过程中，自己体会到了欣赏带来的美好，感悟到了因欣赏而得到的感动，这原本就是幸福的一种表现形式。

这也印证了南怀瑾大师人和人之间要"友道相处"的观点，大师主张抛弃一切附加因素的交往，这也是欣赏的重要前提。否则，当你给欣赏附加太多条件的时候，你也就很难做到真正的欣赏了，自然也就感觉不到因为欣赏给自己带来的内心愉悦。

可见，欣赏他人，不仅能给对方以慰藉和力量，也有利于自身。因为欣赏别人时你的内心会处于一种乐观状态，你的心胸也会因此变得广博。正如培根所说："欣赏者心中有朝霞、露珠和常年盛开的花朵。"

如果说欣赏别人体现的是自己的胸怀和气度，那么，因为欣赏别人而使自己得到实实在在的好处，那就是很大的幸福了。很多人总以为别人得到了，自己没得到，所以别人是幸福的，自己是不幸的。实际上，别人因为你而得到了，你自己会得到更多。

欣赏别人从另一个角度来说就是善待自己，一些人因为别人的错误气急败坏，因为别人的得意嫉妒、闹心，因为别人的失败幸灾乐祸……这其实是不善待自己的表现，因为，你的情绪总受别人行为的影响，你无法真正感知自己的内心，或者说无法真正看待自己内心对友善的希冀和对美好的向往。

在欣赏别人的同时，我们更要学会欣赏自己，因为每个人都是独特的。卡耐基说："发现你自己，你就是你。记住，地球上没有和你一样的人……在这个世界上，你是一种独特的存在。你只能以自己的方式歌唱，只能以自己的方式绘画。你是你的经验、你的环境、你的遗传造就的你。不论好坏与否，你只能耕耘自己的小园地；不论好坏与否，你只能在生命的乐章中奏出自己的发音符。"这个独特的"我"，既有优点，也有不足。一个人只有充分地自我接纳，懂得欣赏自己，才能有良好的自我感觉，才能自信地与人交往，出色地发挥自己的才能和潜力。怀疑、否定自己无异于自我扼杀，何谈美好之有呢？

如果不学会欣赏别人，那么你就很难知道自己是否有值得别人欣赏的地方，你就会被别人、被社会所抛弃；你会很难找到朋友，得到快乐和幸福，品尝到人间的乐趣；你会孤独、苦闷，一生都很难得到别人的关心和帮助。

正如一位哲人所说：因为欣赏，人发现了美，读懂了美，而美也感染了人，启迪了人。所以，学会欣赏，无论是欣赏别人还是欣赏自己，只要懂得欣赏就能享受到生命的美好阳光。

世间有一个最朴素的真理，那就是快乐和幸福是自己创造的，绝不是别人给的。欣赏别人，看起来是施于人，实际上则是施于己。

烦恼即菩提

每个人，尤其是学佛人，随时在烦恼中，一天24小时当中，有几秒钟身心是愉快的？《维摩经》上讲：烦恼即菩提。把烦恼转过来就是菩提。因烦恼的刺激，引起我们的觉悟，发现自己在烦恼中，知道不对，立刻警觉，这一转，当下就是菩提。但是我们不知不觉中，总是跟着烦恼在转。

——南怀瑾大师

每个人都希望自己的生活是幸福快乐的，但这种幸福快乐不会自己降临，而需要不断地去争取，在不断地解决问题、麻烦的过程中，在摆脱烦恼、忧愁的纠缠后，在成功跨过坎坷泥泞后，才可能收获想要的快乐和幸福。但即使这样，也未必每次都能够得偿所愿，因为生活原本就是一团乱麻，就是一个问题接着另一个问题的。

所以，南怀瑾大师告诉我们，烦恼即菩提。需要把烦恼转过来，这一转的前因后果本身就是从发现到觉悟，再到获得的过程。同时，大师也警示我们，很多人其实都是在不知不觉中跟着烦恼在转的。

那么，为什么很多人做不到这"一转"呢？因为他们的心态是不快乐的，他们看不到烦恼解决后就是快乐，总是被烦恼本身所困扰，以致身心疲惫，累上加累。实际上，就像危机中有转机一样，烦恼中一样有快乐，但是这个快乐需要去发现和觉悟。

有一天，一个农夫的一头驴子不小心掉进了一口枯井里，农夫绞尽脑汁想办法救驴子，但几小时过去了，驴子还在井里痛苦地哀号着。

最后农夫决定放弃，他想驴子年纪也大了，他请了些人往井里填土，想把驴子埋了，以免它还要忍受一段时间的痛苦。

一帮子人七手八脚地往井里填土。当驴子明白了自己的处境之后，刚开始哭得很凄惨，但过了一会儿驴子便安静下来了。

农夫好奇地探头往井里看，看到了令他大吃一惊的景象：当铲进井里的土落在驴子背上的时候，驴子马上将泥土抖落一旁，然后很快地站到泥土上面！

就这样，驴子坚持将大家铲到它身上的土全数抖落到井底，始终都站在泥土的上面。

最后，在众人的欢呼声中，这头驴子终于上升到了井口，只见它抖落了身上最后的泥土，欢快地跑了出来。

在任何时候，恶劣的环境和自身条件都比安逸的条件更能激发人们的斗志，并且可能形成一种巨大的力量，推动人们打开从来没有试过的门，前往人们从来没想象过的地方。著名漫画家郑辛遥有一幅耐人寻味的漫画，题目上写道："若能把绊脚石变成垫脚石，你就是生活的强者。"当你懂得化解苦难，懂得从逆境中历练，懂得把失败变成下次成功的契机，懂得在面对麻烦时轻轻地一转，你就能轻松地获得快乐幸福，因为这些苦难和麻烦最终都变成了你的人生财富，丰富着你的经历，拓展着你面前的路。

麻烦是躲避不掉的，人只有经历、战胜这些麻烦，才能拥有更加广阔的空间，才能获得期待的幸福快乐。因为，人是必须要带着经历走完自己的人生的，就像船即使满身伤痕也要完成自己的航行一样，中途搁浅是最悲哀的事。

英国劳埃德保险公司曾从拍卖市场买下了一艘船，这艘船1894年下水，在大西洋上曾138次遭遇冰山，116次触礁，13次起火，207次被风暴扭断桅杆，然而它从没有沉没过。

劳埃德保险公司基于它不可思议的经历及在保费方面带来的可观收益，最后决定把它从荷兰买回来捐给国家。如今这艘船就停泊在英国萨伦港的国家船舶博物馆里。

不过，使这艘船广为人知的并不是它传奇的经历，而是一位律师。这位律师在一桩诉讼中辩护失败，委托人最后选择了自杀，虽然律师以前也输过官司，可是委托人自杀的还是头一次。深受打击、心情郁闷的律师看到那艘千疮百孔的船的时候，他萌生了一个想法：为什么不让那些遭受了不幸的人来参观这艘船呢？

于是，他就把这艘船的历史介绍抄下来连同照片一起挂在他的律师事务所里。每当商界的委托人请他辩护，无论输赢，他都建议他们去看看这艘船。他是想告诉大家，在海上航行的船都是带伤的，慢慢地，这艘船也名扬天下了。

船是必须要带伤走完自己的航程的，否则只有搁浅或者沉没的命运。这就如同每个人的人生旅程，当遭遇风雨、泥泞、坎坷、挫折、失败的时候，尽管满身伤痕，也必须振作起来，坚持走完自己的人生，否则就只能半途而废，什么也得不到。只要振作起来，掌握好自己的心舵，就会发现，生活中不光有挫折和失败，还有很多快乐和幸福等着人们去体验、去感受。

伤痛、苦难在所难免，时间也不会因你的摔倒停止不转，而人生又是如此的短暂，与其愁苦地度过一天，还不如高兴地过一天，总之是过一天，快乐总比愁苦更能让人体会到生活的美好和人生的况味。

卓越的佛教领袖、著名的社会活动家赵朴初先生于92岁时写下一首《宽心谣》：

日出东海落西山，愁也一天，喜也一天；
遇事不钻牛角尖，身也舒坦，心也舒坦；
每月领取养老钱，多也喜欢，少也喜欢；
少荤多素日三餐，粗也香甜，细也香甜；
新旧衣服不挑拣，好也御寒，赖也御寒；
常与知己聊聊天，古也谈谈，今也谈谈；
内孙外孙同样看，儿也心欢，女也心欢；
全家老少互慰勉，贫也相安，富也相安；
早晚操劳勤锻炼，忙也乐观，闲也乐观；
心宽体健养天年，不是神仙，胜似神仙。

从字里行间可以看到，无论生活是怎样的，无论遭遇怎样的事情，只要始终保持一颗快乐的心，就能时时感觉到快乐，处处发现快乐，这样的生活难道不是幸福的吗？

心有所得

伤痛、苦难在所难免，时间也不会因你的摔倒停止不转，而人生又是如此的短暂，与其愁苦地度过一天，还不如高兴地过一天。

中篇◎修炼篇

无欲则刚，

淡泊明志心自远

第七章

磨炼成佛：泥泞留痕，磨难不是炼狱

人生不能缺少磨炼，只有经历过风浪的凶险，才知道彩虹的可贵。南怀瑾大师就曾经在一家报馆当过扫地的工友，虽然说不上苦难，但是大师当时的那份平常心，对很多人来说都是难得的。

不受磨炼不成佛

"佛"的含义是大善、大信、大忍。"走路恐伤蝼蚁命",乃至"舍身饲蚊""割肉饲虎",善到叫人不可思议。一入佛门,终身不改其道,"信"字上也做得很彻底。尤其难能可贵的是这个"忍"字:看见美味佳肴,能把口水重新咽回肚子里,坚决不动筷子;看见漂亮姑娘,宽衣不解带,死守最后防线。这已经很难做到了,离佛的境界尚且很遥远。看见美味美色,不流口水不动心,那才叫真功夫,算是走到了灵山的半路。如果修到看不见美味美色,一切皆空,这才将一只脚踏上佛境。

——南怀瑾大师

南怀瑾大师曾经在《金岷日报》担任过编辑一职。当时大师为了谋生来到报社,柜台上坐着一个老人。大师上前去询问自己能不能谋得一份差事。这位老人打量了一下他,问他是哪里人,是不是日本人(因为那时候人们都很怕让日本的特务混进来)。大师连忙说是浙江人,是逃难到这里的,只要能有一碗饭吃,做什么都行。这番话被坐在里面的老板听见了,老板就出来说:"那好,你明天就来上班,我们缺一个扫地的。"于是大师就干起了这家报社的清洁工。过了几天,老板对他说:"看样子你不是干这种事的人啊。"大师以为自己做得不对,老板却问他文章写得怎么样。大师不敢把话说得太满,只说自己念过私塾。结果文章写起来一气呵成,老板看了后,感到非常满意。从此,大师就当上了报社的副刊编辑。

看完南怀瑾大师的这段经历,相信你一定会有这样的感触——每一个有所成就的人,必然经历过一番刻骨铭心的经历。正所谓"不受磨炼不成佛",而这磨炼的关键所在,就是一个"忍"字。能忍常人所不能忍,才能成常人所不能成之事。

世间之人，有谁不想傲立于天地之间，有谁不想主宰自己的人生，有谁不想做生活的强者？可是，要想做到这一点，就必须有在逆境中仍然屹立不倒的勇气。正如佛家的一句话："人在顺境中是不能修行成佛的。"可见，逆境对一个人的成长有多么重要。而在逆境中什么最重要呢？答案是一颗自助之心。

一个年轻人总抱怨没有人在自己困难的时候向自己伸出援助之手，于是把心中的苦闷告诉了一位禅师。

禅师听完他的抱怨，说了一个故事：

有一个农夫赶着一辆满载干草的马车行驶在回家的路上，谁知半路上车子陷入了泥坑，无法再往前挪动一步。而此时天色已晚，路上没有行人，农夫便心灰意冷了起来。过了一会儿，农夫由心灰意冷变成了恼火愤怒，开始咒骂泥坑、马车甚至是自己，最后骂累了，只得向大力神求救。

农夫恳求说道："大力神啊，天都能被你扛起来，就请你帮我把车子推出来吧。"话音刚落，大力神的声音就从云端传来："神要世人必须先自己动脑筋想办法，然后才会给予帮助。你应该拿起锄头将车轮周围的泥浆铲去，把碍事的石子都砸碎，把车辙填平，然后我才能帮助你。"

农夫按照大力神说的做完，然后对大力神说："我已经干完了，你现在可以帮助我了吧。"

大力神说："那好，现在听我的号令，拿起你的鞭子，然后甩下去。"

农夫刚甩出鞭子，便惊叫道："这是怎么回事，我的车子能动了，大力神，你真厉害。"

这时大力神说："你瞧，现在你的马车不是顺利地脱离了泥坑吗？遇到困难，要先自己开动脑筋，只要积极寻找解决的办法，一切困难就会迎刃而解。"

禅师讲完这个故事后，微笑地看着那个苦恼的年轻人。年轻人的脸上此时也露出了笑容，他向禅师深鞠一躬后就离去了。自此之后，这个年轻人虽然遇到过不少的坎坷，但他都依靠自己的努力将坎坷化为了坦途。

故事中那个沮丧失落的年轻人经过禅师的点化，终于将自己的心灵世界修到了一个新的境界，这就是自助自救，自强不息。对这样的人而言，还有什么磨炼和艰险不能度过呢？

磨炼是人生不可缺少的过程，缺少磨炼，就相当于缺失了一只翅膀，是飞不起来的。

南怀瑾大师曾经这样说："一个艺术家、文学家，乃至一个极度劳苦的人，挑个担子行百里路，偶然把担子一放，地上一坐，心情一松，此时没有杂念，很清净。要得到心境的清净很容易，可以用各种方法做到，但那不是禅。如果认为这就是道，学佛到最后什么都没学到，只学会偷懒，贪图那一点清净；而那并不是真清净，真清净是功德圆满。"这就警诫我们，贪图所谓的清净，不去受"挑担子"的磨炼，功德必然难以圆满。

佛家有言："此身不向今生度，更待何时度此身？"是啊，今生不让自己焕发出耀人的光彩，那又要等到什么时候呢？一个人如果能够做到忍受从肉体到精神的各种折磨，那么他就一定可以修出一颗佛心。

一个人想要有所大成，就必须忍受生活的各种折磨，正视遭遇的逆境。这就是修成正果的秘诀。

一切不幸都只是一个过程

三灾即世界上的劫数：刀兵劫、瘟疫劫、饥馑劫。

——南怀瑾大师

三灾是世界的劫数。既然人也是世界的一部分，是不是也有劫数呢？答案是肯定的，人这一生要历经各种各样的苦难，这不就是劫数吗？我们回过头来再看世界的这"三灾"，是不是以刀兵劫开始，以饥馑劫结束的呢？当然不是了，这三灾出现的顺序是不定的，更不固定地以哪个开始，以哪个结束，这三灾都是过程，既不是起点，也不是终点。世界的劫难如此，人生的劫难也一样，所有不幸只是一个过程。你要以为这次的不幸是开始，因而生出恐惧气馁之心，或以为这次的不幸是终结，因而生出安逸享乐、不思进取之心，那才真是最大的不幸。人这一辈子的苦痛，犹如每日的三餐，每天都会袭扰人心。我们何不将这些苦难当作是日常生活的三餐来对待呢？三餐是维持肉身的基本，而苦难便是修心的法门；三餐是每日的需求，苦难也是人生所必经。一个人心中如果能洞悉明了这个道理，那么，他的心灵世界就不会为苦难所遮蔽，也就再不会整日怨天尤人、自暴自弃了。

某日，佛印禅师与大文豪苏东坡在湖面行舟、把酒话禅时，突然听到有人叫喊："有人落水了。"佛印禅师赶紧跳入湖水之中，把人救了上来，落水者原来是一位少妇。

佛印问道："你年纪轻轻，为什么就起了轻生的念头呢？"

寻短见的少妇回答说："我结婚才三年，丈夫就离我而去，一年以后，孩子也病死了，我一个女人家无依无靠，你说我还怎么活呀？"

佛印又问道："那你成亲前是怎么生活的呢？"

少妇的眼睛顿时亮了起来，勾起了她美好的回忆，只听她说道："那时候我无忧无虑的，过得轻松自在。"

佛印说道："那你那时候有丈夫和孩子吗？"

少妇回答："没有。"

佛印笑道："那现在你不是又回到成亲前了吗？你还可以无忧无虑、自由自在地生活呀。"

少妇听完之后，顿时心中了悟。

大千世界，皆有因果；芸芸众生，皆有业缘。既然皆有因果，因起之时就是过程的开始，而果尽之时就是过程的结束；既然皆有业缘，业生之时，不过是人生一段旅途的开始，而缘灭之时，也不过是这段旅途的结束。所以，过程光明也好，黑暗也罢；旅途无论是处处繁花似锦，还是刻刻黑云如墨，你只需记住：既然开始了，那么就有结束的一天，"纵使尝遍千种涩，终有一日甘甜来"。

佛家里的"苦行僧"，将受苦受难看作是修行的捷径，而俗世之人，却将受苦受难看作是人生的泥泞。其实捷径也好，泥泞也罢，本质上是没有任何区别的，因为都有开始与结束。只要世人悟透了这一点，那么人生自然处处尽是平坦路。

别将不幸看成开始或终结，只把它当作过程，你内心的苦痛就会大大减少。

要有一颗般若之心

怎样才是"行深般若波罗蜜多时"的观行呢？你是这样从起心动念，慢慢起修，慢慢观想，走路也好，做事也好，随时不离心中自我观照，等智慧功力深入以后，自己自性实相般若的智慧爆发了，就不是先前追求心念起动时的观想智慧了。我们观想的观是妄心观妄心，妄想观妄想，虽然能观的作用是理性的，但仍是妄想。审察自己心念，观到功力深了，因缘成就时，自然呈现智慧德相。

——南怀瑾大师

佛家的"般若"二字，虽然常常为我们所听到，但是这两个字只可意会不可言传，所以翻译佛经的人在翻译这两个字时都是直译。因为他们怕译不好甚至是译错了。但是，光说"般若"人家也听不懂啊，所以只能勉强给"般若"安上"智慧"这两个字。当然了，我们不能用平常的智慧来理解，应当将其理解成合乎道的智慧，或者说是佛智。

南怀瑾大师在《金刚经》的前言《超越宗教的大智慧》中说："在所有的佛经以及后世菩萨高僧大德们的著作中，《金刚经》在学术的分类上，被归入般若部，所以叫做金刚般若波罗蜜经。什么叫般若呢？大致上说，大智慧就叫做般若。这不是用思想得到的，而是身心两方面整个投入求证到的智慧。这个智慧才是般若。所以，'智慧'两个字，不能代表般若的整个含义。"

那么，我们应该如何比较全面地理解般若呢？南怀瑾大师认为，般若智慧可以分为五种来理解：

第一种，实相般若。

大师说："实相般若就是形而上的道体，是宇宙万有的本源，也就是悟道、明心见性所悟的那个道体。在佛学的文字上，悟道就是见到那个道体的空性，叫作实相般若，属于智慧的部分。我们的聪明只是意识部分，局限于现有的知识范围，以及现有的经验与感觉想象的范围。真正的道体是不可思议的，是不可以用我们普通的知识意识去思想、讨论、研究的。"

第二种，境界般若。

一位僧人游走四方，为的就是给那些孤儿们募集善款。一天，僧人走进一间饭店，希望一桌正在吃饭的人可以慷慨解囊。饭桌上有一人昨晚刚输了钱，他不愿意再往外掏钱。于是，便嘲讽了僧人一番，僧人只是站在那里静静地听着这个人的嘲讽，面带笑容。然后，僧人说："属于我的那一份，我已经从您这里得到了。现在，那些孤儿们能从您这里得到什么呢？"这人立刻羞得无地自容，他低着头，一言不发地将身上的钱全部给了僧人。

或许你会说这个僧人很有境界，而那个嘲讽他的人则没有境界。不过，这么理解境界只能说是浅层次的理解。因为"境界"就如同"般若"一样，也是只可意会不可言传。如果要勉强解释，大概是对世界、人生、社会认识的深度。

第三种，文字般若。

文字是人类智慧的结晶。而如何运用文字，则更是一种智慧。文字般若高的人，能写出让人百读不厌的文章，能说出拨动人心弦的话。以佛经为例，佛经是具有极高的文字般若的，你读佛经，会感受到其中的音韵之美、节奏之美。

第四种，方便般若。

南怀瑾大师说："一个有学问有道德的人，要教化别人，自然有他无师自通的方法；做人做事，也自然有他高度的艺术。譬如说看佛经，他能够用特殊的方法，把难懂的立刻弄懂，难表达的东西，用一种方式表达出来，让别人一听就懂了，这就属于方便般若。"

我们可以把"方便般若"理解成"办法好、手段高"的意思。南怀瑾大师也提醒我们，佛家采用的任何办法都是以"善"字为宗旨的，绝不会用歪点子、坏主意，否则的话就不能称为"般若"。

当然，"方便般若"也不一定非要用言语，有时候当头棒喝也能起到点化的效果。

第五种，眷属般若。

南怀瑾大师说："眷属般若是跟着悟道的智慧而来的，佛学名词叫行愿，用我们现在的观念来说，是属于行为方面的。也就是说，自然发起道德行为，一个人自然就成为至善的人。所谓眷属就是亲戚、朋友、家人等亲眷。"

应该怎么理解"眷属般若"呢？我们可以将"眷属般若"理解成我们常常说的"亲和力"、"魅力"、"影响力"。佛家讲的是"内外双修"，也就是说既注重仪表，也注重行为和心态。一个人修行到一定的程度，全身上下就会流露出一种既庄重又和蔼的气质，让人一见就觉得可亲可敬。佛家所说的"眷属般若"可不是人前一套，人后一套，而是始终如一的。你见这人的第一印象是什么样，这人就是什么样。这就是一种境界。

在南怀瑾先生的世界里，般若智慧不是普通的智慧，般若智慧是能够悟道修证、了脱生死、超凡入圣的。一个人若能修此智慧，那么人生的境界自然就会与众不同。

心有所得

般若是大智慧，要修这样的大智慧，一般人还需量力而行。

于坎坷路上行走的人，其心志必定坚定

饮食吃多了，营养好了，容易昏沉，不清爽。

——南怀瑾大师

按照佛家的说法，世间之人无论是富贵之身还是贫贱之躯，其实都是受苦之人。那么既为受苦之人，人生道路上的坎坎坷坷便不可躲、不可避。面对这坎坷之路，一个人要么以无畏的精神昂首走过，要么因内心的软弱胆怯而就此沉沦。

但是俗世之人，哪一个不希望自己这一生可以过得顺顺利利、吉星高照呢？但这终归不过是一种痴妄，如果真有人一生是事事顺心、处处如意，那恐怕才是一生最大的坎坷，因为他的人生失去了其本来面目，变成了一场欺骗。

佛家讲修心，便是修仁慈之心，修悲悯之心，修不惑不迷之心，修坚定刚毅之心。而无论是修的何种心，都需要世人以身历之，正所谓"敢踏诸般径，以修自在心"，只有如此，人生才会看个通透，禅道方可悟个明白。

佛家也有"苦行僧"的说法，就是说在修行的道路上，唯有吃苦受罪，历经坎坷，方能修成正果。那么对一些并非参佛悟道的人而言，苦难坎坷就是冥冥之中对心灵的修行。只要经受住苦难坎坷的冰霜雪雨，那么人生自然会迎来春暖花开之日、冰消雪融之时。而在历经苦难之后得来的幸福，才是绵长的幸福，才是纯真的幸福。

普陀寺里有一位刚刚剃度出家的小和尚，每日里他都需要劈柴挑水，打扫禅房庭院，而且寺里僧人的一切生活必需品都由他来采购。方丈告诉小和尚，在山的后面有一个市镇，他可以去那里。但那个市镇不仅离寺庙远，道路也很坎坷。小和尚每一次去采购，都是小心翼翼地去，又谨慎地回来，心无旁骛，想的只是尽快赶回寺里。

三年后的一天，小和尚病倒了，方丈就派其他的师兄下山采购。小和尚发现几位被派出采购的师兄并没有去山后的市镇，而是去的山前的。山前的市镇不仅离寺庙近，道路也很平坦。

小和尚知道后心里很难受，觉得师父有意刁难自己，于是找方丈问道："师父，别的师兄可以去山前的市镇买东西，你为什么非要让我去山后的那个市镇采购呢？"

方丈微笑说道："等你病好了，我再派你去山后的市镇采购，也派你的那几位师兄仍然去山前采购，到时候你就明白了。"

小和尚的病好后，方丈果然派了其他僧人去山前采购，但仍派他去山后买东西，小和尚将东西买回来后，向方丈问道："师父，那几位师兄应该早就回来了吧？"

没想到方丈摇了摇头，把他带到寺庙的前门，开始等那几个去山前市镇采购的僧人，直到太阳快要下山，才看见他们的影子。方丈向这几个僧人问道："你们怎么回来得这么晚？"

这几个僧人回答说："我们一路上边说笑，边看风景，于是回来晚了。"

方丈问那个小和尚道："你为什么反而比他们早呢？"

小和尚说："我每天都想着早去早回，而且由于肩上的东西重，我得更小心地走，一年下来我反而走得又快又稳。现在我心里只有目标，没有道路了。"

方丈说道："道路平坦了，心反而容易脱离目标，只有在坎坷道上走，才能磨炼一个人的心志啊。"

方丈其实不仅是在告诉小和尚，同样也是在告诉世人，唯有多走坎坷路，心志才能坚强刚毅，即使沿途风景再美，也不会迷失了前方的目标。

南怀瑾大师在解析《论语》的时候，提出这样一个观点：富贵是人生的形态，并不是人生的目的。没错，人生的目的并不是追求富贵，而是让自己的心灵世界达到一种大境界。得到这种心灵上的大境界，就需要心志的磨炼。

心有所得

人生本是苦，何必畏艰险。要知坚毅心，本生坎坷间。

能忍辱者，必能成天下大事

忍辱的时候有痛的感觉，有非常痛苦的感受，而心念把痛苦拿掉，转化成慈悲，这才是忍辱波罗蜜。

——南怀瑾大师

南怀瑾大师在授课的时候，曾经提到了元代作家许名奎在《忍经·劝忍百箴》中的一段："能忍辱者，必能立天下之事。圯桥匍匐取履，而子房韫帝师之智；市人笑出胯下，而韩信负侯王之器。死灰之溺，安国何羞；厕中之箦，终为应侯。盖辱为伐病之毒药，不瞑眩而曷瘳。故为人结袜者廷尉，唾面自干者居相位。噫，可不忍欤！"

这段话的意思是说：那些能够忍受住侮辱的人，一定能成就一番大业。张良曾经爬到桥下为老人捡鞋，自此之后张良得到老人传授兵书，而胸怀帝师的智谋；市井之人嘲笑韩信从别人的胯下钻出，其实韩信这是负有王侯的器量啊。韩安国曾经被看成是不可能复燃的死灰，这是什么样的屈辱啊；范雎也曾被裹在厕所的席子里，但是他最后不也被封为应侯了吗？所以侮辱虽然是一剂毒药，但却可以替人治病。所以，为别人系上鞋带的人可以当上廷尉，甘心让自己的脸被人吐唾沫的人可以位居宰相一职。

"人活一张脸，树活一张皮。"有些人之所以忍不得一时的耻辱，是觉得自己伤了面子。但这所谓的面子，在佛家看来，只不过是一种幻觉而已。他人对你的羞辱、非议、嘲笑，真的伤及你的颜面了吗？你能感受到肉身的苦痛吗？不能吧，那你又为何觉得难以忍受呢？你可能会说"士可杀，不可辱"，但是真正的有志之士哪一个不是能背得起他人的侮辱的？你连这一点都没有参透，又怎么能说自己是"士"呢？你这么想，不过是因为内心的妄念在作怪而已。

大凡一个人想有所成就，得不怕丢面子才行。比如你因为怕说错话丢面子而在某次讨论中一言不发，那别人就会想你这个人是不是不尊重他们或者是不是没有自己的见解，更没有什么才能呢？

南怀瑾大师曾说过："墙上挂着的'忍'没用，心里能容'忍'才行。"孔子曰："小不忍，则乱大谋。"这话有两个意思，第一种意思就是忍耐、包容，这个大家都懂。第二种意思是做事要有忍劲，能够沉得住气，狠做决断。有时候只有当机立断才能成事，否则以后就会有麻烦。能够忍受屈辱的人才是可以成为大人物的，这主要表现在两个方面：

第一，能够不为羞辱所动的人，往往能在冷静之中发现这羞辱对自己的益处。比如一些善意的批评，里面肯定有一些建议值得你思考。

第二，能够不为羞辱所动的人，能避免可能出现的危机。这样的人往往能权衡利弊，最终选择一个对自己最有利的做法。

那么，既然一颗忍心对自己如此重要，一个人又应该如何修心呢？

第一步是不理。所谓不理，就是对别人的羞辱视而不见，不过不理是比较低的层次。因为不理只能说明你是一个修养好的人，并不能证明你真正觉悟了。寒山禅师就问过拾得禅师："人家谤我、欺我、辱我、笑我、轻我、蒙骗我，我该如何应对呢？"拾得禅师回答道："只可忍他、由他、避他、耐他、敬他、不要理他。"由此可见，不理虽然低级，但实用性强。

第二步是不受。所谓不受，就是不往心里去。当对方说话无礼时，你就当成是过耳的清风，别去考虑话里面有何含义。入不了你心，还有什么侮辱不侮辱的呢？

第三步是不忍。如何理解不忍呢？就是不忍心看见他胡说八道，同情对方是何等愚昧，这是很高的一种境界，你侮辱我，我却同情你。能修到这层境界，还有什么侮辱禁不住的呢？

心有所得

在生活中受到一些侮辱是很正常的事情，如果因为受了侮辱就心海起波，那你是无法到达很高的人生境界的。

127

第八章

解脱智慧：人生是痛苦的积累，像庄子一样逍遥游

南怀瑾大师说，虚名是世界上最骗人的东西，所以为了不"上当受骗"，每逢演讲他总会说自己有个"不好"的名声在外，骗了不少人来听自己"乱讲一通"。大师能出此言，说明他已经从虚名中解脱出来了。一个人若能解脱，快乐必然永恒。

欲望越多，你的苦果也就越多

人生，不管你发了多大财，永远觉得房子少了一间、衣服少了一件、钱少了一笔。一个人，真能对天道自然的法则有所认识，那么，天赋人生，已够充实。能够将生命原有的真实性，善加利用，因应现实的世间，就能优游余裕而知足常乐了。如果忘记了原有生命的美善，反而利用原有生命的充裕，扩展欲望，希求永无止境的满足，那么，必定会招来无限的苦果。"有好终须累此身"，"有好"，一个人平生有嗜好的，一定拖累自己。

——南怀瑾大师

欲望越大，痛苦也就越大。但是遗憾的是，正如南怀瑾大师所讲的那样，许多人永远觉得"房子少了一间、衣服少了一件、钱少了一笔"。这也正是世人的愚昧所在。佛家有言，"一寸道九寸魔"，修炼品德是一件十分艰苦的事，一个人必须时刻对自己的欲望保持警惕，才能收获心态上的淡然。理性的克制对一个追求成功的人而言不是一条束缚的锁链，而是护身的铠甲，虽然穿起来累赘，但是在铠甲的保护下，可以避免被万箭穿身。

一个人，是支配自己的欲望还是被欲望支配，最终获得的人生是不一样的。

有两个人偶然遇到了普贤菩萨，菩萨见与他二人有缘，便将酿酒之法教授给了他们。这酿酒之法就是选取在端阳之日成熟且饱满的大米，然后用冰雪初融时的瀑布与流泉的水珠调和，再将其注入千年紫砂土烧制而成的陶瓷，最后一步就是用初夏第一张沐浴到朝阳的新荷叶将陶瓷紧紧裹住，密闭七七四十九天后，切记待到凌晨鸡啼三遍之后方可启封。

这二人谢过菩萨，历经千辛万苦，终于将所有必需的材料找齐了。然后他们按照菩萨所传授的方法开始酿酒，一切工序完成之后，剩下的就是四十九天的等待。当第四十九天的夜幕降临时，两个人兴奋得夜不能寐，彻夜竖起耳朵等待鸡啼。第一声鸡鸣，第二声鸡鸣……两个人紧张到了极点，眼看马上就成功了，他们内心的激动无法掩饰，但还在急切地等待着第三声的鸡啼。可是过了很久，还是没听到第三声鸡啼。此时，其中一人的耐心已经到了极点，忘记了菩萨的告诫，迫不及待地打开了陶瓷。顿时陶瓷里只有一汪混浊、发黄的水，闻起来像醋一样酸，还有一股难闻的怪味。这个人懊悔不已，但一切都已经不可挽回。而另外一个人，虽然几次都想伸手将瓷盖掀开，但是他最终将心头的欲望压了下来。终于，他等到了第三声鸡啼，将瓷盖打开后，清澈甘甜、沁人心脾的琼浆玉液出现在了他的面前。

每个人都会有欲望，甚至说一个人失去了欲望就失去了人生的动力也不为过。但是，过度的欲望就是贪婪，而一个人因贪心私欲，会使其本来善良的心地变得冷酷，使其本来纯洁的品性变得污浊，使其本来刚正的性格变得懦弱，使其本来聪明的大脑变得昏庸。

对于贪欲，我们可以从公与私两个角度来分析。《菜根谭》中有言："就一身了一身者，方能以万物付万物；还天下于天下者，方能出世间于世间。"能够自己管理好自己的人，人们才能托付他处理万事万物；能用普天下人赋予的权力为普天下人服务的人，才能用一颗超越尘俗的心去做尘俗中的事。只有为公，才会正大光明；贪欲也是一个人内心世界的大毒。贪欲是诸般心魔之首。许多人因为自己的贪欲，仁爱心、平等心、清净心，皆被焚毁。所以，一个人若想修一颗佛心，怎可不去除贪念？

南怀瑾大师有一个"止不了就空不了"的观点，这个"止"从禅宗的层面讲就是"截断众流"——我们的思想就像一股流水一样会永远地流下去，要如何才能把它给截断呢？这本是修佛的法门，但我们不妨将这"众流"看作是欲望之流，截不断欲望之流，一个人就会被欲望的洪水所吞噬。

心有所得

欲望是一棵树，这棵树长得越大，长得越高，结出的果实就越苦。

心不正、心不净，易得病

> 以佛法来讲，一切人生理上的病，多半是由心理而求，所谓心不正，心不净，人身就多病。什么叫净心呢？平常无妄想，无杂念，绝对清净，才是净心。有妄想，有杂念，有烦恼，是因喜怒哀乐、人我是非而来的。
>
> ——南怀瑾大师

人是需要净心的，对此南怀瑾大师更是有深刻的理解。在某次演讲中，大师也谈及了自己对心性修养的看法与见解。他说："你们要做老板当领导搞管理，先管理好自己吧！自己性情管理好，智慧管理好，理性管理好，然后再管理别人，再谈事业。"

正如大师所言，一个人最难做到的就是管理自己。因为一个人的心容易在外界的影响下变得不正、不净，结果使自己在人生的道路上迷失了方向，找不到人生的价值意义。

人生的价值意义何在，什么是自己真正想要的，什么对自己而言又是可有可无的？自己应该得到什么，不应该得到什么，这些都是人生必须知晓的问题。一个人如果能够将这些问题搞清楚，那么做起事来必然会心中有数，即使处理棘手的事件也能从容淡定。孔子说："鄙可与事君也与哉？其未得之也，患得之；既得之，患失之。苟患失之，无所不至矣。"意思就是那种没有智慧，没有修养的人，难道能与其共事吗？这样的人在没有得到的时候，生怕得不到；而在他得到之后，又害怕失去。假如一个人害怕失去，那么他就没有什么事情做不出来了。孔子将患得患失的人说得很可怕，认为他们是无所不用其极的。在现实生活中确实有为了满足自己的私欲什么卑鄙下流的手段都能使得出来的人。可是，对我们绝大多数人来说，患得患失只是自己的一种心障而已，未必就会危害到他人。不过，这层心障毕竟会影响到自己，使我们在该做出决断的时候迟疑不定，因而错失良机。

为克服患得患失的毛病，我们应当让心正，使心净。而为了达到心正、心净的目的，就需要知道缠缚于心的十种业障。南怀瑾大师在其著作中也提及了这十种业障，分别是：

第一，无惭，就是儒家讲的无耻。每个人都觉得自己了不起，难得会在某个时候觉得脸红，那个脸红是惭，还不是愧。

第二，无愧，是内心对自己所作所为感到难过，若无这种反省就是无愧。

第三，嫉，喜欢吃醋，对他人的好处、学问、道德、成就等等无时无刻不在嫉妒中。嫉妒心不是女人的专利，也不单是大人才有，男、女、大人、小孩都会有嫉妒心。这种业力的缠缚相当牢固，不易转化。

第四，悭，就是吝啬，不只是钱财的悭吝，还有对法的悭吝，不肯惠施于他人。

第五，悔，不是忏悔的悔。我们随时都在后悔，凡是对自己有利而没有得到时，便生悔恨心。

第六，眠，就是睡觉，一睡觉，什么都不知道，这也是业障。

第七，昏沉，就是脑子不清楚，迷迷糊糊，昏头昏脑，一天到晚颠倒。

第八，掉举，就是散乱，胡思乱想，东想西想，停不下来。

第九，嗔忿，心里闷闷的，想发脾气，看到谁都不对，看谁都讨厌，整天都在怨天尤人，只有自己好，自己对。

第十，覆，做错了事，想办法掩饰，这种掩饰非常痛苦。心里不光明，不坦荡，自己在阴暗中，把光明磊落之心盖住，所以叫覆。

将这十种心障全部战胜，恐怕也非一朝一夕之事。但心中对此有了了悟，知晓自己应如何修心，也是一大进步。以此进修，终有一日，我们也能修得一颗清净心。

心有所得

一个人对心外事物的观点，应当是返求自心，而不是仅仅滞留在事物的表象上。"心静则万物莫不自得，心动则万象差别自现。"一个人保持一颗纯净之心，那么心就不易得病了。

不被杂念所扰，时刻保持"初心"

做人做事要永远保持刚刚出来的那个心情。例如年轻人刚出学校时满怀希望，满怀抱负。但是入世久了，挫折受多了，艰难困苦经历了，或者心染污了，变坏了；或者本来很爽直的，变得不敢说话了；本来有抱负的，最后变得很窝囊了。

——南怀瑾大师

从儿时的天真，到中年的世故，再到老迈之时的看淡，这些都属于"变心"。南怀瑾大师认为，一个人虽然会受到社会环境的影响，但是我们应当与这种影响力对抗，争取到一定的主动权。很多人烦恼不已，只是因为外界环境发生了一些变化，比如没赶上这班车，或者发现自己想买的那件东西卖光了。所以，保持一颗"初心"是非常重要的。所谓初心，便指的是一颗永远保持着天真野趣的心灵。

这一日，清心禅师跟随老师慧心禅师一同下田。路上，清心禅师走在慧心禅师的后面。慧心禅师忽然回头一看，发现清心禅师手里是空着的，于是就对他说道："你怎么忘记把锄头带来呢？"

清心禅师回答道："锄头不知道被谁拿走了。"

慧心禅师闻言停下脚步，说道："你过来一下，我有事跟你商量。"

清心禅师走上前去，慧心禅师就竖起手中的锄头说道："单单是'这个'，世界上就没有一个人能拿得动。"

清心禅师一听这话，立刻毫不客气地将锄头从慧心禅师手中抢了过来，紧紧地握在手中，然后说道："刚才老师说谁也拿不动'这个'，可'这个'现在为什么在我的手中呢？"

慧心禅师说道："手中有的未必有，手中无的未必无，我问你，今天有谁给我们耕田呢？"

清心禅师说道："耕田的由他耕田，收成的由他收成，这又关我们何事呢？"

听了清心禅师的话，慧心禅师一句话也没有说，转身就赶回僧院。

不久之后，这件事情就传开了。沩山禅师得知此事后，就这件事问仰山禅师道："锄头在慧心禅师手中，为什么却被清心夺去呢？"

仰山禅师回答道："强取豪夺虽然是小人所为，但是清心的智能却在君子之上。"

沩山禅师接着问道："对于耕种和收成，清心为什么说不关己事呢？"

仰山禅师没有立刻回答，反问道："难道就不能超脱这种关系吗？"

沩山禅师听完后一句话不说，转身也回到了僧院。

这个故事的禅意就在于八个字——宁静是美，安定最乐。正如慧心禅师的一句"手中有的未必有，手中无的未必无"，一个人在心境上超脱一点，便会发现很多事情远没有所想的那么复杂。

南怀瑾大师曾这样写道："人，充满了多欲与好奇的心理。欲之最大者，莫过于求得长生不死之果实；好奇之最甚者，莫过于探寻天地人我生命之根源，超越世间而掌握宇宙之功能。"从这段话中我们可以看出，一个人的初心是很容易就被红尘染上颜色的，但也正因如此，初心才更为可贵。

心有所得

平常心是什么？平常心便是不为环境所困，不为杂念所扰，不为顺逆所动。一个人只要做到自己的心不随着环境而乱动，不用主观的自我意识来观察、衡量、判断周围的事物，那么也就不会有内心的矛盾和冲突。

忘记目的，回归真我

有个真善美的天堂，便有丑陋、罪恶、虚伪的地狱与它对立。天堂固然好，但却有人偏要死也不厌地狱。极乐世界固然使人羡慕，心向往之，但却有人愿意永远沐浴在无边苦海中，以苦为乐。与其舍一而取一，早已背道而驰。不如两两相忘，不执着于真假、善恶、美丑，便可得其道妙而逍遥自在了。

——南怀瑾大师

南怀瑾大师从小研习中国传统文献典籍，青年时已对天文历法、诸子百家、琴棋书画、诗词歌赋、拳道剑术、医药卜算无所不通。而后他锋芒初露却退隐古刹，四海云游，他的声名也漂洋过海，妇孺皆知，更是赢得了"当今不可多得的文化大师"的赞誉。

大师博览群书，四海云游不图名、不为利，用他自己的话说，"只为了'明理'，为了践行人在生命本真的意义"。

是的，正因为这份对生命本质追求的质朴与追寻自我的不断努力，在经历人生起伏后，大师终于领悟了人生的真谛，参透了生命的本真，达到了人生的至高境界。

大师认为，无论什么学问，修炼到最高境界，都必然到达返璞归真的自然之境，除了"道"，不刻意坚持什么，也不刻意反对什么；不刻意执着什么，也不刻意抛弃什么，甚至连"道"也在若有若无之间，不是非皈依不可，也不是非背离不可。

佛家有这样一个故事：

五代十国时期，有一个军医，医术高明，治好了不少伤兵。但是，在那样战乱的时代，战争从没有停止过，天天有人受伤，军医治好一批，又有新的伤兵送来。他每天累得筋疲力尽，很晚才能睡，仍有救不完的伤兵。有时候，一个士兵会被治愈数次，最后还是战死沙场。

最后，他崩溃了，心想：这些人命中注定要死，我也没有办法。我能治他们的伤，怎么能治他们的命呢？那么，我的工作有何意义呢？

于是，他找了一个理由，辞去军医的职务，然后去拜访一位禅师，跟着他参禅、修行，希望解开心中的困惑，摆脱心中的烦恼。他每天随侍在禅师身旁，日子久了，突然顿悟。

于是，他向禅师告辞，准备再到军队去行医。

禅师问："你为什么又要回去呢？"

他说："因为我是个医生呀！"

这自然而然的理由正说明了一个道理，凡事自有其理，凡物各有其用，做该做的事，不去刻意考虑意义，这样，心中才会感到轻松、快乐。

禅宗说，人生有三重境界：看山是山，看水是水；看山不是山，看水不是水；看山还是山，看水还是水。

如何理解这三重境界？

人生的第一重境界是："看山是山，看水是水"，是说一个人在涉世之初纯洁无瑕，一切都是新鲜的，眼睛看见什么就是什么，人家告诉他这是山，他就认识了山；告诉他这是水，他就认识了水。

人生的第二重境界是："看山不是山，看水不是水"，是说随着年龄渐长，经历的世事渐多，就发现世界已经不再单纯，经常是是非混淆，黑白颠倒，假恶丑横行，真善美却寸步难行。于是，人就开始迷惑、怀疑、猜忌、算计，甚至是心术不正了。在这样的心态下，山自然不再是单纯的山，水自然不再是单纯的水，而是被心灵的欲望所勾画的山水。

很多人的人生就止于此，直到临终前还这山望着那山高，斤斤计较，欲壑难填，直到绞尽脑汁，机关算尽，在疲于奔命的路上终结了自己的一生。这样的人便是在俗世中迷失了自己的。

而人生的第三重境界是："看山还是山，看水还是水"，与一重境界的单纯懵懂不同，第三重境界则是拨云见日的茅塞顿开、大彻大悟，是本性与自然的契合。只做自己该做的，面对芜杂世俗的名利和欲望，一笑而过，心无旁骛地感悟山水的本来面貌。这便是人生的至高境界。

有一个孩子从很小的时候就很喜欢画画，并梦想成为一个画家，他每天一有空闲就画画，父亲见他如此痴迷，就带他去拜访一位老画家。

老画家听了孩子的情况又看了看他的画，就问："孩子，你为什么想学画画呢？"

"我想成为一个画家。"孩子很自信地说。

"可是，并不是每一个学画画的人都能成为画家。"老画家提醒说，"那么，我再问你，你画画时觉得快乐吗？"

"快乐。"孩子美滋滋地回答说。

"那就足够了！"

孩子听得似懂非懂，老画家接着说："世界上有两种花，其中一种花能结果，而另一种花不能结果。但是不能结果的花也很美，比如我们喜欢的玫瑰、郁金香，它们并不因不能结果而放弃绽放自身的快乐和美丽。人也像花一样，有一种人能结果，成就自己的梦想；而另一种人可能努力一生也没有什么结果，但这样的人未必就不快乐，相反，他们的脸上还常有欢笑，就像玫瑰和郁金香那样，同样能得到人们的欣赏和喜爱。"

孩子恍然大悟，点了点头。临走时，老画家又鼓励孩子说："去享受画画过程中的快乐，而不要强求它的结果。"

这个孩子长大以后，仍然保持着画画的习惯，只是目的不再是"为了成为一个画家"了，仅仅是去享受画画过程中内心的那份充盈和快乐。

生命是一个不断成长的过程，在这个过程中，我们会经历挫折、困难、成功、失败，正是这些经历构成了生命的坐标，各个点串联起来，变成了整个人生的图景。

有的人因为太过在意生命最终的画面，忽略了那一个个美丽的坐标；有的人因为太过在意别人对他一生的评价，忘记了内心的那个"我"的声音。

有的人则会且行且欣赏，感受每一处花草的欢愉，聆听清泉那潺潺的心语，在袅袅的炊烟中感知生命和人生意义……在这种"修行"中，我们也许不会得到更多的金钱、更高的名誉、更显赫的地位，却会离内心越来越近。

心有所得

放下名利争斗，除却烦躁激进，以平常的心容纳人生万象。

人生减省一分，便超脱一分

物质文明发展得越高，人类的欲望越跟着提高。物质文明的发展，给人类带来了很多的方便，但是没有给人类带来幸福。

——南怀瑾大师

洪应明在他的《菜根谭》中说了这样一句话："人生减省一分，便超脱一分。"这个道理就是说，在人生的旅程中，如果能够做到什么事都减省一些，那么便能超越尘事的羁绊了。而一旦超脱了尘世的羁绊，那么精神世界必然会更加空灵。

南怀瑾大师也主张简单的生活，他曾说过："颜回居陋巷，一箪食，一瓢饮，也能得意在其中；秦王统一六国，兼并天下，也能失意于其间。说到底，总是内心蠢蠢的欲望在作祟。"内心的幸福与外界的物质是否富足并无必然关系。

可能在一些人看来，"俭省"即意味着苦行僧般的清苦生活。勤俭持家，远离灯红酒绿的奢靡，并清心寡欲。甚至只是减少生活内容，降低生活质量，取消正常的欲望。其实，这并非"俭省"的本意，是对"俭省"的误解。"俭省"意味着减少不必要的支出，既包括经济的支出，也包括身体的消耗。丰富的存款，如果你喜欢，那就不要失去，重要的是要做到收支平衡，不要让金钱给你带来焦虑。无论是中产阶级，还是收入微薄的人，都可以生活得尽量悠闲、舒适。

大师的观点与我们现在所流行和倡导的"简单生活"十分相似。确切地说，"简单地生活"就是指不要人为地制造复杂，它要求生活目标明确，内容明了，不可漫无目的、毫无章法地乱忙一气，它要求你清醒地认识人生最本质、最重要的东西，并将其紧紧握在手中。要知道，名和利是不合格的衡量快乐的标准。事实证明，人们并没有随着名利的增加而变得更加快乐。佛家有这样一个小故事正说明了这一道理。

一位中年人觉得自己的生活压力太大，想寻求解脱的方法，因此去向一位禅师求教。

禅师给了他一个篓子，要他背在背上，并指着前方一条坎坷的道路说："每当你向前走一步，就弯下腰来捡一颗石子放到篓子里，然后看看有什么感受。"

中年人就照着禅师的指示去做，待他背上的篓子装满石头后，禅师问他这一路走来有什么感受。他回答说："感到越走越沉重。"

禅师说："每个人来到这个世界上时，都背负着一个空篓子，往前走一步，就会从这个世界上捡一样东西放进去，因此才会有越走越累的感慨。"

中年人问："那么有什么法子可以减轻重负呢？"

禅师反问："你是否愿意将名声、财富、家庭、地位拿出来舍弃呢？"

那人答不出来。

禅师又说："每个人的篓子里所装的，都是自己从这个世上寻求来的东西，你要想减轻负担，就必须甘愿舍弃这些身外之物。"

名声、财富、地位等，都是人世间美好的事物，但是同时也会给人们带来负累。对多数人来说，或者快乐地承受痛苦，或者痛苦地抛弃快乐。简单，就是平息外部无休无止的喧嚣，回归内在自我的唯一途径。然而，很可惜的是，还有很多人一生都走不出一个误区，那就是总是把拥有物质的多少、外表形象的好坏看得过于重要，从而不惜用金钱、精力和时间去换取一种自以为是的优越生活，同时狠心地让自己的内心一天天枯萎。

青蛙看见蜈蚣行走，非常好奇为什么这么多脚的动物走起路来那么轻松，它是怎么安排它的脚运动的呢？于是它就问蜈蚣："你看我有四条腿，有前后的分工，每次都是一蹦一蹦地前进。你们蜈蚣号称百足之虫，有这么多只脚。我很想知道，你走路的时候，最先迈的是哪只脚？"为了解答青蛙的疑惑，蜈蚣开始关注起自己走路来了，它认认真真地想了几分钟，还是没有拿定主意，到底该迈哪只脚。于是蜈蚣就停顿在那儿，不会走路了。当然它不是因为真正的残疾，而是因为它忘了究竟该如何行走，可在此之前，它行走得是那么流畅。

蜈蚣说："你不能再问我这个问题了，而且以后你也不要再问任何蜈蚣这个问题。我不知道先迈哪只脚。我要一思考，我所有脚都不会动了，我都不知道该怎么走路了。"

长很多脚、走路很轻快，这就是蜈蚣原本简单快乐的生活，却被青蛙一句多余的话给破坏了。这个故事正是要告诫人们别把单纯的事情人为复杂化。

可是，很多人就愿意做这样的事情，他们给自己弄很多可有可无的头衔，以为这样才是个成功人士；他们到处虚张声势，为的是感受别人崇拜的目光；他们把自己变得很忙碌，这样内心才能感觉到踏实……事实上，当一个人用很多可有可无的，甚至是虚假的东西来支撑起自己内心世界的时候，他的生活就注定是烦恼多于快乐的，甚至毫无幸福可言。

事实上，真实简单的自我更容易让人容光焕发，当我们不被日常琐事干扰，剔除心中的各种物欲和焦虑，不被虚荣所累时，快乐和幸福感就会润泽你的心灵。

回归简单生活，就像人们栽树、种花，精心培养，施肥浇水，为的是让树苗壮成长，让花枝繁叶茂。但是等树和花长到一定程度的时候，就需要给它们修枝剪叶，这样它们才能生长得更好。人的生活也是一样，剔除那些附着在生活本身的枝枝叶叶，还原生活的本真，人们才能真切地体会到生活的意义，这样的人生才是纯粹的，快乐的，轻松的，幸福的。

在人生的旅程中，如果能够做到什么事都减省一些，那么便能超越尘事的羁绊了。而一旦超脱了尘世的羁绊，那么精神世界必然会更加空灵。名声、财富、家庭、地位等，都是人世间美好的事物，它们同时也会给人们带来负累。对多数人来说，或者快乐地承受痛苦，或者痛苦地抛弃快乐。简单，就是平息外部无休无止的喧嚣，回归内在自我的唯一途径。

大智若愚，难得糊涂

清朝名士郑板桥，说过几句很了不起的话："聪明难，糊涂亦难，由聪明而转入糊涂更难。放一着，退一步，当下心安，非图后来福报也。"

——南怀瑾大师

南怀瑾大师很推崇"难得糊涂"的处世哲学，他曾经讲了一个故事：

春秋时期卫国一位很有名的大夫叫宁武子，历经卫文公、卫成公两朝。

卫文公时期，国家政治清明，社会安定。这时，宁武子表现出了超人的智慧与能力，几乎成了卫国的"第一智者"。可到了卫成公时期，政治、社会变得非常混乱，情况险恶，宁武子依然在朝参与朝政。只是，这时的他表现得愚蠢鲁钝，处处装傻。

孔子评价他说："宁武子，邦有道则智，邦无道则愚。其智可及也，其愚不可及也。"意思是说：宁武子这人，国家太平时，就聪明，国家混乱时，就装作愚笨。他的聪明别人可以赶得上，他的愚笨别人赶不上。

很显然宁武子处于乱世中的那种愚笨的表演是他绝顶聪明的表现，他适时地把聪明的锋芒收敛起来，装糊涂，以保全自身，这一点是常人难以做到的。正如清朝名士郑板桥所讲："聪明难，糊涂亦难，由聪明而转入糊涂更难。放一着，退一步，当下心安，非图后来福报也。"

社会历史发生变动的时候，难得糊涂的处世哲学可以保全自身。在我们的生活中，难得糊涂也是一种通往幸福、满足心境的必经之路。

小镇上有一位五金店老板，看上去整天都很快乐的样子。他经营了小店多年，有了点小积蓄，但是对钱却看得很淡，从来就不关注自己的店里每天到底卖了多少东西，也从不去计算每天赚了多少净利润。

他有个儿子做会计师，不止一次地建议父亲记账，并养成定期盘点的习惯，可父亲总是不听。这一天，儿子又对父亲说："爸爸，我实在搞不清您是怎么做买卖的！你从来不记账，根本无法知道自己赚了多少钱。现在我已经做了会计师，我想我可以给您设计一套现代化的会计系统，好吗？"

父亲说："孩子，我想这些完全没有必要。想当年我在创业的时候，只有一身衣服和一百多块钱。后来我开始做点小生意，辛勤工作攒下点钱后，开了这家五金店，现在我又把你和你姐姐抚养成人。我和你妈妈有一所挺不错的房子，还有两部汽车。如果用我的记账方法来算，我现在拥有的一切一项一项都加起来，扣除那一身衣服和一百多块钱，剩下的全都是利润，我有什么必要一定要算得清清楚楚呢？"

儿子听了父亲的话，有所感悟，不再说什么了。

或许，对我们很多人来说，这位父亲的计账方法要好过所有精确的计算法，这份难得糊涂、知足常乐的悠然，把他从纷繁世事中解脱出来。不得不说，这位父亲是睿智的。

聪明固然是天赋的智慧，糊涂有时更是聪明的表现。

之所以说"难得糊涂"，就是因为糊涂对了地方、对了时候、对了程度，是一件很有艺术性的事情。人贵在集聪明与糊涂于一身，需聪明时便聪明，该糊涂时且糊涂。

事实上，大智若愚，关键点在"若"上，也就是"像"。体现在行动上就是大事明白、小事糊涂。当然，这样的糊涂不是真糊涂，而是不计较、不在乎。这就是处世的大智慧。而且从心理学的角度看，对无原则性的不中听的话、看不惯的事，装作没听见、没看见，甚至听而不闻，视而不见，这种"小事糊涂"的处世态度，其实正是幸福、长寿的秘诀之一，因为懂得"糊涂"的人"心宽"，心宽就不会对一些琐事太认真，苦恼也自然不来了，幸福之门就会向你打开。

心有所得

对无原则性的不中听的话、看不惯的事，装作没听见、没看见，甚至听而不闻，视而不见，这种"小事糊涂"的处世态度，其实正是幸福、长寿的秘诀之一。

问心无愧，免受心灵煎熬

> 人情世故要通达，凡事问心无愧，旁人背后怎么说不要
> 管他，只问自己。

—— 南怀瑾大师

人们常说"做人难"，那么，做人到底"难"在何处呢？难就难在做任何事情都不可能问心无愧。备受良心的煎熬是很多人生命难以承受之重。但是，受环境、条件、人事的种种掣肘，一个人总是不可能完全按照自己的意愿和想法来做事的。而且，人的社会性也决定了人不可能离群索居，必然要与周围的人产生各种各样的关系，这样的关系也必然会对人们的想法和行为方式产生或大或小的影响。

现代人的压力大，有很大一部分原因就是难以做到问心无愧，人们总是被各种利益诱惑，被各种欲望驱使，使得内心无法平静，在这样的心态左右之下，即使取得了成就也难以给人们带来期待的快乐。

既然不可能什么事情都做到问心无愧，懂得容忍、不计个人利害得失就显得很重要了。这也是解决现代人压力大、容易陷入抑郁情绪的好方法。否则，与人为难、与己为难，时常忧愁，局促不安，就不可能享受生活的美好。

其实，孔子早就告诉我们："君子坦荡荡，小人长戚戚。"他指出：君子就要心胸平坦宽广，只有小人才时常忧愁悲观。

一位有名的禅师，一段时间里，他每天都会带一个女子进入自己的禅房，并共处很长一段时间。对此，弟子们议论纷纷。其中有一个弟子，耐不住好奇，跑去偷看，却看见女人雪白赤裸的背，乌黑的长发披散下来。

佛门重地，这还得了！于是，弟子悄悄建议师父，要以身作则，不要触犯佛门戒律。禅师淡淡地一笑。

此后，禅师仍是每天带那个女子到自己的禅房，很久不出来。

师父屡教不改，弟子们终于按捺不住了，有一天，他们一起冲进禅房，大喊："师父，你怎么能做这种事？"

女子受了惊吓，回过头来。弟子们一看，都惊呆了！那是一张丑陋腐烂的脸，虽有一半已经平复了很多，但另一半，其恐怖程度难以描述。原来，这个女子得了麻风病，禅师每天给她搽药救治，并设法开导她，以免她自寻短见。

看到这种情景，弟子们明白自己误会了师父，愧疚万分。

南怀瑾大师说：古人说"万事谁能知究竟？人生最怕是流言。"又说："众口铄金，积毁销骨。"这就是说，人言可畏。"谁人背后无人说？哪个人前不说人？"人情世故要通达，凡事问心无愧，旁人背后怎么说不要管他，只问自己。

问心无愧是一种为人处世的原则，更是对自己人生的一种负责。只有无愧于心，我们行走的脚步才轻盈，心灵才可能平静。相反，那些有愧于心的人，则会备受心灵上的煎熬。

君不见，那些畏罪潜逃的嫌疑犯，他们看上去逍遥法外，但每时每刻都活在恐惧、自责和后悔之中，惶惶不可终日。直到走进铁门时，才算是"尘埃落定"，赎罪的岁月中才能真正地获得良心的救赎。

不管是为名，为利，还是为了得到其他的一切，这种满足后的欣喜都是短暂的，比起心灵的真正愉悦来，简直不值得一提。可是很遗憾的是，很多人就是苛求这样的短暂欣喜，所以，才在患得患失中让自己的内心无法平静，纠结郁闷。这样，自然无法获得真正的快乐。

心有所得

越是执着于小的欣喜，越容易失去真正的快乐；如果能够看透这一点，放下这些小欣喜，做到无愧于心，人生才会有真正的轻松。

第九章

修为境界：放舍尘根，清闲自在如白云

　　人生境界因人而异，有的人千般苦痛不入心，有的人稍经风雨便萎靡不振。之所以有如此的区别，只是因为放舍不下尘根而已。若能放下，那么自然清闲自在如白云。南怀瑾大师就劝过世人放下对红尘的过度眷恋，还自己一个自在身。

任劳易，任怨难

> 最难的是"劳而不怨"。大家常说，做事要任怨，经验告诉我们任劳易，任怨难，多做点事累一点没有关系，做了事还挨骂，这就吃不消了。但做一件事，一做上就要准备挨骂，"劳而不怨"，我觉得难在任怨。
>
> ——南怀瑾大师

　　一个人多做了一些事，累点没有什么关系。但是做了事还要挨骂，这样费力不讨好，可不是随随便便一个人就能承受得了的。所以说，任劳易，任怨难。

　　我们都知道"任劳任怨"这个成语。任劳就是说一个人能吃得起苦，而能吃得起苦的人一般有两个特点：一个是不怕吃苦，另一个是能够以苦为乐。以苦为乐的人会通过吃苦而达到自己的目的，进而获得的一种内心满足感。而任怨就是自己能够少发或者不发牢骚，同时也能正确地对待他人的牢骚，并且学会以积极向上的心态来看待和处理问题。但是这一点也正如南怀瑾大师所说的那样，一个人做到不辞劳苦容易，但是不怕受埋怨就很难了。

　　但是在现实生活中，真正能做到"任怨"的人还是太少了。这主要是因为相比于"任劳"，"任怨"是更需要一个人具备长远的目光和大局观念的，也更需要具备极强的责任心和坚韧的承受力，以及博大的胸怀和坚强的意志。况且很多人的思维是：既然我已经付出了，那么就应该得到回报。一个人这么想其实无可厚非，但是过度关注回报而得不到回报，恐怕你连任劳的精神都没有了。所以，对付出就要有回报这个道理，你应当看开，而不是看透，看透的话就会较真儿。

　　一位游客在寺院游玩，无意间发现一间禅房的门敞开着，而且门外也没有僧人把守。由于好奇心的驱使，这名游客走进了禅房。进去后只见这间禅房面积不是很大，但在这小的房间里，布满了书架与货架，而且上面写满了各种各样的真相。游客感到很好奇，这时，一位僧人过来接待他，并告知这是一间存储各种真相的禅房。

游客很好奇地问："真的有真相可以知道吗？"

"是的，施主，我们这里有部分真相，完全真相，相对真相，您想知道哪一种真相呢？"

游客没有想过会在寺院里得到揭秘真相的机会，他觉得生活中太多的真相需要知晓了。于是他想选择完全真相。这时僧人对他说，知道完全真相是需要付出很大的代价。为了知晓事情的真相，他需不惧付出很大的代价。

僧人问道："您知道将要付出什么吗？"

这个游人回答说："我不知道。"僧人告诉他，如果想知道完全真相就需要自己永生不得安宁。游客听到后大吃一惊，他没有想过要付出如此大的代价，于是就夺门而出了。

这个故事的寓意就在于，一个人未必非要知道那么多的真相，难得糊涂不也是挺好嘛？

所以，出了力却受到了抱怨，不妨微微一笑，糊涂一把，你会感到天地更宽阔。

而一个人如何对待"怨"，也可以反映出这个人的品质和修养。比如有的人刚刚立了点微末的功劳，就想要这要那了。一旦达不到自己的目的，就撂挑子，使性子，认为自己出了力却得不到回报。其实你虽然出了力，但是要的回报却大大超过你的贡献，你想用芝麻来换西瓜，天下哪有这样的好事儿啊？而有的人在面对"怨"的时候，始终认为自己是对的，那些怨自己的人都是错的。于是一意孤行，压根儿不改变自己，结果往往是头撞南墙。而有的人则能够冷静对待"埋怨"，首先从自己身上找原因，查漏补缺，提高自身，对他人的误解做出合理的解释。这样一来，"怨"也就像那潮水一样退去了。

南怀瑾大师虽说难在任怨，但也并非没有人可以做到任怨，相信你会是一个能做到的人。

心有所得

一个人还是多做一点实事为好，即使一时得不到他人的理解，甚至招来埋怨，但是公道自在人心，总有一天人们会理解你的。

中篇　修炼篇：无欲则刚，淡泊明志心自远

破除对自我的执着

以前有一位老朋友，读书不多，但他从人生经验中，得来几句话，蛮有意思，他说："上等人，有本事没有脾气；中等人，有本事也有脾气；末等人，没有本事而脾气却大。"这可以说是名言，也是他的学问。

——南怀瑾大师

南怀瑾大师在这里说了上、中、下三等人，其实无论是有脾气的也好，没脾气的也罢，都会有一个对"我"的执着。所以，一个人很难改变已经形成的性格。但是，普天之下没有哪一种性格是放在任何一个地方都能受到人们欢迎的，在特定的时间、特定的地点你需要改变自己。比如你去做销售，还和以前一样沉默寡言肯定是不行的。可是如果你认为这才是真正的自己，那这就是陷入了对自我的执着。

按照佛家的观点，一个人过于执着于自我是心灵世界的一种愚昧。过于执着自我会遮蔽一个人的心眼，过于执着自我也会迷惑一个人的心智。所以，一个人应当破除"我执"。"我执"就是执我为是，以我为重，以我见、我闻、我思、我知为中心，不知有人、有理、有大众。一个"我执"的人，在做事的时候往往会先考虑自己的感受，结果往往会伤害别人，甚至是自己的亲人。

有一位母亲，儿子在外面做丝绸生意。这位母亲是一位虔诚的佛教徒，她想佛陀出生的地方，一定会有佛陀的加持物，而儿子经常会去佛陀出生的圣地去做生意，所以希望儿子能够给她带回来一件佛陀的加持物让她供奉，以表达自己的虔诚之意。儿子很孝顺，自然答应了母亲。

可是，儿子的生意实在是太忙了，这件事情被忘在了脑后。不过母亲并没有太多的责怪，而是叮嘱儿子下次千万不要忘记自己的嘱托。接连三次，儿子没能如约带回加持物，母亲严厉地嘱咐道："再不拿回佛陀的加持物，你就是天底下最不孝顺的儿子！"儿子见母亲如此气愤，只好承诺下一次再也不会忘记了。但不幸的是，由于生意过于繁忙，儿子又忘记了母亲的嘱托。在临近家门的时候，儿子突然想起了母亲的忠告，心想自己这下子可要真得气坏母亲了。他着急地在门前踱步，突然眼睛一亮，发现了一块非常漂亮的石头。于是儿子把石头捡了起来，然后推开了家门。儿子很虔诚地将石头交给了母亲，告诉她这就是"释迦牟尼的舍利子，拥有它就好像佛陀在我们身边一样"。母亲信以为真，整天都对石头顶礼膜拜，而且她也找到了长久以来的安宁与恬静，每天都是开开心心，快快乐乐的。

　　故事中的母亲对佛陀的加持物一直都抱有一份执着心，因而三番五次地抱怨儿子，甚至以不孝之名来训斥儿子。最终儿子用一块假的佛陀加持物了却了母亲的一桩夙愿，化解了母亲内心的执着，母亲也因此感觉每一天都很开心很快乐。这就告诉我们执着是堤，快乐是水，只有掘开心中之堤，快乐之水才会奔涌而出。

　　佛法是不可以有一点点执着的，因为一丝一毫的执着，就会成为心灵上的系缚；而一丝一毫的系缚，又会成为心灵上的障碍；若有一丝一毫的障碍，便让己身不得自在；己身不得自在，就不会拥有随缘任运的大智慧。

　　要想消除一个人的执着，这是一件非常难的事。即使一个人跑到山林溪涧之中，远离了尘嚣，心中的"恋世习气"也是一时难以消除的。即使经过长期的修行，消除了心中的"恋世习气"，那也不是没有了执着。此时虽然没有了"恋世习气"，却又有了一种"厌世习气"。这就要求人们，在自我修养的道路上，不断地进步，逐渐地打破执着，逐渐地消除习气，直至完全地契合"道体"。这个"道体"，就是佛家所说的"法身"，就是我们所说的"无相心体"。

　　其实，"我"也只不过是一种虚幻，人的肉身与大千世界里的一花一草，一禽一兽其实也都没有什么大的差别，都只是一副皮囊而已。唯一不同的，是人心与兽心之别。所以，这身皮囊不是真正的你，这身皮囊暂时享受到的"五感之福"，也不过是一场镜花水月的梦境。因此何必在内心对这副皮囊有如此多的执着，只有放下这份执着，才能放下对红尘荣华的痴迷，才能修心修德，达到人生至境。

心有所得

　　当我们放下了一切执着，外不执着于色尘，内不执着于心念，乃至于对这个"不执着"也不执着，此时的境界，就是"无挂碍""坦荡荡"的大智慧境界。

中篇　修炼篇·无欲则刚，淡泊明志心自远

培养自己的气度

每个人的气度、知识、范围、胸襟都不同。你要成大功、立大业，就要培养自己的气度，像大海那样大；培养自己的学问能力像大海那样深。

——南怀瑾大师

气度是什么？气度就是对自我人格的一种培养。气度大的人，于得意失意之间，皆能找到真我；而气度小的人，往往在得失之间就找不到自己的本相，气量狭小，那么人生还能宽广吗？

某一次，苏东坡听闻了赵州禅师迎接赵王的故事，心血来潮便要去拜访住在附近的佛印禅师。在启程之前苏东坡先给佛印禅师送去了一封书信，信中嘱咐佛印禅师要像赵州禅师迎接赵王那样，不必出来迎接。

有此嘱托，乃是因为苏东坡自认为已经了解了禅理的妙趣，佛印禅师会以最上乘的礼仪——不接而接，来接他。

但出乎苏东坡意料的是，当他还在船上的时候，就看到佛印禅师已经带领一干弟子站在岸边，静待苏东坡的到来。苏东坡到岸后，一下船便讥讽佛印禅师道："大师的修为没有赵州禅师洒脱，我嘱托大师不必亲来迎接，可您还是大老远就跑来等我了。"

佛印禅师听完哈哈大笑，然后回了苏东坡一首偈子——赵州当日少谦光，不出山门迎赵王。怎似金心无量褶，大千世界一禅床。

这首佛偈的意思是：赵州禅师之所以不迎接赵王，不是因为佛法修为高，而是因为他不谦虚。而你看到我佛印出门接你，可是你真的以为我起床了吗？事实上大千世界就是我的禅床，你此时看到的我，其实还在大千禅床上睡觉呢！在你眼中只知肉眼所见的有形之床才是床，而对我来说，我的床可是尽虚空、遍法界的大床啊。

苏东坡一下子开悟，赶紧为刚才的无知向佛印禅师赔罪。

大千世界皆是佛印禅师的禅床，这是一种什么样的气度啊？相比之下，苏东坡就显得小家子气了。

一个人的人格魅力，往往与其心胸有关。一个心胸宽广的人，在别人眼中会是伟岸如山，十分具有人格魅力。南怀瑾大师在其《论语别裁》一书中，提到了曾子的"君子所贵乎道者三"，就是"动容貌，斯远暴慢矣""正颜色，斯近信矣""出辞气，斯远鄙倍矣"。南怀瑾大师对此解释道："曾子在这里所讲的三个重点，我们的确要注意。第一：'动容貌，斯远暴慢矣'。就是人的仪态、风度，要从学问修养来慢慢改变自己，并不一定是天生的。前面说过的'色难'就是这个道理。暴是粗暴，慢是傲慢看不起人，人的这两种毛病，差不多是天生的。尤其是慢，人都有自我崇尚的心理，讲好听一点就是自尊心，但过分了就是傲慢。傲慢的结果就会觉得什么都是自己对。这些都是很难改过来的。经过学问修养的熏陶，粗暴傲慢的气息，自然化为谦和、安详的气质。第二点：'正颜色，斯近信矣'。颜色就是神情。前面所说的仪态，包括了一举手、一投足等站姿、坐姿，一切动作所表现出的气质；'颜色'则是对人的态度。例如同样答复别人一句话，态度上要诚恳，至少面带笑容，不要摆出一副冷面孔。'正颜色，斯近信矣'。讲起来容易，做起来可不容易。社会上几乎都是讨债的面孔。要想做到一团和气，就必须内心修养得好，慢慢改变过来。第三点：'出辞气，斯远鄙倍矣'。所谓'出辞气'就是谈吐，善于言谈。'夫人不言，言必有中'。这是学问修养的自然流露，做到这一步，当然就'远鄙倍'了。"其实，这就是对气度的培养。

大师说，一个人成大功立大业，是需要宽广的胸怀的。所以，如果你想成大功立大业，就从培养自己的气度开始吧。

心有所得

一个人气度的大小，往往已经决定了其人生的宽度。

无道可修，无心可用

你们目前这几天用功修持准提法，一开始还算精进、专一，但是连续的几个七期，是否能坚此一念，贯彻始终，甚至法会圆满后，仍然能将自己全部身心投注于准提佛母无尽无边的深妙法海中，那就要看各人所发成就无上菩提的愿心，是否真切而定了。

——南怀瑾大师

南怀瑾大师想告诉我们如何才能让自己全身心地投入到佛法禅理之中，因此提到了"无上菩提的愿心"。其实，若然达到"无道可修，无心可用"的境界，自然也可以领悟到高深的佛法与禅理。

按照佛家的观点，红尘世界只不过是镜花水月，芸芸众生也只是乌有皮囊。对他们而言，有便是无，存在即为虚幻。所以，如果是用以心修之、以体行之、以目辨之的方法来参禅悟道的话，那么最终也只不过是略窥禅宗的门径，略懂佛法的毛皮而已。这也正如懒融禅师的偈语："恰恰用心时，恰恰无心用；无心恰恰用，常用恰恰无。"以心修之，而心终有所惑；以体行之，而体终有所怠；以目辨之，而目终有所不辨。所以，通过自己的五官六感修来的佛理禅机，终不过是小乘之修。若欲明悉佛法之精髓，洞察禅理之奥妙，就非去心、去体、去目，以无心可修、无体可行、无目可辨之态修禅悟道不可。只有如此，大乘至境之门才会为你打开，才可修行到最高的境界。

有一次，道光禅师向大珠慧海禅师问道："禅师，您平常用功，是用何心修道？"

慧海禅师回答道："老僧无心可用，无道可修。"

道光禅师又问道："既然如此，为什么每天要聚众劝人参禅修道呢？"

慧海禅师回答道："老僧我上无片瓦，下无立锥之地，哪有地方可以聚众？"

道光禅师追问道："事实上您每天都在聚众论道，难道这不是说法度众？"

慧海禅师摇头说道："请你不要冤枉我，我连话都不会说，如何论道？我连一个人也没有看到，你怎么说我度众呢？"

道光禅师听后皱眉道："禅师，您这是在打诳语。"

慧海禅师笑道："老僧连舌头都没有，如何诳语？"

道光禅师大惑不解道："难道尘世间，情世间，您和我的存在，还有参禅说法的事实，都是假的吗？"

慧海禅师回答道："都是真的！"

道光禅师又问道："既然是真的，您为什么还要否定呢？"

慧海禅师说道："假的，要否定；真的，也要否定！"

道光禅师因此大彻大悟。

《心经》中有云："无眼耳鼻舌身意，无色声香味触法。"很显然，慧海禅师比道光禅师更有佛家的慧根，更知晓佛经的奥义。所以慧海禅师之为，皆为不为，以"不为"来修"为"，这便是大彻大悟的法门。那么，我们怎样才能做到无道可修，无心可用呢？

心灵世界需要处于一种宁和的境界之中。处于宁和的境界之中，就需要不急不躁，不骄不奢，不生强求之心，不生萎靡之意，只有如此，心灵才会以最自然的状态来接近佛法禅理。

心灵世界需要处于淡泊之境。若处淡泊之境，就需视大千如虚，以万象为幻，得亦可，不得亦可；舍亦可，不舍亦可。离红尘之纷扰，断俗世之繁杂，融身于草木之间，寄情于鸟兽之乐，只有如斯，心灵世界才会以最诚挚的状态来参悟佛理。

心灵世界需要处于无我之境。要知此时的你只不过是世间的一副臭皮囊，而俗世之荣辱，人生之成败，也只不过是刹那芳华的虚无，朝花夕拾的空幻。因此，你对这些又何必在意呢？

南怀瑾大师曾经说过这样的话："你们有的在这里听课、修行了那么久，虽然有点效果，但是一切众生的根本大病——我相、见思二惑，以至贪嗔痴等等，仍去不掉，修行还没有真正得力。为什么呢？大家以为自己已经在用功修行，其实往往只是坐在那里贪图自己那点清净的感受而已，这不是道啊！修行得不到佛经上所说的那些根本变化身心气质的受用，原因在于没有发起恳切求法求道之心，身口意三业没有虔敬专一地投入普贤菩萨广大深密的行愿海中，谈不上对释迦牟尼佛苦口婆心所说的教法身体力行去'信受奉行'。你们有吗？……再慎重地告诉大家，修密法没有秘密，密在各人心中。而准提法是密法中的别法，特别殊胜的法门，它包括了止观，包括了参禅，同时包括了净土，并且又能完全依仗诸佛菩萨的加被。因此，你们要将自己的身心彻彻底底地投进去。投到哪里去啊？还不是投到本身原来圆满具足的自性海中，毫不保留，毫不怀疑。这就对了。"

这是南怀瑾大师对一些学习佛理之人的谆谆告诫，聆听到这样的教诲，相信你已经知道如何修禅悟佛了。

心有所得

"有"的最高境界是"无"，"得"的最高境界是"舍"。

尘埃要惹，心灵须净

近一二十年，感到我们自己的文化没有根了。要说接受西方文化，也没有好好接受，也不懂。事实上，西方文化可以给我们做一个很好的参考。我常常感到，国家亡掉了不怕，还可以复国，要是国家的文化亡掉了，就永远不会翻身了。

——南怀瑾大师

这段话可谓是发人深省，大师一生舍弃了名利富贵，将其精力主要放在弘扬传统文化上，以出世之心行入世之事，虽惹浮华中尘埃，却心似菩提，静如止水，无愧一代国学宗师的风范。大师的言行让我们意识到，惹尘埃却能净心灵，这是人生一种难得的境界。

有人问，尘埃是什么？其实，山河大地，莽原湍流，众生万相，一事百态，这些都是尘埃。有人问，什么又是净心？净心就是"不可测、无障碍"，达到一种无垢无染、无贪无嗔、无痴无恼、无怨无忧、无系无缚的空灵自在、湛寂明澈之境。大师曾说道："有些修行做功夫的人到达了清净的境界，没有杂念妄想，但是，见解不透彻，认为清净才是道，认为不清净、不空则不是佛法，于是，自己把自己给障碍住了，'故于圆觉而不自在'，对于不垢不净的圆觉自性没有认识清楚，执着于空，执着于清净，不能自在，不能算是大彻大悟。"

惹尘与净心，二者之间是因果的关系。世人皆出于红尘俗世，本就是惹了一身的尘埃，这是因；而当世人了悟红尘、看穿俗世之后，自然会生出皈依净土之心，这又是果。也就是说，只有先惹尘埃，才可后净心灵。

这一天，奕尚禅师坐禅之中，忽然听到一阵阵悠扬的钟声。奕尚禅师侧耳倾听，待钟声停下来后，奕尚禅师便吩咐人将那个敲钟的僧人叫到自己的禅房来。

157

过了一会儿，一个小沙弥来到禅师的禅房门前，禅师示意这个小沙弥进来，然后问道："你来寺中多久了？"

小沙弥回答道："时间不长，刚刚一个月。"

禅师微微点点头，继续问道："那你今天早上敲钟时，心情是什么样子的？"

小沙弥没料到禅师会有此问，一时不知道怎么回答，只好说道："没什么心情，只为敲钟而敲钟而已。"

奕尚禅师摇摇头道："我今天听到的钟声，非常高贵非常响亮，而只有真心诚意之人，才可敲出如此声音来。所以我想那个敲钟人一定心有所念，故寻你来有此一问，你再想一想，内心当真别无他念吗？"

小沙弥想了一会儿，回答道："禅师，其实我在敲钟的时候也没有刻意想着什么，只是在我出家之前，家父叮嘱我说，打钟之时应想钟即是佛，必须用虔诚礼拜之心打钟才行。"

奕尚禅师听完后满意地点点头，然后对这个敲钟的小沙弥训诫道："切记，今后为事，皆要有这敲钟之心。"

这位小沙弥谨遵教诲，养成了事事恭谨的好习惯，后来终成一代禅师，就是后来的森田悟由禅师。

敲钟便是惹尘，虔诚礼拜便是净心。净心扫尘，本就是要有心可净，有尘可扫。所以，身在红尘莫烦恼，净心扫尘得逍遥。

南怀瑾大师曾在某次讲演中说过这样的话：老子有三宝，"曰慈，曰俭，曰不敢为天下先"，这是老子思想的三宝，也是政治思想、经济思想的三宝。后来佛教进来，有皈依佛、法、僧三宝，这个三宝的观念是套用老子的。"曰慈"，老子讲慈爱，孔子讲仁义，就是佛学讲的大慈大悲。"慈"最难了，那是爱一切人，爱一切物。"曰俭"，今天我们的国家，我们的民族，我们的社会，错在浪费。现在最大的严重问题，就是过分的浪费，不能俭。政治也好，经济也好，这个俭，是如何省俭，并不是说不用，这是个大学问。

上面是南怀瑾大师在演讲中的原话，从中我们可以看出，老子并非一般人所想的那样，只要自己得了逍遥身，其他的一概不闻不问。老子的思想三宝，不仅净了心，而且惹尘埃。从中我们就可以看到，净心灵与惹尘埃并不矛盾。而"清净"的心灵境界，并不需要刻意去追求。唐代龟山智真禅师有诗云："心本绝尘何用洗，身中无病岂求医。欲知是佛非身处，明镜高悬未照时。"一个人如果本心清净，就不用去求清净，就像没有病的人不用去求医一样。如果刻意求清净，一定是因为心里不清净了。

佛语有云："离烦恼之迷惘，即般若之明净，止暗昧之沉沦，登菩提之逍遥。"这几句佛语就是在告诉我们，俗世之中的"尘埃"，当惹可惹，须避则避，只有如此才能净心修性，方可远离迷惘暗昧之苦，达至般若菩提之境。

很多人认为净心就是不问世事，这其实是错误的想法，净心与惹尘并不矛盾，关键是你如何去做。

私心少一些，仁爱就会多一些

做好事，还要有福报，有福气给你碰到这个机会，你才能够做啊！花一块钱可以救人命，这才是做好事。至于上庙子去，这里去送个一万，那里送两万，到处烧香磕头，这个是骗自己嘛！这个哪是做什么好事啊？这是做生意嘛！

——南怀瑾大师

真正的做好事是不存私心的，不是花一两万为自己祈福，而是花一块钱救助他人的性命。带着目的去做好事，这与做生意是没有区别的。真正的仁慈，如果还带有私情私心的话，那么就不能算是仁慈了。南怀瑾大师还认为，儒家所讲的"仁"，与佛家所讲的慈悲，基督教所讲的博爱，都是有着相同之处的。其区别也只不过是在范围解释上，佛家讲的慈悲是平等爱人，儒家讲的"仁"虽然也可以理解为慈悲，但是它是有范围有层次的，是先爱自己所亲的人，再爱世界上的其他人。而佛家则不然，佛家讲究的慈悲是平等爱一切众生，没有亲疏远近之分的。

大师为了向我们更清楚地阐释儒家与佛家在慈悲上的不同，特意做了一个风趣幽默的比喻——说释迦牟尼跟孔子两人站在河边，这时候两个人的母亲都掉到河里去了。释迦牟尼肯定会认为众生平等，两个人必须同时救上来。而孔子一定是先跳下去救自己的母亲，再去救释迦牟尼的母亲。所以从这个比喻中我们就可以知道，儒家的思想是"亲亲""仁民""爱物"。我们对此可以理解成先"亲亲"、然后"仁民"、最后"爱物"。所以，儒家的慈悲是有一定次序的。庄子就曾对儒家的这种思想做出过自己的注解，他说了"有亲，非仁也"这样一句话。也就是说，庄子认为仁慈应该是爱天下，是没有任何私心的，像儒家在仁爱的过程中有所亲，有所偏爱，这就已经不是"仁"的最高境界了。所以，无私才是求仁的最重要的前提。

鹤林玄素，是牛头宗第六代禅师。虽然在禅宗史上很少听到他的法名，但是他对禅宗的领悟是非常深的。

曾有一次，玄素禅师正在禅房打坐，突然听到有人在敲鹤林寺的大门，于是他问道："什么人在敲门？"

门外之人回答说："是僧人。"

岂料玄素禅师说道："莫说是僧人，就是佛祖来了也不接纳。"

门外僧人诧异道："为什么不接纳？"

玄素禅师回答说："这里没有你栖身的地方。"

门外僧人顿悟，遂下山而去。

又有一次，一位住在鹤林寺山下的屠户请玄素禅师到他家里去设斋供。玄素禅师毫不犹豫地答应了下来。待玄素禅师一切准备妥当下山赴约时，走到山门时却被几个僧人拦住，劝说玄素禅师不要与这种杀生之人来往，以免坏了名声。玄素禅师却说道："佛性平等，对于任何人都是一样的。名声是显赫也好，是狼藉也罢，只要是可度化之人，我就会去度化。"说完便下山而去，而那个屠户在经过玄素禅师的劝诫后，也决定不再从事这杀生的行当了。

鹤林玄素不接纳僧人，却偏偏度化杀生的屠夫，要从关系上讲，真可谓是"舍近求远"了。但佛家的观点是，僧人也好，屠夫也罢，他们都是平等的，没有孰轻孰重之分。

做功德是一件不求回报的事，若心有思念，那么"并无功德"。

公元527年，梁武帝大通年间，达摩祖师坐船来到中国，上岸之后，梁武帝急忙派遣使者将其迎接到南京。

见到达摩祖师后，梁武帝迫不及待地问道："我自即位以来，大兴佛事，造寺庙、译佛经、刻佛像，供养的僧侣不计其数，我的功德应该很大很大了吧？"

达摩坦然答道："并无功德。"

梁武帝大惑不解，说道："我做了这么多的事情，怎么会没有功德呢？"

达摩祖师答道："你所做的都是世俗的小果报，谈不上真功德。最圆融的智慧，最纯净的心灵，这才是真功德。真功德存在于你的内心，你怎么能用世俗的方法企图从外面得到它呢？"

达摩祖师说得没错，如果时时刻刻想着自己的"功德"，那么世俗的污浊之气便玷污了这些功德，结果"功不再功，德不再德"。

那么，我们如何让自己的私心少一些呢？这主要有两个方面，一是少一点贪念，二是不要求回报。

少一点贪念。南怀瑾大师认为一般人在迷信中学佛，会产生三种心态，即依赖、功利、糊涂。这依赖心，说的就是念了一万声佛，便觉佛欠了自己，想得到些好处。这就是贪念在作祟，有此念者，生出仁爱之念是很难的。

不要求回报。正如南怀瑾大师所讲的那样，求回报的不是做善事，而是做生意。求取回报，其实已经背离了善事的本质。而求取回报的人，在做了"善事"之后，心灵世界不仅没有变得轻松愉快，反而会有一份沉重的负担。为什么呀，不就是因为心里面总想着人家什么时候报答自己，而回报给自己的又能是什么嘛！所以，做了善事，千万不要求回报，何必再让自己背负上什么呢？

一个人心中无私，才能让自己做人刚毅正直，做事公正有度。无私不仅是一种高洁的品行，也是一种做人做事的智慧。

欲念为何色，人生便为何相

我们年轻的时候，因为家庭受传统文化的影响，也跟着信佛，但是在公共场合又怕被别人知道，给人笑话。上寺庙去游览，如有同学在一起，彼此虽想烧香或者磕头，却又不好意思，只好装成一副我不迷信的样子，优哉游哉，等到同学走开时，赶紧以迅雷不及掩耳的速度，偷偷磕两个头，爬起身来，转头就跑。

——南怀瑾大师

南怀瑾大师的这段话说得很是诙谐，不过我们若能将"想法左右行为"这个道理延伸开来，就能明白这样一个道理——欲念为何色，人生便为何相。

在这红尘俗世里，值得一个人去追求的东西实在是太多了。这种追求的心理，其实就是欲望。很多人将欲望看作是罪过，其实不然，只有贪婪之欲、过度之欲、自私之欲才是罪过。而正常的欲望，是应该为我们所追求的。

我们用现代一点的观念来理解"欲"的话，那么这个"欲"就可以理解为目标，你的目标是什么样子，那么你的行为就是什么样子，进而影响你的人生会达到什么样的境界。每一个人都是不同的，都是这个世界上独一无二的存在，所以心中之"欲"自然也是形形色色。"欲"只要是正当的，就应该为我们所尊重。

不过有一个问题值得注意，这就是在现实生活中，有些年轻人心中的"欲"还没有形成，也就是说没有明确的人生目标，这是很可怕的，也是很可悲的。也有些年轻人心中只是存有燕雀之志，想自己这一辈子平平安安、衣食不愁，最好还能发点小财就阿弥陀佛了。对于这样的追求，我们不能妄加指责，但是如果人人都这么想，这个世界岂不是太缺少色彩了？每一个时代都需要心怀鸿鹄般高远志向的人，而怀有此等志向的人，其人生必然会闪耀出与众不同的光芒。

有三只小鸟，一起出生一起长大，等到羽翼丰满的时候，又一起从巢里飞出，去寻找新的生活环境。

在飞过了许多高山河流之后，它们来到了一座小山之上。其中一只小鸟落到一棵树上说："这里真好，真高，远处的鸡鸭牛羊，许许多多的动物都在羡慕地向我仰望呢。能够在这里生活我就很知足了，我决定留在这里了。"

另外两只小鸟觉得这里还不是它们最终的目标，于是辞别留下来的小鸟后继续飞行。飞行的途中它们的翅膀也越来越强壮，终于有一天飞到了五彩斑斓的云端。其中一只小鸟不禁陶醉起来，觉得这辈子能飞到这里已经很了不起了，它决定留下来。但另外一只小鸟认为肯定还有更高的地方在等待着自己，于是这只小鸟独自踏上了旅途，继续飞翔，它的翅膀更加强壮了，最终飞向了太阳。

最终，落在树上的成了麻雀，落在云端的成了大雁，飞向太阳的成了雄鹰。

一个人会迷茫，有时是因为忘记了自己最初的目的。

南怀瑾大师在讲解《逍遥游》时，如是讲道："蜩与学鸠笑之曰：'我决起而飞，抢榆枋，时则不至，而控于地而已矣。奚以之九万里而南为？''蜩'就是蝉，也叫知了。知了夏天在树林里叫得很好听的；秋天到了要蜕壳，蜕壳了以后，自己变化走了，壳留下来就是蝉蜕。蝉蜕是一种中药，它有清火作用，可治疗喉咙沙哑。'学鸠'是小鸟。一只小鸟、一只小虫，没有看到过大鹏鸟，因为大鹏鸟一飞起来，它们看都看不见，只不过听人家说有这么一件事，听了就笑：那个大鹏鸟多事，何必飞那么远？像我呀，'决起而飞'，什么是'决起而飞'？'嘣'一下跳去了，这形容飞出去不远嘛；大鹏鸟是'怒而飞'，飞得很远，这之间何止天壤之别。小鸟小虫自己也很得意，'抢榆枋'，从这棵小树飞到那丛草上来，很远嘛，也很痛快。'时则不至'，时间不够，万一我飞不到掉下来怎么办？'而控于地而已矣'，不过掉在地上，也不会跌死。这个叫作飞啊？老母鸡被我们赶急了的时候，'咯咯咯咯'的，它也会'嘣'地一下飞个两步，就到前面去了，它也觉得自己很了不起啊。这就是人生境界的不同。所以它们笑大鹏鸟：这个老兄真是多余，飞到南极去干什么呀？"

大师讲解这段的用意就是提醒我们，人是需要树立远大目标的。

那么，当下一些年轻人迷茫的原因又是什么呢？南怀瑾大师一直致力于对青年一代的教育培养，对此，大师讲了这样一番话："第一，不安于位，录取进来做不了两个月三个月，就有变动。譬如到贸易公司做事，做上半年，觉得自己摸得差不多了，也要另外到外面开个贸易公司。这种情形太多了。第二，一般受高等教育的青年，不能吃苦耐劳。都认为自己是大学毕业，担任工商方面的企划可以，至于上街跑腿，搬椅子，擦桌子，那是你们另外雇个工友才对，都是这般想法。甚至，自己亲自连一个茶杯口不会洗。"

从南怀瑾大师的这段话中，我们能看出四个字——眼高手低。眼高手低往往会造成一个人对自己进行错误的判断，容易招致失败。而屡次的失败，必然会动摇曾经的信念，产生对人生的迷茫感。

欲念为何色，人生便为何相。即使不能志存高远，也要活得明明白白。

心有所得

迷茫的一颗心，是对人生最大的浪费。

去尽诸幻，修得真人

《圆觉经》告诉我们一切众生本来就是佛，但是我们现在不是佛，为什么呢？因为我们自性光明受了蒙蔽，等于一面光明的铜镜埋在泥土里，埋久了，把铜镜的光明遮掉了。我们的自性光明被自己的烦恼妄想遮蔽，若将这些沉渣、污染除掉，就恢复了自性光明——净圆觉心，就成佛了。

——南怀瑾大师

普贤菩萨曾经向佛祖一连提了这样几个问题：既然一切皆空，何必修行？谁来修行？修什么？如何修？其实普贤菩萨所提的问题，大概也是学佛者通常都会遇到的问题。佛祖在回答这些问题的时候，其中三句话非常重要：

第一句话："一切众生种种幻化，皆生如来圆觉妙心，犹如空华从空而有，幻华虽灭，空性不坏。众生幻心，还依幻灭，诸幻尽灭，觉心不动。"南怀瑾大师将这句话称之为"无上密法"。这句话是什么意思呢？首先肯定一切皆幻，"身是幻身，有如空华"。这与南怀瑾大师所说的这段话有共同之处——"平常我们所看到的东西不是都很实在吗？不，那是众生没有定力，被自己的眼睛所骗了。现在让你注意看，就是五遍行的作意，你注意看，那些东西原来是假的，种种皆幻。像眼前的茶杯、桌子这些都是假的，它的本身迟早都会毁坏，都会变没了的。连我们的身体也是假的，当初爸爸妈妈生我们的时候，一入胎就抓个假东西，生出来以后，越看自己越漂亮。世界上谁最漂亮？每个人自己看自己最漂亮，镜子照了又照，百看不厌，看到年老，还是喜欢，哈！都被幻化所骗。"

很多人觉得佛法从来就让人感到不清不楚，难以参透。但这并非是佛法本身的问题，而是我们自身的理解问题。这就像是某人天生眼盲，听明眼人谈到太阳，便询问太阳是什么样子的。明眼人告诉他太阳很热。有一次，盲人摸到灯火，就说这是太阳。明眼人又告诉他太阳圆圆的。盲人摸到一个盘子，又说这就是太阳。明眼人打了好几个比方，盲人全都理解错了。我们遇到的就是与这个盲人同样的问题。

第二句话："依幻说觉，亦名为幻，若说有觉，犹未离幻，说无觉者，亦复如是，是故幻灭名为不动。""觉"的意思就是对佛性的觉悟，换句话说，就是对自然规律的理解。我们现在看到的现象都是虚而不实的，正如西方一位哲人所说："所谓事实，就是对我们看到的东西加以解释并称之为事实。"一个人将自己的理解建立在虚而不实上，自然会有所偏差。"亦名为幻"也是虚而不实的。"若说有觉，犹未离幻"的意思就是，虽然有所感悟或觉悟，但是仍然没有脱离虚幻。比如牛顿发现"万有引力"，爱因斯坦发现"相对论"，他们虽然在某种程度上掌握了自然规律，但只是理解了自然奥妙的万分之一，所以仍然是虚幻的。

第三句话："知幻即离，不作方便，离幻即觉，亦无渐次。"南怀瑾大师认为这句话非常重要，他曾这样说道："此是禅宗心印，也是密宗的大手印。"这句话是什么意思呢？佛祖讲"一切菩萨及末世众生，应当远离一切幻化虚妄境界"，"远离为幻，亦复远离，离远离幻，亦复远离，得无所离，即除诸幻"。意思就是说我们的身体、心灵乃至世间的一切，都是虚幻的。我们修行的方法，就是要远离这些虚幻。可是，我们的刻意远离也是虚幻的，仍然要远离"远离"这个虚幻。但这仍然是虚幻的，仍需远离。一直到没有什么可以远离的，一切的虚幻就被全部破除了，我们也就可以见到佛性了。

既然"远离"也是虚幻，那么我们的种种努力岂不也都是虚幻的？那么努力又有何意义可言？对此，佛祖给出的答案是"知幻即离，不作方便"。什么意思呢？既然"远离"也是虚幻，那么就用不着刻意远离，如此便能"不离而自离"。其实就是要顺其自然，于无心中见佛性。

但是，这种修行方法的起点太高了，一般人很难做到。所以我们只能逐渐达到这种顺其自然的境界。一个人若是修炼到这种境界，即使尚未成佛，也称得上是一个"欢喜菩萨"了！

心有所得

这个世界总有很多虚幻的东西，悲哀的是很多的人偏偏将这些虚幻的东西看作是人生的至宝，毕生的追求。为何不学会去除虚幻，存留真实？

第十章

有舍有得：得失皆随缘，有舍才有得

舍与得，这是我们时时刻刻都会面临的抉择，这也是人生的哲学问题。而对我们大多数人而言，往往喜得恶舍，结果带来的只是人生的苦痛而已。南怀瑾大师早就将其看破，为此，大师拒绝过高官厚禄，为的只是能潜心修学，将民族文化发扬光大。如果当初选择"御用文人"这条路，大师失去的可能会更多。

你分享的越多，你得到的才会越多

我做过生意，赚过大钱，这还不算数，我还垮过三次，垮得光光的，当衣服吃饭。我感觉，懂了这个才懂得经济学，才懂得做生意。你光有赚钱的经验，没有垮台讨饭的经验，你还懂个啥经济学啊！不行的。

——南怀瑾大师

南怀瑾大师对经济学的理解，光赚钱还不行，做生意就必须经历赔钱，哪怕只有一次。对于这一点，我们不妨这样理解：赔钱也是一种分享——将财富分享给别的商人，而经历了这一次分享，那么才有可能赚大钱，得到更多自己想要的东西。所以，我们可以根据南怀瑾大师的话，总结出这样的道理：一个人分享的越多，那么他得到的也就越多。

其实按照佛家的说法，世间之人所得到的一切，都与各自的业缘有关，而且给谁的都不会太多，都有一定的"度"。所以，你若是想让自己得到的更多，那就是起了一颗贪心了。但是，世人一颗俗心所致，怎么可能不起贪心呢？只不过差别在于有的人将这贪婪之心付诸贪婪之行，而有的人则抑制住了心头的贪毒，没有去为满足自己的贪欲而伤害他人的利益罢了。但是即便如此，贪婪之心乃是世人俗心的一种不能磨灭的"心相"，我们要治贪心，就要如同治水一般，不能用堵的办法来饮鸩止渴，而是应该用疏的方法来循循善诱。

南怀瑾大师曾经说过这样一段话："什么叫大业？富有之谓大业。真正富有才叫做大业。什么人富有？人都很贫穷，只有天地、自然最富有。天地为什么这么富有？天地制造了万物，而不占有，它生出万物是给万物、给我们用的，它自己不要，因此它最富有。愈是想占有的人，愈是最贫穷；愈是实施布施的人，愈是最富有。真正伟大的事业是付出，而不是据为己有。"大师的意思很明确，越占据越贫穷，因为贪心会让人感到自己"贫穷"，只有分享，才能得到更多。

古印度有一个国王，从佛祖那里得到一瓶长生水。佛祖在赐予长生水时告诉这个国王，只有与他人分享才能发挥长生水的最大功效。国王听完虽然口头承诺自己以后一定会按佛祖的吩咐做，但是心里却想，要是把这水给了别人，自己还有的剩吗？

于是不管是谁来向国王求取几滴长生水，国王都会拒绝。而他自己却又舍不得用，觉得始终要到最关键的时候才能喝下。就这样过了许多年，国王已到垂暮之年，觉得现在是喝下这瓶水的时候了。可是当他打开瓶盖，却发现里面的水早就蒸发干了。国王急火攻心，当场殒命。

他的儿子继承王位后向佛祖忏悔了父亲的自私，佛祖念其心存良善，于是也将一瓶长生水赐予这个新国王，并且也像告诫老国王那样告诫这位新国王。新国王谨记父亲的教训，下达旨意通告全国，凡是真正需要长生水者，皆可以来领取三滴长生水。日子已久，长生水已经见底了，但是新国王依旧无怨无悔地把这神奇的水分享给别人。谁知长生水被用完后，立刻又会自动灌满。国王知道后无限感慨，说道："看来只有分享，才有更大的收获啊。"

可见，唯有布施奉献才是收获求取的禅道，只要世人能领悟到其中的妙谛，那么还用担心自己的小小所求不能被满足吗？"我若不为，谁为我为"。只有自己先向他人布施行善，将来他人才会以一颗善心对你。

心有所得

人之一生，或多或少都与其他的人会发生某种联系。而能将联系变得更密切的最佳途径，就是分享。

劳逸结合，方能享受人生

"物化"，这是中国文化中道家的一个大标题。宇宙中所有的生命，所有的一切外物，都是物理的物象变化，物与物之间互相在变化，所以叫"物化"。

——南怀瑾大师

南怀瑾大师在这里提到了"物化"的概念，告诉我们世间万物无一不是处在变化之中的道理。人生也是如此，一味地让自己处于某一种状态之中，人生的色泽其实是非常单调的。所以，一个人应该学会不同状态的转化，而这最核心的转化，恐怕就是"劳"与"逸"了。

在这世上的每一个人，既有享用休息的权利，也有须尽劳作的义务。没有谁能够不劳而获，也没有谁必须一直奉献而不能有所索取。所以，每一个人都应当在劳作时劳作，于休息时休息，只有如此方才不会因忙碌而错过稍纵即逝的风景或是清闲而无视来之不易的福泽。

无德禅师看见寺庙里的一些小和尚埋怨生活太辛苦，每天不是烧水做饭，就是坐禅念经，于是便将这些心有抱怨者召集到了一起，给他们讲了一个故事：

有个人死后来到了一个地方，当他看到那里的生活时，高兴得不得了。原来在这个地方，不需要工作劳动，饿了渴了、困了累了的时候，自会出现美味的食物、甘甜的水以及舒适的床。每天的任务其实就是在饿了的时候吃，在渴了的时候喝，在困了的时候睡觉而已。这个人心想，这里一定就是人们常说的天堂了。于是他安心地在这里住了下来。

可是没过多久，他就感到了生活的空虚乏味，每天不是吃就是睡，和猪的生活没啥两样。有一天他实在是受不了了，对这里管事的说："我不想再在这里待下去了，你快点把我送进地狱吧。"

没想到管事的说道："你以为这里是天堂吗？这里本来就是地狱。"

讲完这个故事后，无德禅师看到坐在下面的小和尚一个个都露出了惭愧的神色，无德禅师说道："看来你们也都听出了故事的寓意，想必你们知道日后该怎么做了。"

果然，寺庙里再也听不到抱怨声了。

这个故事就告诫我们，不要以为清清闲闲就是人生之乐，就是天堂，其实那是人生的苦痛，是地狱。

南怀瑾大师在讲解《逍遥游》的时候曾经这样说道："我们现在首先要对《逍遥游》做一个纲要，大家要把握这个纲要。《逍遥游》全篇的内涵都指导着我们的方向。第一个主题，就是人生要'具见'，就是通常所说的见解和眼光思想。一个没有远见没有主见没有观点的人，要想成功或是完善人生，是不可能的。所以，庄子提出来'具见'，具备见地，才能够脚踏实地从基本做起。禅宗也讲人一定要'具见'，具备高远的见地，见到道才能够修道，不能见道还修个什么道。假如说我们见到了眼前有一块黄金，然后想办法把它拿起来，你没有看到黄金，在那里瞎想有什么用？换句话说，人修道也好，做人也好，要真正地了解了人生，才能够懂得人生。那么具什么见呢？《逍遥游》就告诉我们——解脱的见。人生不要被物质的世界，不要被现实的环境所困扰。假如是被物质世界、现实环境所困扰了，那么人生的见解已经不够了。能够具备了高远的见解以后，就不会被物质的世界所困扰，不会被人生痛苦的环境困惑了，自然会超越、会升华。这一篇《逍遥游》，它的内涵就是如此。"

一个人只劳不休或是只休不劳，这其实就是被物质世界、现实环境所困扰了，没有"具见"。当然，现实中只劳不休的人实在是太少了，绝大多数人都喜欢只休不劳，对日日劳作的辛苦常常心怀抱怨。殊不知万事万物皆有因缘，皆有业报，种下什么样的因，就会结出什么样的果。今日的辛苦，其实是明天安逸的土壤；今日的安逸，又是明天辛苦的温床。倘若世人能明悉其中因果转化的道理，那么自可于忙碌中寻找到妙趣，又何须借助清闲之力来使自己感受到一分空虚的快乐呢？

心有所得

合理的劳作与休息，不仅会使肉身得到舒畅的感觉，还会使精神得到愉悦的感受。

天下没有免费的午餐，想收获就要付出

> 我说，我这里学费很高，私人讲学要学费的。他说："我没有钱。"我说："没有钱，要打工。"他说："可以，做什么工？"我说："洗厕所。"
>
> ——南怀瑾大师

上面这段话记载的是南怀瑾大师在收徒弟时的一段往事。当时有位来自美国斯坦福大学的博士想拜南怀瑾先生为师，态度有些傲慢。南怀瑾大师故意告诉这个博士学费很高，博士说自己没有钱，南怀瑾大师就让他洗厕所。当然，这位博士到底有没有洗厕所，南怀瑾大师没有明言，不过，我们却能从这件事情中学到一个道理，这就是天下没有白吃的午餐，想收获就要有所付出。

我们生活在这个世界上，无论是从父母、师长还是朋友那里，都会学到这样或那样的人生道理或者处世哲学。而在诸般世俗至理中，"天下没有白吃的午餐"的道理最为人所知，人们也记得最深。既然通晓此理，那么就应该恪守勤勉之道，踏踏实实本本分分地做人处事，心中莫要生出任何投机取巧、不劳而获之念。如此一来方能有所回报，可以使心灵得到安宁，肉身得到衣食。

古印度有一位爱民如子的国王，在他的治理下，国家繁荣富强，人民安居乐业。但是这个国王常常担心自己死后，自己的两个儿子不能像自己那样把国家治理得这么井井有条。于是国王告诉两位王子，一个月后谁要是能想出来一个可以让国家世世代代兴盛的办法，那么将来就可以继承王位。

大王子赶紧召集一些大臣，让他们献计献策，一位大臣说："我们应该把天底下所有的知识都汇聚在一本书里，只要人民可以读完它，那么国家自然就永远强盛了。"大王子采纳了这个建议，命人开始编写这本书。

小王子却觉得应该到民间去寻找办法，于是孤身一人来到民间寻访高人，恰巧碰上一位云游四方的僧人，小王子与僧人交谈后觉得此人不凡，于是想请他为自己解答心中的难题。僧人听完后，当即送了一句话给小王子，小王子听后顿时豁然开朗。

一个月很快就过去了，大王子带着一本厚厚的书来见国王，小王子手中却只拿着一张纸。国王命人先把书呈上来，看了几页后说道："这么厚的书，人民得花些时间才能看完，而且就算看完了，也未必能明白其中全部的含义。"

于是国王又让人把小王子手中的纸条呈上来，国王看完后，当即说道："以后只要上至国王下至百姓，都能按照这纸上所写的去做，国家就会永远繁荣下去。"

原来纸条上写的正是那位僧人对小王子说的话，这句话就是：天下没有白吃的午餐。

那个僧人告诉小王子的办法，正是世间因缘业报的关键所在。明白了各种妙谛，那么自然会有善缘，得善报。

南怀瑾大师曾经说："你不管做不做得成功，只要你肯立志，坚定地去做，做到什么程度算什么程度，这便是真正的努力。"大师的教诲如醍醐灌顶，既然天下没有白吃的午餐，那么一个人就需要恪守本分，以勤勉为根。如果将一个人的人生比喻成一棵大树，那么以勤勉为根和以懒惰为根，二者到时开出的花，结出的果肯定是不一样的。既然知道天下没有免费的午餐，那就不要做守株待兔之事。

世人之一心，也应当讲求平静淡然。而这平静淡然，就是福泽来了，心中不大喜，灾祸到了，心中不大悲。心中清明无比，既知天下无免费午餐之事，亦晓天无绝人之路之理，心似一口古井，涟漪不起，自然可达到快乐之境。

 心有所得

不要整天幻想好事会降临到自己的身上，即使你所想的好事真降临到你头上，恐怕后面也跟着极大的祸患。

不要太计较眼前的利益得失

"征于色，发于声，而后喻"，一个人事业的成功，不是那么简单的，观察了外面这个环境，看看各种情形、景象。在个人讲，自己虽受了打击，还要修养很好，没有倒霉脸色。我常常跟同学讲，一个老前辈曾告诉我，他说，"有力长头发，无力长指甲"，年轻人生命力旺盛，头发容易长；营养不够的时候，指甲容易长。所以那个老前辈告诉我，倒霉的时候，少睡觉、勤理发、勤剪指甲。如果在倒霉的时候，没有事做老睡觉，头发、指甲弄得长长的就更倒霉了。也就是"征于色，发于声"。然后啊，"喻"，懂得了。看了别人的现象，看了外界的环境，反省自己，就懂得了。

——南怀瑾大师

上述这段话，是南怀瑾大师对孟子思想的阐释。大师认为，无论是谁，要取得事业上的成功，这都不是一件简单的事情，遭遇点挫折是在所难免的。所以，眼光应该看得长远一些，对眼前的得失不要在意，不要上心，你还是有机会翻盘的。

《周易·系辞》中有言："吉凶者，言乎其失得也。"但南怀瑾大师却说："其实失去与得到都没有什么了不起。"为了进一步论证这个观点，南怀瑾大师讲述了一个"楚人失弓"的故事。

春秋时期，楚庄王的一张宝弓不见了，致使楚国上下人心惶惶，生怕楚庄王为此而大发雷霆。为了找到这张丢失的弓，上至大臣下至百姓无不是忙忙碌碌。楚庄王知道后，下令道："你们不要再找了，我丢了一张弓，而那个偷弓的人则得到了一张弓。这不是不得不失吗？我用这张弓与偷弓者用这张弓又有什么不同呢？'楚人失弓，楚人得之'，其实都是我们自己人啊，为什么非要让我用呢？"人们听到这个消息后很高兴，都认为楚庄王是一位度量宽宏的国君。

楚庄王的这种哲学思想，值得我们大多数人学习，这也是我们应该拥有的一种心态，这就是淡看得失。看开了得失，当然也就没有了吉凶的困扰。

《老子》中有言："名与身孰亲？身与货孰多？得与失孰病？是故甚受必大费，多藏必厚亡。故知足不辱，知止不殆，可以长久。"意思是说在人的一生之中，名誉、名声、生命，这些相比较到底哪个更重要呢？自身与财物相比，哪一个应该排在第一呢？得到了名利地位与丧失了自己的生命相比较，这算是得到还是失去呢？所以说，一个人过分去追求名利地位，那是要付出很大的代价的，一个人虽然有庞大的储藏，但是一发生变故的话，那么其损失也必然巨大。所以，一个人对名利地位的追求，一定要适可而止，否则的话你就会受到屈辱，甚至失去你这一生中最为宝贵的东西。

春秋战国时期有一个叫宓子贱的人，他是鲁国人，是孔子的弟子。有一次，齐国攻打鲁国，战火蔓延到了鲁国的单父，而当时宓子贱正在做单父宰。当时正值麦收的季节，大片大片的麦子已经熟了，眼见就可以收割。但是战事迫在眉睫，以鲁国的国力定然不是齐国的对手，到时这些粮食就会落入齐国之手。针对这一情况，当地一些百姓向宓子贱提议道："麦子马上就要熟了，我们应该赶在齐国军队到来之前赶紧抢收，也不管麦子是谁种的，谁抢到了就归谁所有，反正肥水不流外人田。"许多百姓纷纷附和，但是宓子贱坚决不同意这种做法。结果齐军一来，单父地区的小麦被一抢而空。

事后，当地的许多百姓都埋怨宓子贱，而此事当然也传到了鲁国贵族耳中。鲁国的大贵族季孙氏非常愤怒，派使臣来向宓子贱兴师问罪。宓子贱对使臣说道："今年没有麦子，明年我们可以再种。但是如果让人们去抢麦子，那些不种麦子的人就会不劳而获，我们虽然会抢回来一些麦子，可那些不劳而获的人可能就会盼着敌国入侵，他好趁火打劫。这样一来，民风不就越变越坏了吗？更何况单父的麦子产量，不会对鲁国的国力造成多大的影响，但是如果让单父的老百姓，甚至是鲁国全国的老百姓都存了这种借敌国入侵获取意外财物的心理，那才是我们鲁国最大的损失呀！"使臣听完后上报给季孙氏，季孙氏觉得宓子贱所言在理，于是不再追究，而单父的老百姓也明白了宓子贱的本意，也就不再埋怨了。

其实在我国古代，许多先哲都更重视自身的修养，而非一时之间的得与失。

比如春秋战国时期的子文，三次担任着楚国的令君之职，又三次被罢免，但是他有官做的时候不喜形于色，没官做的时候也不怒形于色。无独有偶，鲁国的大夫柳下惠也是三次被国君免官，可是他却不离开鲁国。有人问他原因，他回答说："一个人正直清白地做官，到哪里去不会被多次罢黜呢？而没有正义感地做官，又何必离开自己的国家？"

南怀瑾大师对下一代的教育极为关注，在他看来，现在的教育采用的就是比较重视眼前利益的教育方法。大师曾经说道："教育的目的一直是为了生活，由生活的观念一变，就是为了赚钱。"这是大师不愿意看到的，也是大师极为想改变的。

记住，任何利益都是暂时的，只有心灵世界的宁静淡然才是永恒。

心有所得

得到了什么，不一定就是一件好事，而失去了什么，也不见得就是件坏事。一个人能不患得患失，这才是真正的有所得。

拿得起放不下的人，白痴而已

> 六祖在猎人队里混迹15年，是智慧地等待时机；星云法师推广人间佛教，则是智慧地创造时机。人要是拿不起，放不下，只是白痴而已，哪里有什么智慧。
>
> ——南怀瑾大师

南怀瑾大师在这里虽然说了句"白痴"这样的"粗口"，但是大师的教诲却是实实在在的，是真切的，是有力的。南怀瑾大师认为，一个人的智慧在拿得起放得下之间彰显其光芒，一个拿不起放不下的人，是没有什么智慧可言的。

星云法师说过这样一段话："人生在世，几乎所有的苦恼都来自于或'拿不起'，或'放不下'，或二者兼之！于情于事，于权于利，于人于己，皆是如此！"其实一个人活在这个世上，总是脱不开这几种活法：拿得起放得下，拿得起放不下，拿不起放得下，拿不起放不下。在这些活法之中，最逍遥的就是拿得起放得下，最痛苦的莫过于拿不起放不下。这就是生活中一些人活得特别轻松，一些人活得特别累的根由所在。

佛家的智慧告诉我们：舍得，舍得，有舍才有得。其实这"舍得"二字的精髓，不就是"拿得起放得下"这六字真言吗？

人生路上，能看到的风景是多种多样的，如果对每一处的风景都过于留恋，那么是欣赏不到这些风景的美的。大千世界里有万种诱惑，一个人什么都想要，只会什么都得不到。难怪古人有言"变故在斯须，百年谁能持"了。

唐代著名的高僧丰干禅师，曾收养了一个弃婴，并为其取名为"拾得"。拾得长大之后，上座就让他担任行堂的工作。时间长了，拾得便认识了不少人，而且与一个名叫寒山的贫子交情最深。因为寒山太贫穷了，所以拾得总将吃剩的斋饭用竹筒装好，给寒山拿过去。

一天，寒山突然问拾得说："如果有人无端无故就欺负我、诽谤我、侮辱我、轻贱我、欺骗我，我该如何是好呢？"

拾得回答他说："那你不妨忍着他、任由他、避开他、耐烦他，再过几年，你再看他如何。"

寒山说道："除此之外就没有别的秘诀了吗？"

拾得说道："你且听弥勒菩萨偈语如何说——老拙穿破袄，淡饭腹中饱，补破好遮寒，万事随缘了；有人骂老拙，老拙只说好，有人打老拙，老拙自睡倒；有人唾老拙，随他自干了，我也省力气，他也无烦恼；这样波罗蜜，便是妙中宝，若知这消息，何愁道不了；人弱心不弱，人贫道不贫，一心要修行，常在道中办。"

要说起"放不下"，其实世间之人更多的是对过去的放不下。世人的一颗俗心，总是难以看穿看破大千世界，世人也总是容易沉溺于过去的痛楚或者今日的快乐。结果反而是痛者愈痛，乐者更乐，由此一来本心为痛所困，为乐所溺，再也无法达到超脱的境界。一个人一味地沉浸在过去的回忆里，其实这与浪费生命有什么区别？生活的选择权在你自己的手中，是怀念过去还是坦然面对明天的生活，只有你自己说了算。所以我们这些人，千万不要做了南怀瑾大师所说的白痴啊！

那么，一个人如何才能做到既拿得起也能放得下呢？

孔子告诉人们，"仁者不忧，智者不惑，勇者不惧"，一个人内心的强大是可以做到拿得起放得下的。因为，一个强大的内心不会被遗憾所煎熬，不会被欣喜所冲昏，无论是喜是悲，都能够淡定而从容处之。既拿得起，为生命添一份阅历，又放得下，为心灵减一分重负。所以，他们才会脚步从容有力，不会被外物迷惑而导致迷失方向。而要锻造一颗强大的内心，不仅要负重，而且要减重，要通过这样的锻造过程，才能轻松面对生活方方面面的考验。

孔子强调了三个方面：仁、智、勇。从这三个方面入手，或者说做好这三个方面就可以锻造一颗强大的内心，就既懂得放手，也能够承担，到那时候也就感受不到过多的压力了。

"仁者不忧"。真正有仁心的人，不会受环境动摇，没有忧烦。因为，仁者有爱心、有道德、忠义诚信。这样的人胸怀大志，心地善良，宽厚仁慈。绝不会为谋蝇头小利而投机钻营，坑人害己，祸国殃民。他们处事公正，考虑问题全面，遇到困难身先士卒，与人为善，能够得到人们的信任和理解，人际关系良好。由于他们走得正行得端，所以，无论身处怎样的环境，都会因为高尚的品德而得到人们的喜欢。

"智者不惑"，有智慧的人不糊涂，不迷惑，能够认清事物规律，看透世态炎凉。智慧需要学习、培养和积累。读万卷书，行万里路，经多识广，善于总结，善于领悟，方能洞察秋毫，知事明理。做个智者，要不断接受新事物，遇到问题要深入思考，举一反三。在错误中吸取教训，在失败中总结经验，就能不断增长智慧。有智慧才能修身齐家治国平天下，造福万民。

"勇者不惧"，有勇气的人是不怕事的人，是不唯上不唯书只唯实的人。他们拥有坚强的意志和强烈的责任感，决不会因为自己的好恶而忘记肩负的责任，给别人带来伤害。他们克制种种欲望，不玩物丧志，不贪图享乐。他们是先行者、开拓者。

真正的仁和勇，都与大智慧并存的。如果你的心很敞亮，很仁厚，你有一种坦率和勇敢，每个人都愿意把美好的东西告诉你，那么你可能会收获许多意想不到的东西。这种心境和胸怀，既可以弥补你先天的遗憾，也可以弥补你后天的过失；同时能使你有定力，有真正的勇敢，使你的生命饱满、充盈，让你有一种大欢心，让你的人生有最大的效率，让你的每天进行着新鲜的轮回，并且把这些新鲜的养分输导给他人。

子曰："君子坦荡荡，小人常戚戚。"一个人只有遇事拿得起、放得下，才能永远保持一种健康的心态。

心有所得

无论是做人还是做事，都要拿得起，放得下。懂得拿得起放得下，其实就是懂得了选择。

第十一章

福祸相依：福祸总是相依，切勿妄喜妄悲

　　谈起福与祸之间的关系，老子的一句"福兮祸所依，祸兮福所伏"应该是最精妙的阐述了，当中蕴含着浓浓的思辨色彩。南怀瑾大师在看待祸与福的问题上，也是推崇老子的思想。所以，当福泽来临的时候切勿大喜，当灾祸降临的时候也切勿大悲，因为悲中有喜，喜中含悲，何必妄生悲喜。

世间之福，都有因果可循

"自然"二字，从中国文字学的组合来解释，便要分开来讲，"自"便是自在的本身，"然"是当然如此。老子所说的"自然"，是指道的本身就是绝对性的，道是"自然"如此，"自然"便是道，它根本不需要效法谁，道是本来如是，原来如此，所以谓之"自然"。

——南怀瑾大师

大师说，"自然"是不需要效法谁的。因为"自然"有其自身的规律，我们不妨将这种规律看成因与果来理解。一个人在这个世界上所遭受的快乐与苦痛，都是因与果的体现。比如，你帮助了别人是因，别人反过来回报你就是果；你伤害了别人是因，别人反过来报复你就是果。而这些，不都会给你带来快乐或者痛苦吗？

其实我们每一个人忙忙碌碌这一生，为的是什么呢？答案恐怕是一个"福"字。一个人在年幼之时追求父母关爱的福气；在年轻之时追求事业蓬勃、家庭美满的福气；在年老之时又追求天伦之乐的福气。所以，在人生不同的阶段，幸福的定义也都是不一样的。一个人只要是顺其自然，各安天命，福泽自然会水到渠成的。当然，一个人这一生是充满诸多变数的，倘若天命所有，福广泽厚，能在现在收获将来的福泽，那自是人生的一件快事。但同时你也不要忘记，祸与福本是相生相依的，意外之福横来之时切莫欢喜过度，应持平常之心对待。只有如此，一个人才不会招灾招难，保得己身的平安。

佛家讲的是因果循环，善恶有报。你种下什么样的因，就会收获什么样的果。所以，想要收获福泽，则须广施恩惠。如果不种善因，却日日妄想天降福泽，鸿运当头，那只会招致灾祸，害己害人。

在很久以前，有一个日日辛勤劳作的人。他虽然每日劳苦耕作，但是却一直发迹不起来。于是有一天他就想："与其像现在这样辛辛苦苦，不如向佛祖祈祷，请求佛祖赐福，好让以后的日子过得舒服点。"

这个想法在他脑海里挥之不去，于是他决定把自己的家业全部托付给自己的弟弟，而且嘱咐弟弟一定要在田间辛勤劳作，不要让父母饿肚子。解决完后顾之忧后，便独自来到一座寺庙，为佛祖摆设大斋，供养香火，夜以继日地膜拜，毕恭毕敬地祈祷："佛祖，请您赐给我现世的一切荣华富贵吧，我愿世世代代供奉您。"

他的愿望被佛祖听到了，佛祖思量："这个人自己不知道辛勤劳作，却日日想发大财。倘若此人在前世积德行善，那么现在赐予他一些福泽倒也不为过。可是查他前世行为，根本没有什么功德，而且也没有半点因缘。可是他这样苦苦哀求，不妨用些手段，好让他了了这妄念。"

于是，佛祖化作了他的弟弟，来到这座寺庙，跟他一样跪在佛像面前祈祷求福。

这个人看见后，奇怪说道："你来这里干什么？我不是让你耕种田地吗，你按照我的吩咐做了吗？"

弟弟说道："我也想像你一样，天天拜佛祖，佛祖一定会让我衣食无忧的。即使我不播种耕田，也一定可以收获到很多粮食。"

这个人听完后立刻骂道："你这个混账东西，不知道在田里劳作，却总想着收获，真是异想天开。"

佛祖化身的弟弟听到后故意问道："你说什么，再说一遍听听。"

这个人大声叫道："我再给你说一遍，不播种是不会有收获的。"

听到此处，佛祖现出了原形，这个人见到后马上跪倒在地参拜佛祖。

佛祖说道："诚如你自己所说，不播种是不会有收获的，想要有所收获，那就必须先付出才行。"

这个人受到佛祖点化，如梦初醒。

一个人命里无时莫要强求，命里有时也无须得意。无论是有还是无，都应该以一颗平常心来对待，只有如此，福泽才会绵长，祸患才会离身。一个人若能以一颗"自然"心来看待福泽，不仅可以近福泽，而且可以远灾祸。

心有所得

你今天能够沐浴到福泽的雨露，必然是有原因的。如果你认为没有原因，那么灾祸就离你不远了。

中篇　修炼篇：无欲则刚，淡泊明志心自远

功名皆为身后事，有无之处化云烟

我每一次讲话，都有两句话对自己下的结论，先说了这两句话，你们听我讲话听得不如意的时候，就比较安稳一点了。我虽然活得年纪大一点，对自己平生的看法，只有八个字"一无是处，一无所长"，这是我的招牌，到处讲的。尤其讲话，我是最靠不住的。

——南怀瑾大师

大师对功名的态度，不正是我们这些日日夜夜追求功名的人需要学习的吗？但是现实情况却是芸芸众生在穷尽一生之所能为功名利禄奔波。在许多人的心中，名就是甘甜的雨露，可以润泽自己的生命；利就是肥沃的土壤，可以滋养自己的生命。但是人终有一死，相对于死亡而言，名与利都不过是黄粱一梦罢了。所以，一个人只有看轻功名，看淡利禄，才可以提高自己人生的境界。

一个人若是能够做到清心寡欲，心无所求，那么便会领悟到红尘俗世的纷纷扰扰不过是因缘的循环，如此一来做人处事皆秉持顺其自然之道，不执罔痴贪，心灵世界自会落得个清清明明；清心寡欲，心无所求，那么你便会参透芸芸众生的你争我斗不过是业障的报应，如此一来做人处事皆秉持豁达淡然之道，不尔虞我诈，心灵世界自会落得个干干净净。但若是己心为名利所熏，那么心灵世界便会受到魔障的困扰，必将痛苦一生。

有一次，禅宗二祖慧可向他的师父达摩祖师说道："师父，请为弟子安心。"

达摩祖师听完后当即说道："那你把心拿来。"

慧可说道："弟子无法找到。"

达摩祖师说道："如果你能找到，那就不是你的心了。我已经帮你把心安好了，你是否已经找到了呢？"

二祖慧可因此顿悟。

过了几十年之后，二祖慧可已经成为禅宗屈指可数的得道高僧，座下弟子无数。某次，他的一位弟子僧璨向二祖慧可说道："请师父为弟子忏悔罪过。"

这时候二祖慧可想起了当年达摩祖师点化自己的情景，当即笑着对僧璨说道："那你把罪过拿来吧。"

僧璨说道："弟子找不到罪过。"

慧可说道："其实现在我已经为你忏悔了，你看到了吗？"

僧璨也因此顿悟。

许多年过去了，僧璨也成为禅宗有名的高僧，他便是禅宗的三祖。一天，一个小和尚向三祖僧璨说道："师父，怎么才能解除束缚啊？"

僧璨当即反问道："那么又是谁在束缚你呢？"

小和尚脱口而出道："没有谁来束缚我啊？"

僧璨微笑说道："既然没有人束缚你，那你又解除什么呢？"

这个小和尚顿时了悟，他就是禅宗四祖道信。

这些禅宗祖师们的故事告诉我们，只要抛却对名利的执着，破除对生死的迷惘，那么自然无心、无罪、无束缚，可以徜徉在佛法禅理的至境之中。而对我们这些凡夫俗子而言，虽然不必攀登佛法禅理的高峰，但是若能给自己一颗淡泊心，不也可以快乐盈心吗？

其实这世间的功名利禄，总是得而失之，失而得之，是迷惑人的东西。《摩诃般若波罗蜜心经》有云："依般若波罗蜜多故，心无挂碍，无挂碍故，无有恐怖，远离颠倒梦想。究竟涅槃。"这段经文的意思就是依从无上智慧成就到达彼岸，心里面没有牵挂和迷惑。而名与功，正是牵挂和迷惑。其实名利加身，不过是穿了一件华服锦衣而已，再光鲜亮丽，也有脱掉的时候。所以，你又何必加身呢？

心有所得

一个人倘若能做到"荣辱毁誉不上心，功名利禄不在意"，那么就可得人生的逍遥之境。

世间诸多不如意，比来比去却知福

国外的人很喜欢到教堂求上帝保佑。中国文化不谈这一套，儒家叫自助天助。自己先求福报，做好人做好事，上天才保佑你。不是求菩萨他就会保佑你，自助天助，所以叫自求多福。

——南怀瑾大师

福泽是自己争取到的。福泽如此，世间的不如意、不称心之事也是如此。许多人心中的不如意、不称心，也是自己"争取"到的。比如，今天见邻居买了辆新车，明天见同事搬进了新宅，唯独自己还在那里守着堆旧东西，不平之心由此而生，你说这不是自己将不如意、不称心"争取"来的吗？所以，"世间诸多不如意，比来比去却知福"，你要学会比，才会知道怎么让自己快乐起来。

人的一生，不如意之事十之八九，而顺心如意之事则少之又少。既然如此，那么人生的幸福又从何处而来呢？佛家讲究普度，更讲自度。也就是说，世人在烦恼面前，当须修心修性，自解自化，这样一来，杂念消减，对世事能看得更为通透，自当珍惜眼下时光，幸福之泉便可流出幸福之水。

由此可以知晓，幸福是心之所生，而非是外界的某种表象。每一个人的人生际遇当然是不一样的，但你须切记的是，顺心如意的时候，莫要一山还望一山高，因为这样会冲淡你的幸福感，要知道知足方是幸福的源头，懂得知足，幸福之水才不会枯竭；而当你面临着不顺心、不如意的处境时，应当知道这世间还有更大更深的疾苦，自己面对的不过只是可以走过的泥泞，而不是横于眼前没有桥船的急流。如此一来，眼前之艰险不过是蜉蝣蝼蚁，微不足道。自己那一颗起了波澜的心，也可以归于宁静。

有一个年轻人觉得自己非常的不幸，每一天都充满着痛苦。于是他决定向附近一座庙宇的禅师求教幸福的法门。禅师听完后给这个年轻人讲了一个故事——一个生活在城市中的人，对现在的生活失去了信心，于是他准备到原始森林里结束自己的一生，可他一时之间又不能鼓起勇气自杀，于是就只能在森林里四处游荡着。当他在原始森林里走累了，想要歇歇脚的时候，发现一只猴子目不转睛地看着自己，于是他便招手让猴子过来。

　　猴子非常有礼貌地对这个人说："您有什么事？"

　　这个人哭丧着脸说："我想死，但没有勇气自杀，求求你找块石头把我砸死吧。"

　　猴子听完后问道："您为什么要死呢？"

　　这个人泪流满面地说道："我真是太不幸了。"

　　猴子问道："怎么不幸了呢？您能不能跟我说说？"

　　这个人说道："当年考大学时，我以一分之差落榜了。"

　　猴子说道："这没什么啊，本事不一定只有在大学里才学得到。看您这么悲伤，是不是因为恋爱的原因呢？"

　　这个人说道："当时有很多女孩儿追我，我却只挑了一个最为普通的，这真是不幸啊。"

　　猴子说道："您毕竟还拥有了一个啊，是不是工作的原因呢？"

　　这个人说道："工作了这么久，才当上个副经理，好多与我同岁的人都是经理或者董事长了，这怎能不让我感到不幸啊？"

　　猴子听完后很严肃地说道："您真的不想活了吗？"

　　这个人大嚷道："不想活了，快拿石头砸死我吧。"

　　猴子犹豫了许久，最终拿起一块石头。不过就在要砸向这个人的时候，猴子突然停下来说："您跟我比起来，算是非常幸福了，要不您把您的地址告诉我，我去顶替您得了。"

　　这个人立刻说："不行，不过说起来，我确实比你要幸福得多。"

　　猴子问道："那您还想死吗？"

　　这个人摇了摇头，然后转身朝城市的方向走去。

　　讲完这个故事后，禅师问这个自感不幸的年轻人："现在你找到幸福的法门了吗？"

　　这个年轻人点点头，谢过禅师后就下山去了。此后果然不再觉得自己不幸了，他每一天活得都很快乐。

　　其实正如禅师所讲的那个故事，大多数人之所以觉得自己是天底下最倒霉最不幸的人，是因为还没有看到更深的苦难。当他们了解到世间之苦远非自己可以想象的时候，那么就会不再为自己所遇到的挫折坎坷劳神费心，而是抓紧时间去体会生活中的幸福。

现实生活中我们可以常常看到一些总是抱怨自己人生的人，他们觉得自己的房子不够大，车子不够好，老婆不够漂亮，孩子不够听话，久而久之幸福感便消失殆尽。这样的人生又有何意义可言？难道你忙忙碌碌一生，就是为了来抱怨这个世界吗？

其实世人皆是"身在福中不知福"，很容易执迷于自身所谓的痛苦。所以，世人应心怀普度之念，心中明了这大千世界真正痛苦之所在，那么心灵世界自然不会受到这些俗世之苦的侵扰。

心有所得

一个人若是自怨自艾，无疑是心灵上的作茧自缚。幸福可以比出来，不幸福也可以比出来，这就看你如何去比了。

看起来能带来幸福的东西，往往会带来不幸

我买一件意大利名牌衣服给他穿回去，他后来再到香港，他还不穿哩！我说那么好那么名贵的衣服……他说，回到大陆，上海人笑我，那么土的衣服！我说，他土还是你土啊？他们不认得这个名牌。

——南怀瑾大师

上面这段话是南怀瑾大师在某次讲演中讲到的一件往事：大师给自己的侄子买了件意大利的名牌衣服，侄子穿到上海，结果上海那时候经济已经发展起来了，穿西装已经不是什么有品位的事情了。结果大师的侄子就不穿了。

看完这个故事，你可能会哑然失笑。不过不知道你是否明白了这么一个道理，就是看上去能给你带来幸福的东西，可能会带来不幸。就比如南怀瑾先生给他侄子名牌西服，本来希望他穿在身上能光鲜一点，结果反而受到了别人的取笑。当然，穿件西服不能算是什么幸福的事，被取笑了也不能算是什么不幸的事。只不过深刻的道理往往蕴含在平凡无奇的事情中，我们不妨从大师讲的这件事情上挖掘出些道理……

其实我们每一个人，有谁的心目不是为迷障所蔽呢？我们往往看不清事物的本相，为表面的假象所蛊惑，从而影响到自身的行为。由此一来，世人很容易为红尘万象所欺，一路辛辛苦苦追求的至幸至福可能到头来竟然是大灾大难。所以，至幸至福之事看上去可能长满了荆棘，而大灾大难之事往往以盛锦繁花的姿态来吸引世人的目光。正所谓"金玉其外，败絮其中"，就是这个道理。

从前有一个书生，屡次科考都不中。这时有人给他出主意，告诉他当朝宰相正在收罗门生，让他送上些丰厚之礼，不仅可以保他科考得中，今后的仕途自也会坦坦荡荡。不过书生深知当朝宰相实是奸佞之臣，百姓早就恨不得饮其血，食其肉，自己又怎么能拜这么一个人为师呢？可是如果不这么做的话，十年寒窗付

之东流，实在是令人可惜。

他听说附近有座寺庙，里面的方丈能解世间一切事，能化世人诸般心。于是他沐浴更衣，决定去请方丈为自己指点迷津。方丈听完后，给这个书生讲了一个故事：有一只蝴蝶在黑暗中没有目的地乱飞着，突然，前面出现了一点点光亮。蝴蝶非常好奇这光亮是什么，于是它径直向这光亮飞过去，飞近了之后才发现这光亮原来是一团火焰。蝴蝶围绕着火焰飞舞着，越来越觉得这火焰是那么漂亮那么迷人。于是它决定像吸吮花蜜一样去吸吮这团火焰，于是它就朝火焰飞了过去。可是火焰一下子就把它的一条腿烧焦了，蝴蝶万分惊恐，它无法想象这么美丽迷人的东西居然想要吞噬自己的生命。不过蝴蝶还是没有放弃，它再次飞起冲向了火焰，这一次，蝴蝶全身都着起了火。为了那所谓的光明，却丢掉了自己的性命。

书生听完后顿时了悟，世人只看到仕途的美好，却没有看到其中的险恶，这就像是那团火焰，稍有不慎便要付出惨重的代价。书生于是拜这里的方丈为师，开始学禅悟道。过了几年，已经成了和尚的书生听说宰相被皇上革职斩首，更为自己当初的选择感到庆幸。

故事中的那个书生，若非方丈的点化，则必然会对仕途抱有一份执着，听信他人之言做了宰相的门生，到头来可能落得个凄凄惨惨的下场。踏入仕途虽然似乎是一件光耀门楣、荣光加身之事，但稍有不慎便脱身不得，甚至误命误名。

世间许多看似美好的事情，其实都包藏着祸患。所以我们须明心净目，洞晓世事之真相，明察万物之本色，方能不惑不迷，不执不惘，分得清至幸至福，辨得出大灾大难。世人也应息欲断妄，只有这样，那些披着光鲜外衣实则祸患暗藏之事才会被我们一眼看出本质，从而避免悲剧的发生。由此一来，则自可消灾避祸，保心之清净，身之平安。仔细思考一下自己身边的人和事，看看哪些是真幸运，哪些又是包藏祸心的吧。

心有所得

人生在世，谁都希望能遇上几个贵人。但是哪些人是真心帮助你，哪些人只是希望以后能利用你，还是能分得清才好。

不思八九，常想一二

《易经》告诉我们：人生命运都掌握在自己的手里，任何一种外力都是靠不住的，而自己的心就是自己真正的主人。

——南怀瑾大师

每个人都希望自己的人生是乐多于苦的，是幸福多于不幸的。但是，期望不能代替现实，也未必能够成为现实。期望要想变成真正的现实，既得通过努力经营，也得借助良好、积极的心态。

苏东坡写道："人有悲欢离合，月有阴晴圆缺"，形象地揭示了一条普遍规律：不圆满是自然界乃至人类社会的惯常现象。明白了这个道理，或许就可以"战战兢兢，即生时不忘地狱；坦坦荡荡，虽逆境亦畅天怀"。

南怀瑾大师95岁辞世，有人在追索他何以至近百岁高龄的原因时，除了饮食起居求质量之外，就是认为他的心态特别好。深厚的学养、丰富的人生阅历造就了大师良好的心态，无论面对何种境遇，他都能够保持乐观积极的心态。这种健康的心态，正是身体健康的基础，甚至是根本，对于防病祛病、健康养生都是必不可少的。大师说："积极的心态是健康的护法，养生以少恼怒为本。"有学生问南怀瑾养生之道，他说："我不养生。忘掉身体，忘掉自己，甚至忘记了寿命长短，忘记时间、空间。你越是搞身体，希望他长寿，越糟糕。我告诉你的是真话，是原则。"

面对人生中"十之八九"的不如意之事，很多人会深陷其中难以自拔，甚至连那"十之一二"的幸福事也被挤占了生存空间、无处存身了。于是，人生被苦难占据，心情被痛苦纠缠。实际上，换个角度，换个心态，人生的快乐和幸福就会变得多一些。

193

民国元老、著名书法家于右任先生有一副响当当的对联——"不思八九，常想一二"。能于一二如意之中体悟圆满，这是一种很难很难的追求，也是一种很高的境界。倘若我们心比天高，"常思八九"，必然心为物役，患得患失。于右任先生是真正的智者，他坚守淡泊，却能了悟丰腴；他不求圆满，却自然圆满；他一无所求，却全都拥有。所有这一切，都在于他坚持住了最后的底线：不因企求圆满而被内心的欲望窒息了心智，封闭了视野。

其中的道理并不难理解，当你只注意到痛苦的时候，你满眼看到的都是痛苦；当你发现生活中的快乐和美好的时候，那些痛苦也会暂时退却。并且会给你增添信心，能够帮助你尽快走出困境。

南怀瑾大师曾说："自强独立才是唯一的生存之道。没有自信心是不行的。我们看《荆轲列传》的描述：有一次荆轲去看一位剑术高手，他举起剑来，剑术高手却一动不动，两只眼睛盯着荆轲，结果，荆轲还剑入鞘，转头就走。因为那位高手的眼睛已经练就了一种特有的刚毅之气——宁静、自信的精神，把对手克服了。所以说，信心不可无。如果先失信心，必然后接失败。"

黄美廉是个自小患脑性麻痹的病人，这导致了她肢体的瘫痪，也夺走了她发声讲话的能力。虽然偶尔口中也会咿咿唔唔的，但人们通常听不懂她在说些什么。从小她就生活在众人异样的眼光中，她的成长充满了血泪。但她丝毫没有让这外在的痛苦击败她内在的奋斗精神，她排除万难，终于获得了加州大学艺术博士学位。她还用自己手中的画笔，以色彩告诉人"寰环之力与美"，并且以亲身经历向世人证明了她能够灿烂地"活出生命的色彩"。

在一次演讲会上，一个学生有点冒昧地问她："请问黄博士，你从小就长成这样，你怎么看你自己？你都没有自卑或者怨恨过？"这个尖锐的问题立刻使气氛变得很紧张，这样的问题，一般人是难以接受的。

"我怎么看自己？"黄美廉用粉笔在黑板上写下这几个字，然后对着大家嫣然一笑，继续写道：

"我好可爱！我的腿很长很美！爸爸妈妈这么爱我！上帝这么爱我！我会画画，我会写稿！"

她回过头来，平静地看着大家，再回过头去，在黑板上补充她的结论："我只看我所有的，不看我所没有的。"

掌声立刻在场内响起。

在常人看来承受了生命之痛的黄美廉却能够乐观快乐地面对生活，这大概与"不思八九，常想一二"的心态有着莫大的关系。对此，一位作家说道："生命已经够苦的了。如果我们把几十年的不如意事总和起来，一定会使我们举步维艰。生活与情感陷入困境，有时是无可奈何的，但是如果连思想和心情都陷入苦境，那就是自讨苦吃，苦上加苦了。"

很多人之所以被痛苦纠缠，就是因为他们总是被"后悔""想当初""要知道"等之类的字眼死死套住，被追求"完美"的心理怂恿，总是试图让痛苦不曾发生，结果身心都沉浸在痛苦之中，快乐也就被淹没了。因此，要想不让思想和心情都陷入苦境，就必须学会看到生活的美好，即使痛苦袭来，残存的、为数不多的美好也能让人看到生活的另一面，从而感受到力量和希望的存在。

有一个圆环被切掉一小块，它很难过，因为自己不完美了，于是便到处寻找丢失的那一片。因为缺了一块，它不能像以前那样飞驰，只好慢慢地前行，于是便有时间和沿途花花草草打打招呼，偶尔还和小虫子聊上几句，有时累了它就在阳光下舒舒服服地晒晒太阳，尽情享受阳光。它找呀找，找到很多碎片，但都不合适，终于有一天，发现了绝对适合的一片，它为再次变得完整感到兴奋。

然而，当它再次开始滚动时，因为是一个整圆，滚得非常快，尽管它能很快到达目的地，可是，它却再也无法欣赏花儿的美丽，也顾不上和小虫子说话了，它发现，原来自己一直追逐的完美并不能带给自己真正的快乐。于是，它忍痛割爱，还是丢下那找到的一片，继续着它不完美但却非常快乐的生活……

如果你想生活得更快乐一点的话，请一定要记住这条规则："算算你的得意事，而不要理会你的烦恼。"常以"不思八九，常想一二"自勉，那么我们的生活也会满园芬芳，树梢枝头都会挂满了那种叫作幸福的露珠儿。

心有所得

忘掉身体，忘掉自己，甚至忘记了寿命长短，忘记时间、空间。

得意时认清自己，失意时拜拜自己

真正的佛教同其他许多宗教一样，是反对拜偶像的。那为什么画的佛、塑的菩萨都可以拜呢？答案是四个字"因我礼汝"。因为我的形象存在，你起恭敬心拜下来，那个像是一个代表而已。你这一拜不是拜我，是拜了你自己，你自己得救了。任何宗教最高的道理都是一样，不是我救了你，是你自己救了你自己。

——南怀瑾大师

大师曾说："学佛要先学做人。"做人乃是基本功。而就做人而言，搞清自己是谁，是最要紧的。

在希腊帕尔纳索斯山的神殿门上，写着五个大字：认识你自己。它被认为是太阳神阿波罗的神谕。古希腊哲学家苏格拉底在讲学时引用最多的也是这五个字。

人最容易犯的错误是什么？应该是不能把握自己——在顺境之时狂喜，忘记自己是谁；在逆境之时沉沦，逃避自己。

古刹里新来了一个小和尚，他去见方丈，一见面就与方丈颇为得意地谈禅论道，方丈说："你新来乍到，不必着急与我交谈，我看你还是先认识一下寺里的众僧吧。"

小和尚颇为不屑，又不好拒绝，当应付差事一样，第二天便对方丈说："寺里的众僧我都认识了！"

方丈微微一笑，说："肯定还有不认识的，再去了解吧！"

一天后，小和尚满有把握地对方丈说："寺里的所有僧人我都认识了。"

方丈还是微微一笑说："还有一个人，你不认识，而且，这个人对你特别重要。"

小和尚满腹狐疑地走出方丈室，他无论如何想不出还有哪个他不认识又对他特别重要的人。于是，私下里便扬扬自得地与寺里的其他和尚贬损方丈。

这一天，小和尚在一口水井里看到自己的倒影，豁然顿悟了：这个不认识的人就是他自己啊！他对自己之前的行为感到非常羞愧。

南怀瑾大师告诫我们："修行，首要认识自性。"这一点很难，特别是在得意之时，人轻飘飘，会不由自主地一反常态，变形成非我。越是生性狂狷者，越会狂上加狂。俗话说："天令其亡，必令其狂。"这时候的人往往是最危险的，最容易犯下大错，越是在这个时候，越要谨记"认清自己"的箴言，保持平常心，让身上少一些傲气、邪气，多一些朴实和淡定。

与"得意"相反，"失意"则是人生的另一极端，大师曾说：人做到得意不忘形很难。但是以我的经验还发现另一面，有许多人是失意忘形；这种人可以在功名富贵的时候，修养蛮好，一到了没得功名富贵玩的时候，就都完了，都变了；自己觉得自己都矮了，都小了，变成失意忘形。

在《论语别裁》中，南怀瑾大师也曾说人最难的修养是做到"贫贱不能移"——在失意时更加需要坚定信念，走出人生低谷。很多人在失意不顺之时都喜欢拜佛求神，甚至不惜花重金捐"香火"以求如愿。然而，佛真的能帮你吗？

醒悟吧！佛是信仰，但不是阿拉丁神灯，更不是你的仆人。自己救自己！你自己才是逆境中的"佛"。

一人去寺庙参拜观音菩萨。

几叩首后，这人突然发现身边一人也在参拜，且模样与供台上的观音菩萨一模一样。

此人大惑不解，轻声问道："您是观音菩萨吗？"

那人答："是。"

此人更加迷惑，又问："您为何要自己参拜自己呢？"

观音菩萨答："因为我知道，求人不如求己。"

这虽是一则笑话，却有很深的佛学内涵。正如南怀瑾大师所言：任何宗教最高的道理都是一样，不是我救了你，是你自己救了你自己。

心有所得

在逆境中，请记住，观音之所以为观音，不是靠别人提携，靠的是"自度"；不是靠求人，靠的是求己。

第十二章

顺其自然：恰到好处，松紧有度

顺其自然是人生的第一法则，南怀瑾大师曾说，日月经天，昼出夜没，夜出昼没，寒来暑往，秋去冬来，都是"功遂，身退"的正常现象。植物世界如草木花果，都是默默无言完成了它的生命任务，静悄悄地消逝，了无痕迹。动物世界生生不息，一代交替一代，谁又能不自然地退出生命的行列呢？

吃饭穿衣是修行，顺从本心是真道

在我们平常的观念里，总认为佛走起路来一定是离地三寸，脚踩莲花，腾空而去。这本经记载的佛，却跟我们一样，照样要吃饭，照样要化缘，照样光着脚走路，脚底心照样踩到泥巴。所以回来还是一样要洗脚，还是要吃饭，还是要打坐，就是那么平常。平常就是道，最平凡的时候是最高的，真正的真理是在最平凡之间。

——南怀瑾大师

其实佛家的修行，并不是我们这些凡夫俗子所想的那样，盘腿坐在蒲团上，敲着木鱼念着经，闭着眼睛默想。对佛教徒而言，生活就是禅，禅就是生活。吃饭穿衣是修行，行住坐卧也是修行。南怀瑾大师在介绍佛教徒如何在生活中修行时，这样说道："佛的戒律，规定弟子们喝一杯水，必须先用一块布滤了以后，才可以喝。为什么呢？'佛观一碗水，八万四千虫'。佛的眼睛，看这一碗水，有八万四千个生命。几千年前他这样说，也没有人相信，觉得他很琐碎，现在科学进步了，都相信了。还有佛的戒律，规定弟子们每餐饭后都要刷牙，没有牙刷，用杨柳枝。所以观世音菩萨净瓶里泡得有杨柳枝，大概一方面洒水用，一方面刷牙用。把杨柳枝剪下，放在水里泡，然后拿石头把根根这一节一敲就散开了，用来刷牙齿。这些生活的规律，都属于佛戒律的范围，礼仪都是非常严格的。拿现在的观念来讲，各种的卫生常识，他早就有了……"

"佛的戒律是日中一食，每天中午吃一餐……早晨是天道吃饭的时间，中午人道吃饭，晚上鬼道吃饭。佛采用的制度，以人道为中心，日中一食；后世弟子们，过了中午一点钟就不吃饭了，这个是佛的制度。"

南怀瑾大师还提到了佛家的化缘，大师说道："化缘，规定弟子们不要起分别心，穷人富人一样，挨次去化，不可以专向穷人化缘，或专向富人化。譬如迦叶尊者，是印度的首富出身，但是他特别同情下层的贫苦社会，所以他都到贫民区去化缘，同时收些弟子也都是穷苦的人。另外一个弟子须菩提尊者则相反，喜欢到富贵人家乞食化缘。佛曾把他们两人叫来说，你们这个心不平，不管有钱没钱，有地位没地位，化缘的时候，平等而去，此心无分别，而且人家给你多少就是多少，这一家不够，再走一家。我们现在看到出家人站在门口拿个引磬叮叮，那个就是释迦牟尼佛留下来的风范。"

对于《金刚经》，南怀瑾大师赞不绝口。大师说道："所以我说这一本经是最平实的经典，佛像普通印度人一样，光脚走路，踩了泥巴还要洗脚，非常平凡，也非常平淡，老老实实的就是一个人……洗完了脚把自己打坐的位置铺一铺，抖一抖，弄得整整齐齐，也没有叫学生服侍他，更没有叫个佣人来打扫打扫，都是自己做。生活是那么严谨，那么平淡，而且那么有次序。……《金刚经》会使人觉得学佛要设法做到佛的样子才好，不像其他经典那样，把佛塑造得高不可攀，只能想象、膜拜。"

佛祖在平凡的生活中达到了佛的境界，你我这样的凡夫俗子，是否也能在平凡的生活中提升境界呢？答案是肯定的，因为佛法就在衣食住行之间。

有一天，佛陀刚刚用完午餐，一位商人来请求佛陀为自己除惑解疑。佛陀将商人带入一间静室，十分耐心地听商人诉说自己对往事的追悔和对将来的担忧。商人讲完后，佛陀温和地问他："你可吃过午餐？"

商人点头说："已吃过。"

佛陀又问："炊具和餐具都收拾干净了吗？"

商人忙说："是啊，都已收拾干净了。"

佛陀默然不语。

商人急切地问："您怎么问我一些不相关的事呢？您总得给我的问题一个正确的答案吧！"

佛陀微微一笑，说道："你的问题，你自己已经回答过了。"

商人带着一脸疑惑离开了。过了几天，他终于明白了佛陀向自己开示的佛理，前来向佛陀致谢。

佛陀向商人开示的佛理非常简单：一些事情的发生，就像饿了要吃饭，自然而然；一些问题的解决，就像吃了饭要洗碗，理所当然。一个人只要能恬淡地看待自然而然的事情，悠闲地解决理所当然的问题，就能达到佛境。

一个追随赵州从谂禅师修学了十几年的学僧，对从谂禅师说道："弟子前来参学，十年有余，不曾蒙受老师开示，今日想辞别下山，到别处去参学！"

从谂禅师故作惊讶地说："你怎可如此冤枉我，你每天拿茶来，我为你喝；你端饭来，我为你吃；你合掌，我低眉；你顶礼，我低头，哪里有一处没有教导你？"

学僧听了，若有所悟。

从谂禅师又说："但尽凡心，别无圣解。"

赵州从谂禅师开示的禅理，耐人寻味：每个人只需要顺从本心，做自己想做而又该做的事情。如果不想做或不该做，那么干脆不做。总而言之，只要顺从本心，自然而然，没有多余的想法，心灵自然清净，也就近于佛道了。

修行是一件平凡而简单的事情，没有我们所想的那样复杂。一个人若是能顺从自己的本心，按照最原本的想法做或者不做，这就是参悟佛道，有了一定修行成果的体现。

平凡才是真幸福

凡所有相，皆是虚妄。无上菩提是非常平实的；古德告诉我们，道在平常日用间。真正的道，真正的真理，绝对是平常的，最高明的东西就是最平凡的，真正的平凡，才是最高明的。做人也是这样，最高明的人，也最平凡，平凡到极点的人就是最高明的人。

——南怀瑾大师

南怀瑾大师借用老子"大智若愚"的思想来阐述平凡中的道。实际上，老子对此还有更为具体和深刻的阐述。

老子说："知者不言，言者不知。塞其兑，闭其门；挫其锐，解其纷；和其光，同其尘，是谓玄同。故不可得而亲，不可得而疏；不可得而利，不可得而害；不可得而贵，不可得而贱；故为天下贵。"

老子这一思想的核心是，聪明的智者不多说话，而到处说长论短的人就不是聪明的智者。那么，是不是智者都缄默不语呢？当然不是，否则他的教化会有几个人知道呢？真正的智者是不突出自己，让自己和平常人一样，看不出什么不同来。这就是"和其光"，把自己外露的光明收起来；"同其尘"，处世之道，不要显露特别之处，和平常人一样，很平凡，"是谓玄同"，这才是修道人的榜样。

深藏不露才是真正的高手。这里所谓的深藏不露，就是指即使身怀绝技，但是你看不出来他是高手，和平常人无异。否则，如果"半瓶子晃荡"，处处显摆自己，那必定是三脚猫的功夫。所以，古人说"大隐隐于市"，那些动辄就以身居深山、远离尘世标榜自己的人，至少让人们看到、知道了他的"隐"，所以并不能算是真正的"隐"。

有一位年老的禅师，身体突然急速地衰弱，他自己也知道即将不久于人世。

圆寂之前，所有的弟子都聚集在他的身边，这时，禅师突然伤心地哭泣起来。弟子看到师父伤心哭泣，都感到手足无措，因为他们确信师父是开悟的圣人，师父的行为高洁、受人崇拜、智慧广大就像虚空的云，慈悲深切连一只蚂蚁也不忍心伤害。

"师父为什么伤心哭泣呢？难道说师父有过忘记修行的一天吗？"弟子问。禅师摇头。"难道说师父有过忘记行善的一天？"禅师摇头。"或者说师父也曾有心不清净的时候？"禅师又摇头。弟子问了许多问题，都得到否定的答案。有一个弟子就说了："师父！照理说您没有任何可以哭泣的理由，在心，您的修行已到了最高境界；在行，您是最受尊敬的行者；您已经超凡入圣，又有什么可以哭泣的事呢？"

禅师说："这就是我痛哭的原因呀！我觉得最高的境界是站在人群里不会显现特殊，内心清明而不被人盲目崇拜，过着平凡人的生活，舍圣入凡是我这一生最向往的境界，大家却说我是超凡入圣，我才会如此伤心呀！"

人往高处走，这是世人公认的真理，于是高高在上、超凡入圣成了很多人一生不懈的追求。可是，高处不胜寒、枪打出头鸟，出众的结果就是面临更大的危险，生命是很难长久的。

那么，如何才能更长久呢？答案就是保持平凡的心和姿态，做一个平凡的人。

平凡不起眼的小草即使遭遇狂风暴雨也不过是弯弯腰、点点头，风雨过后一样精神抖擞地度过自己毫不引人注目的时光。而那些娇艳欲滴的鲜花，却总是引来路人的垂涎，不是被折断送给情人，就是插在花瓶里，只能有短短几天的生命。

无论出身如何高贵显赫，婚后的生活就是柴米油盐酱醋茶，就是孝敬老人抚养孩子，很多人之所以难逃"七年之痒"，就是因为把婚姻想得太美，甚至拿自己的理想框框来套现实的生活，失望的结果就是选择逃离。反倒是那些能够安于平淡，每天奔波在家和单位之间，偶尔和另一半拌拌嘴，逢年过节串串亲戚的平常之人过得丰实而快乐。

著名主持人柴静在一次演讲中阐述了平凡中的伟大，她说：

"我也向《红楼梦》这样未受污染的白话文源头学习。《红楼梦》里白描特别多。我曾经在博客里摘录过《红楼梦》中赵姨娘去怡红院打芳官那一段，一系列动词串联出一段生活实景。与之相比，《水浒传》除了个别段落以外简直就是面目可憎。和《红楼梦》放在一起，便看出了《水浒传》的文学性之差之弱之粗糙。

"好的文学要老老实实地从描摹家常生活开始。我觉得郭德纲在这方面做得很好，算是一个语言大师。他的相声里对生活细节的捕捉和文字的使用很准确。我觉得好的文字，包括好的电视节目都要有一种家常感。很多人渴望立意求新，拼命回避家常，实际上好的东西就是家常的。像斯蒂芬·金的小说，他描写的美国小镇生活，让你觉得在中国也能找到，就是因为这些人是最平凡最普通的——他们充满了人性的缺点，生活在嘈杂吵闹的环境里。诸如此类的东西一样在我们身边存在，而且千百年后也一定会是这样。

"美国《60分钟》这个新闻节目能够一直长盛不衰，它的创始人唐·休伊特分析原因时说，他一直为美国的中产阶级下层写作：没有受过太多教育的卡车司机、普通学校里的教员等等最普通的人。我觉得《红楼梦》也是这样，它写的虽然是贵族生活，但书中洋溢的却是市井人性。"

平凡之所以是真幸福，就是因为，平凡最接地气，最接近每一个人的生活。和普通人别无二致，这样才能和他们站得更近，没有距离。

人们崇拜英雄，敬仰伟大者，但他们毕竟是少数，更多平凡如芸芸众生者，则在平凡中与从容携手、与平淡相伴，坚守自己的本分，即使没有任何的监督和奖赏，他们依然可以凭着自己的信念和良知做好自己该做的事。更为重要的是，平凡永远有余地，永远为高度预留了冲刺的助跑空间，而且孕育着伟大。伟大正是始于平凡的，生活的真理也正源于平常的日子！

心有所得

真正的道，真正的真理，绝对是平常的，最高明的东西就是最平凡的。做人也是这样，最高明的人，也最平凡。

随时，随性，随缘，一切皆随心

我一辈子在大学里教书，有一个习惯，就是上课不点名。过去在大学里，训导处还站在旁边点名，我就把他轰出去了。我说，如果上课要你来点名，把学生押来听课，我就不要教了。会吹牛的人，一定把人家哄来的。

——南怀瑾大师

俗话说"强按牛头不喝水"，任何事情如果强迫着去做，那一定是做不好的，这就是大师上面这段话所表达的意思，如果非要押着学生来听课，那他会听得进去吗？只有自己感兴趣的东西才会用心去做。对老师来说，如果学生不喜欢来听课，非让学生来，倒让老师感觉无趣了。所以，强迫别人做什么是不对的，强迫自己去做也会让自己身心疲惫、颇感压力，既不能从中得到乐趣，也不能有实质性的收获，因此，与其这样，还不如随性一些，倒感觉轻松自在一些。

三伏天时，天气炎热少雨，禅院的草地早就已经枯黄一片了。

小和尚见到此状说道："多难看啊，快撒点草籽吧。"

禅师说道："等天凉了吧，这是'随时'。"

中秋之时，天气早已经没有那么热了。禅师买了一包草籽，然后叫小和尚去播种。这时候秋风起了，草籽都飘了起来。

小和尚喊道："不好了，好多草籽都被吹走了。"

禅师说道："没关系，吹走的多半是空的，撒下去也发不了芽，这是'随性'。"

撒完草籽后，几只小鸟飞来啄食。

小和尚又喊道："这下完了，草籽都被鸟吃了。"

禅师说道："没关系，草籽还有很多，吃不完，这是'随遇'。"

半夜时分，一阵骤雨将草籽冲走了。一大早，小和尚就冲进禅师的禅房说道："这下真完了，好多草籽都被雨水冲走了。"

禅师说道："冲到哪儿，就在哪儿发芽，这是'随缘'。"

一个月后，原本光秃的地面长出了青翠的草苗，一些原来没播种的地方也泛出了绿意。小和尚见到此景，高兴得直拍手。

禅师看在眼里，静静说道："这是'随喜'。"

一个人做事如果总是能够保持一分顺其自然的心态，能够随心所欲，即使不能大富大贵，但至少内心是愉悦和幸福的，而且不会因为事情不遂意就情绪失控，也不会因为意外的出现就惊慌失措。

懂得顺其自然的人，把所有的一切看作是理所当然的，"存在即是合理"在他们的身上得到了最大程度的诠释，既然事物出现了，他们会认为那必然有出现的道理，而不会去抗拒。所以，他们乐观、随性。

一切顺其自然不是认命，也不是随波逐流，而是不强求。很多时候，人们的失落、失望、不满足，不是因为得到的少，而是因为没得到更多，这其中，强求的又占了较大的比重。所谓强求，就是原本不属于自己，或者根本得不到的东西，但是偏偏又想得到，结果就是得不到心里还放不下，这样的痛苦就是咎由自取的。

所以，一切要顺其自然，让心灵葆有平和与安宁，并积极地看待生活中的各种事情。

在美国，有一位名叫露西莉·布莱克的妇女，生活非常忙碌，简直是一刻不停，结果终于因心脏病发作被送进了医院，医生要求她必须得躺在床上静养一年。

她又哭又叫，心里充满了怨恨和反抗，但是没有办法，还是得遵照医生的话躺在床上。开始时，她很消沉，她的一个朋友就劝她说："你现在觉得要在床上躺一年是一大悲剧，可是事实上并不那么糟。至少你可以有更多的时间自由思考，能够真正地认识你自己。说不定会有更多的成就。"

听了这话，她平静了下来，开始树立新的价值观念。后来，她每天都强迫自己想一件快乐的事：比如，我有一个很可爱的小女儿；我的眼睛还看得见，还能看书读报；耳朵还听得见，能听到收音机里播放出的美妙的音乐；我有很多朋友常常来看我；等等。一年过去了，她终于结束了卧床生涯，从此她也成为一个快乐的人，因为她学会发现并珍惜自己拥有的东西，而且养成了每天想快乐事的习惯。很多年过去了，她仍旧保持着这个习惯，这也深深地感染了她身边的人。她常对朋友们说："养成看每一件事理想的一面，是你一生享用不尽的财富。"

遗憾已经出现，再痛苦纠结也无济于事，只会让身心备受摧残。只有平静地接受事实，才能尽快地站起来，并适应全新的环境，找到适合自己生存的土壤。

一切顺其自然还有另外一层意思，那就是承认现实生活中的遗憾之处，并通过自身的努力来弥补这种遗憾。生活的遗憾不可避免，那用怎样的心态来接受它，并采取怎样的方法来弥补这种遗憾，很大程度上决定了生活的质量和生命的宽度。很多人的痛苦就在于总想得到自己努力也得不到的东西，得不到则不会就此罢休，而是强迫自己去争取，这就属于强求。不强求自己并不等于得过且过，两者是有本质区别的。不强求是有自知之明、尽力而为、乐观看待，得过且过是消极等待、浪费时光。不强求自己，也不能强求别人，这也是顺其自然的道理之一。

有一天，孔子和弟子们外出，天要下雨，可都没有带雨具，正好路过子夏的家。子路提议说："咱们到子夏家借把雨伞吧！"

孔子连忙拦住子路，说："不要去，不要去。子夏这个人我了解，他十分护财，他的东西别人是借不出来的。"

子路说："我能把我的东西拿出来和朋友一起享用，就是用坏了都不心疼。难道老师借把雨伞用用，子夏都不肯吗？"

"我不是那个意思。"孔子感慨地说道，"咱们不能硬让人家去干自己不愿意去干的事。只有这样，咱们大家才能相处长久！"

孔子说："咱们还是快点往回赶吧，也许咱们到家，大雨才能来到。"

每个人都是不同的，这种不同体现在很多方面，比如性格、学识、家庭、思维……所以人和人之间的交往，必须以相互尊重为前提，否则，把自己的想法强加于人，必然会招致对方的反感。

古语说："不责人所不及，不强人所不能，不苦人所不好。"强求自己只会让自己疲于奔命，最后落得个身心疲惫。别人想什么，我们控制不了；别人做什么，我们也强求不了。唯一可以做的，就是尽心尽力做好自己的事，走自己的路，按自己的原则，好好生活。

心有所得

别去强求什么，强求来的不会给你带来真正的快乐，还是顺其自然吧，也许就会有意外的收获。

穷亦乐，通亦乐

平常一切，不要求神，也不求佛，就求自己。不必用功，不必用心，平常心就是道。我讲话，你听话，过去了，过去不追，不再回忆，心也没跑掉。不回忆，不追逐，本性原来在此。

——南怀瑾大师

大师曾讲过"平常心就是道"的人生哲理。一个人不求神，不求佛，只求自己。《庄子》中有句话叫"安时而处顺，哀乐不能入也"，就是说一个人活着的时候，应该把握住现在，因为现在就是价值，而要回去的时候，也会很自然地回去。所以，无论是外界环境的变化也好，还是内在身心的变化也罢，其实都没有什么关系，因为这些都是自然本来的变化。顺其自然很重要。而一个人如果领略到了"顺其自然"的妙谛，那么就能"哀乐不能入也"。

庄子说："穷亦乐，通亦乐。"这里说的"穷"，并不是说经济上的匮乏，而是指人生道路上的不顺利。与其对应，"通"则指的就是顺利了。庄子认为，凡事应该顺应境遇，不应该去强求，只有如此才能过上自由安乐的生活。庄子在这里宣扬的是一种顺应命运、随遇而安的人生态度。其实这种观点在某些时候，是应该为我们所推崇的。

一个人如果能够在时代的潮流中安然自若，那么无论是悲哀还是欢乐，都不会占据这个人的内心。这就是一种自然的生活方式，在庄子看来，这种生活方式就是道。《庄子》中的许多故事，所阐述的也是遵守自然生活之道的道理。比如《庄子》的第一个寓言故事，说在古时有一位名叫许由的贤者，那时天下是禅让制，尧帝听说许由的贤名后，便想将天下让给他。许由对尧帝说了这么一句话："鹪巢于深林不过一枝。"说完这句话，许由便离去隐居了。这句话的含义就是：凡事不必求多，只要具有一个能够维持正常生活的环境就行了。

《庄子》中还有一个"寿则多辱"的故事。说的是尧帝来到华地视察，华地的官员为尧祈福说："希望您能获得很多男孩，并且获得丰厚的财富。"而尧帝却拒绝接受这样的祝福，并且对人们说："男孩子多了的话，那么操心的事情便会接连不断地出现。钱财虽然丰厚了，但是那些麻烦的事肯定会多起来。一个人活的时间越长，那么遭到耻辱的时候也一定会更多。"这就是"寿则多辱"，表现出的其实也是顺其自然的思想。《庄子》中所讲的这些道理，是我们这些平常人很难理解的，而南怀瑾先生对此就有他的独到见解。大师认为，佛家禅宗所讲的悟，我们可以理解成要看通人生。而庄子在这里所讲的"安然自若"，其实就是一种看透人生的表现。

心有所得

凡事顺应境遇、不去强求，才能过着自由安乐的生活。无论顺境或是逆境。人都应保持一种乐观的生活态度。贫穷时才能知足常乐，安贫乐道。

松紧有度，身心有节

修行是修正行为、改恶从善、转迷情为悟智。但是，在修行的过程中，也不可要求一蹴而就，争功近利，好高骛远。只有善于调节自身，不急不缓、按部就班、脚踏实地去修好自己的"行"，才能获得好的果报，才能有好的身心，才能有好的智慧，才能有幸福的生活。

——南怀瑾大师

在这段话中，南怀瑾大师讲到了修行的方法，那就是不急不缓、按部就班、脚踏实地去修好自己的"行"。实际上，大师给我们揭示了一个最普遍的道理，那就是做事要恰到好处、松紧有度，这样才能对身心起到很好的调节作用，既不会因为过度疲劳导致身体出现不良反应，也不会因为努力不够而错失良机。

为阐述这个意思，大师还举了《杂阿含经》中一则急于求成的典故。

佛陀在世的时候总是四处游历、讲法，追随者很多，很多人也都受到了佛陀的影响而选择修行。二十亿耳就是其中之一。

二十亿耳的父亲是舍卫国最富有的商人，家中佣人众多，奴婢成群。二十亿耳从小到大享尽了荣华富贵，所有的事情都有手下人替他做，用不着他操一点心，他每天都只是饭来张口，衣来伸手。即使享受着这种普通人想都不敢想的生活，二十亿耳仍不快乐，脸上经常被愁云笼罩着，很少露出笑脸。他整天无所事事，只好以弹琴打发无聊的时光。

有一天，父母为了让二十亿耳散心，就派数十位仆人伺候他到郊外游春。路上，二十亿耳恰逢佛陀讲法，深深被吸引，进而大受感动。当他看到比丘们一个个无忧无虑、神情轻松快乐的样子，心中十分羡慕，从此决定修行，以此来寻找自己的人生信仰。

二十亿耳奉行的是以苦行获得解脱的修行方式。他修行极为勤奋，每天吃着清淡的饮食，睡着简陋的禅床，干着打扫清洁之类的粗活，一有空就背诵佛陀的教义，或者坐禅修行。他恨不得把睡眠时间都省略掉，连眼睛闭一下，都觉得是浪费。而且，他还经常不分昼夜地赤着双脚在山林中快速行走，就算脚掌被利石划破、被荆棘刺穿，也不停下休息。

由于修行过度，他手上起了血泡，腿上磨出了鲜血，膝盖与胯部的韧带也因强行坐禅而撕裂了。他心想："像我这样吃苦修行，从不因痛苦而退缩的人，在这个世界上恐怕找不到第二个了。可是到现在我心中还有欲望没有被清除，心中的痛苦也没有得到解脱，这是为什么呢？对了，我家有产业，积有不少财富，我应该回去把财物都布施给他人，这样对我的修行应该大有益处。"于是二十亿耳决定回家把财产全部施舍出去。

他的这一想法遭到了家人的强烈反对，但是他不顾家人的劝阻，大量向他人及僧侣施舍财物。他什么也不想，只盼施舍完财产能尽快修得正道。

佛陀知道了这些事情后，决定点化这位认真的苦行僧。

他对二十亿耳说："我听说你很善于弹琴，是吗？"

二十亿耳有些得意地点点头。

佛陀问："琴弦如果太松了，会怎么样？"

二十亿耳说："琴弦太松，就弹不出声音。"

佛陀又问："如果将琴弦绷得太紧呢？"

"那样的话，不但弹奏不出美妙的琴声，而且琴弦很容易断。"

"怎样弹出美妙的琴声呢？"

"弦的松紧调得适度，弹出来的声音才悦耳动听。"

佛陀点点头，说："修行与弹琴的道理一样，弦绷得太紧，容易拉断；而太放松了，也不能进步。应该松紧适度才好。所以，你应该调节自己的生活，日常作息要松紧有度，不急躁也不放逸。你的修行就能成功了！"

二十亿耳恍然大悟，从此，他心平气和地修行，很快成为阿罗汉。

南怀瑾大师之所以要强调凡事松紧有度，就是要告诫我们：做任何事情都要懂得调节，要让身体得到适时的调整和修养，这样才能循序渐进，顺利地到达目的地。

如果把人的身体比作一部机器，这部机器在不断运转的过程中，也需要适时地停下来做保养。只有这样，在需要加足马力的时候，才不会因为使用过度而掉链子。

只有松紧有度，身心才能有节，这其实就是先哲孔子所强调的"度"。

孔子告诉人们，为人处世要做到"不偏不倚"，这是一种智慧。

孔子的学生子贡问孔子："您认为子张和子夏这两个弟子哪个更好一些呢？"

孔子回答道："师也过，商也不及。"这里的师是子张的名字，商是子夏的名字。这句话的意思是，师这个人做事老是过头，商这个人做事总是欠点火候。

子贡接着问："那就是子张更好一些了？"

孔子摇摇头说："过犹不及。"意为，这两个人差不多，谁也不比谁更强。

我们都知道，再好的东西吃得太多了胃也会不舒服，甚至会伤胃；金钱是好东西，可以让人的生活变得更舒适，但是贪得无厌就会给自己带来祸端。

如果你有过做菜的经历，可能会更深刻地认识到"过犹不及"。我们都知道，做菜最讲究火候，同样的原料，可是做出来的菜却一人一个味儿，原因就在每个人对火候的把握不同。火候不到不好吃，火候过了就焦了，最好吃的菜一定是火候把握最好的。

很多人都明白不足是不好的，所以他们极力提升，想要弥补这样的不足。同时，他们的思想中还会有这样的想法，那就是不足是不好的，提升是好的，那提升得越高就一定越好？实际上，不足和太过都是不好的。韩信有句名言："多多益善。"事实上，这句话也害了他。为大汉王朝立下汗马功劳、曾经能够忍得胯下之辱的韩信，却忘记了做人要忍辱，也要谦虚的道理。在一次和刘邦的交谈中，刘邦问韩信："你看我能带多少兵？"韩信说："陛下带兵最多也不能超过10万。"刘邦又问："那么你呢？"韩信说："我是多多益善。"且不论他面对的是握有生杀大权的上司，即使是同僚，这样贬低别人抬高自己的话即使是实情，也会让人讨厌的。

孔子的弟子子夏曾问老师："老师，您认为颜回这人怎么样啊？"孔子说："颜回比我诚信。"

子夏又问："子贡这人怎么样啊？"孔子说："子贡比我敏捷。"

子夏再问："子路这人怎么样啊？"孔子说："子路比我勇敢。"

子夏问："子张这人怎么样啊？"孔子说："子张比我庄重。"

子夏很是疑惑，问老师说："那么他们四个为什么都拜您做老师呢？"

孔子笑笑说："这其中的道理我慢慢给你讲，颜回虽然诚信，却不知道还有不能讲真话的时候；子贡虽然敏捷，却不知道还有说话不能太伶牙俐齿的时候；子路虽然勇敢，却不知道还有应该胆怯退让的时候；子张虽然庄重，却不知道还有应该诙谐亲密的时候。所以他们才认我做老师啊！"

孔子的话道出了处世的精髓：凡事都要恰到好处，过犹不及。诚信过了头，就容易变成迂腐；敏捷过了头，就容易变成圆滑；勇敢过了头，就容易鲁莽行事；庄重过了头，就不免会有些呆板。诚信、敏捷、勇敢、庄重都是让人称赞的好品质，一旦过了头，就会向负面转化。

宋代洪迈的《容斋随笔》里是这样谈论"万事不可过"的：

天下万事不可过，岂特此也？虽造化阴阳亦然。雨泽所以膏润四海，然过则为霖淫；阳舒所以发育万物，然过则为燠亢。赏以劝善，过则为僭；刑以惩恶，过则为滥。仁之过，则为兼爱无父；义之过，则为为我无君。执礼之过，反邻于谄；尚信之过，至于证父。是皆偏而不举之弊，所谓过犹不及者。

这段文章告诉人们：雨露滋润，阳光温暖，赏善惩恶，仁义礼信，都是好事。可是一切好事之过头，皆可变成坏事。可见世间万物都不能超越"过犹不及"这一道理，为人处世也是同样的道理！

由此可见，做任何事情都应在尊重客观规律的基础上，既不可一味图快，也不可磨洋工，最好的办法是该紧的时候紧，该松的时候松，紧了就适时地放松一下，松了就适时地加快步伐，这样既保证了节奏，也得到了很好的调整，身心都会处在一种最好的状态之中。

做事情想一蹴而就，反而欲速则不达；想以逸待劳，必然浪费时间。所以，只有很好地安排，做到松紧有度，就不会过劳，也不会懒散了。

急于求成则不成

> 孟子说的寡欲，就是广义的，宏观地讲寡欲，是少欲，把欲望清净一点，少一点，节省一点用，那就对了，那这个人已经有相当的修养与道德了。

——南怀瑾大师

我们这些俗人的欲望是很多的，欲望多，就是寻得多，就是求得多。但我们也会发现，自己寻得多、求得多，可是寻到的少、求得到的少，人们也因此而陷入痛苦之中。其实，我们大可学一学孟子所说的寡欲，既然苦寻不得，那么干脆放下，说不定就会得到。

春秋时期，孔子的弟子子夏来到莒父这个地方做宰辅，临行时向老师孔子询问施行政策的秘诀。孔子笑着说："无欲速，无见小利，欲速则不达，见小利则大事不成。"南怀瑾大师对此解释道："孔子告诉子夏，为政的原则就是要有远大的眼光，千万不要急功近利，不要想很快就能取得成果，也不要为一些小利益花费太多的心力，要顾全整体大局。"

这对我们的行为是很有指导意义的，一个人做事情如果一味求急图快，违背了事物发展的客观规律，那么事情很可能就会朝着相反的方向发展。

宋代的大儒朱熹，是个绝顶聪明的人。他于十五六岁之时，开始潜心研究禅学，然而到了中年之时，才明白速成不是良方，必须经过一段漫漫长路才能有所大成。于是，他对"欲速则不达"这句箴言作了一番精彩的诠释："宁详毋略，宁近毋远，宁下毋高，宁拙毋巧。"古代的先哲尚且人到中年方才开悟，那么我们这些凡夫俗子，自然更是心中虽然明了这个道理，但行为上却往往背道而驰。切记，急于求成的人一定是性格浮躁之人，这样的人在做一件事情的时候，总是恨不得马上就大功告成。其实，追求效率原本无可厚非，但是一味追求效率会导致你忘记了最初的本意。比如作家因急于求成而写不出寓意深刻的作品，只创作出一些商业文学，艺术家因为急于求成而忘记了艺术是需要有深度、有内涵的，结果创作出庸俗的东西来。更何况急功近利往往会造成一个人目光短浅，只看到眼前的利益，甚至为了求得一时的痛快，不惜以长远的痛苦作为代价，这些都不是人生的意义所在。

一位禅僧自从住进禅堂，就效仿禅宗四祖道信，"夜不展单，胁不沾席"——俗称"不倒单"，也就是不躺下睡觉。他昼夜坐禅，急于开悟，不敢有一刻怠慢，却没想到苦修十年也没有开悟，反倒是那些不如他勤奋的同门师兄弟，一个个都开悟了。他心急如焚，实在想不通这是为什么。

有一天，他来到方丈室，请教方丈说："师父，弟子自从投到您的门下，没有一刻嬉戏荒废，在您的弟子中，没有谁比我更用功了。为什么其他师兄、师弟都得以开悟，唯有我一直不能开悟？"

方丈笑而不答，随即递给他一只葫芦和一把粗盐粒，说："你去把葫芦灌满水，再将盐粒装进去。你若是能让葫芦里的盐立刻溶化，你就开悟了。"

禅僧将信将疑，按照师父的吩咐做了。不一会儿，他手里提着沉甸甸的葫芦跑回方丈室，垂头丧气地说，他没办法让盐粒很快溶化。

方丈笑笑，接过葫芦，不慌不忙的将里面的水倒出一部分，然后轻轻摇晃葫芦，里面的盐粒便溶化了，禅僧看得一团雾水，不知师父是何用意。

一会儿，方丈对禅僧说："你的确足够用功，每日都在不间断用功，可是忘记了为心灵留下一些空闲，这就如同灌满水的葫芦，摇不动，如何能溶解盐粒呢？"

禅僧还是不解："难道师父的意思是不用功更容易开悟吗？"

方丈笑笑说："修行要用平常心，不可急于求成。执着于修行，急于想开悟，也是愚执，必须要懂得舍弃才行啊！"

南怀瑾大师是力诫年轻人急于求成的，大师希望世人可以学会"等待"二字。一个人在做事的时候，既不要过分仓促，也不要受到情绪的控制。而一个人只有学会如何等待，才能锻造出强大的耐力和宽广的胸怀。

急于求成的人，在做事上往往玩巧，玩奇乐，这是要不得的。南怀瑾大师对这样的处事态度曾发表过自己的看法，大师说道："人生的境界，第一不能玩巧，第二不能玩奇乐，你自己认为很得意很高兴，哼！乐极生悲。你认为这两天高兴，蹦啊跳啊，玩自己的花样，你倒霉就在明天。上帝早给你看牢在那里，阎王更给你登记起来，菩萨是不管事的耶！闭目在那里打坐。'凡事亦然'，孔子告诉你，这个不但是外交官应该注意的，平常做人做事都是这个原则。这是一百年以来，人类历史经验的教训，玩聪明、玩手段、玩花样，一个高似一个，连现在的小孩都不笨，手段、本事、聪明，都比我们高明。将来全世界人类，都因为太聪明、太高明，太会玩手段了，最后成功的就是诚恳老实的人。"

　　玩巧也好，玩奇乐也罢，这都是急于求成的表现，可是你的急，未必会给你带来成。就像南怀瑾大师所说的，"最后成功的就是诚恳老实的人"。让我们聆听大师的教诲，不要在人生的道路上走得过于着急，学会慢下来吧。

心有所得

　　命运对有耐心等待的人，往往会给予其更多的奖赏。

第十三章

融化忧郁：幸福人生，烦恼无藏身之地

宋儒朱熹有诗一首："昨夜江边春水生，艨艟巨舰一毛轻。向来枉费推移力，此日中流自在行。"南怀瑾大师评论道：他以一个景象来描写这一境界：心里的烦恼、忧愁，就像江上一艘搁浅的大船一样，怎么也拖不动，但慢慢等到了春天，河水渐渐涨高了，船自然就浮起来了。这也就是说，等到修养到了相当程度的时候，便是"此日中流自在行"的境界了。

很多事情都是自然而然的事情，不必过多伤神。而当我们能够使心平静下来时，烦恼自然就会烟消云散。

有缺憾不是一件坏事

一个人学问的成功也好，事业的成功也好，做生意的成功也好，必须要带一点病态，必须带一点不如意，总有一些缺陷，才能够促使他努力。

——南怀瑾大师

《圣经》中说人生来就是有罪的，这就是原罪。但是南怀瑾大师对此没有苟同，他认为一个人生来并不是有罪，而是有缺憾，不完美、不圆满。意思是说一个人生来就是有业的，这业既有善业，也有恶业，以及不善不恶的无记业。这个业并不是罪，而是一股牵着你跑的力量。

大师在讲《金刚经》第十一品时，曾经说过这样的话："在这个有缺陷的世界上，没有一个人的人生是圆满的，假若圆满，他就早死掉了，因为佛称的娑婆世界，是一个缺陷的世界，所以要保留一点缺陷才好。曾国藩到晚年，也很了解这个道理，他自己的书房叫作'求缺斋'，一切太满足了是很可怕的，希望求到一点缺陷。"

大师在这里所讲的，就是"求不圆满"的人生智慧。这与佛家所讲的不圆满的人生才是完美的人生，以及老子所说的"大成若缺，大音希声，大智若愚，大巧若拙，大象无形"，是一样的道理。

每一个人活在这个世界上，都有自己的缺憾。有缺陷并不是一件可怕的事情，因为正如南怀瑾大师所言，其实，丑也是美，缺就是满。人生最好的境界是"不欲盈"。李商隐说："此情可待成追忆，只是当时已惘然。"情爱如此，名利如此，权势也如此。如果什么事情都圆满了，也就没有什么味道了，留一点遗憾，才会有美感。

完美是绝大多数人的追求，但是这大千世界，怎么可能事事尽如人意？

在这个有缺陷的世界中，我们会看到这样一些现象：有福报的人少了些智慧，而有智慧的人则少了些福报。这就是人生的无奈，你有了这一面，偏偏缺失了另一面。

当缺陷作为一种不可避免的遗憾存留在这个世界上的时候，如果我们只会长吁短叹，那纯粹是浪费人生。人生常常会表现得很残酷，但是这种残酷的意义是要让一个人活得更有价值，正如《孟子》所讲的那样："舜发于畎亩之中，傅说举于版筑之间，胶鬲举于鱼盐之中，管夷吾举于士，孙叔敖举于海，百里奚举于市。故天将降大任于斯人也，必先苦其心志，劳其筋骨，饿其体肤，空乏其身，行拂乱其所为，所以动心忍性，增益其所不能。"这里面提到的人，哪一个没有经历过人生的大缺憾呢？但是他们又有哪一个不是接下了天降的大任呢？所以，可怕的不是人生的缺憾，而是你在人生缺憾面前做了一个懦夫。

正如一句西方谚语所说的那样："你要永远快乐，只有向痛苦里去找。"当你敢于向缺憾中去寻找最辉煌的人生时，你的人生意义便彰显了出来。一个人的人生剧本可以不完美，但却可以是完整的。而这份完整，是需要你从缺憾中来领悟的。

你若有缺憾之感，应当思考一下自己的缺憾究竟是真缺憾，还是自己过于贪心导致的心理错位。如果你天生失明失聪，这是人生的缺憾，你的抱怨也会得到别人的同情。但是如果你觉得这辈子住的房子不够大，开的车不够好，因而觉得这就是人生的缺憾，那你就是被贪欲蒙蔽了本心，对你而言，还是有这样的缺憾为好。

心有所得

每一个活在这个世上的人，都在争取给自己一个圆满的人生。但是自古至今，海内海外，谁的人生是百分之百圆满的呢？答案是没有一个人，所以，抛却求全之念，去给自己一个虽有缺憾但更有意义的人生吧。

天下本无事，庸人自扰之

秋风落叶乱为堆，扫去还来千百回。一笑罢休闲处坐，任他着地自成灰。

——南怀瑾大师

《新唐书·陆象先传》云："天下本无事，庸人扰之而烦耳。"

每个人都有烦恼，烦恼就像浮萍，没有根，漂过水面也不留痕。它之所以让人们产生负面的心理反应和不良情绪，正因为人们太把它当回事儿，而用悲观的心态来看待它，无形中就夸大了它的作用。就如同浮萍，我们可以把它当作风景，也可以把它当作污染水面的垃圾处理。对待烦恼也是一样，我们可以为它痛不欲生，也可以视而不见、一笑而过。

烦恼是随时产生，也随时消灭的，因为烦恼没有根。元朝柯丹丘的《荆钗记》中有这样一句话："野花不种年年有，烦恼无根日日生。"

然而，这日日生的烦恼又是源于何处呢？

南怀瑾大师为大家答疑解惑说："大家一生中，平常都在忙；不是外形忙，是心太忙，都是庸人自扰，自找麻烦。"

一位大师与他的高徒对坐。大师问："听说你从前的师父在大悟时说了一首偈语，你还记得吗？"

"当然记得，"徒弟很自信地说，"我有明珠一颗，久被尘牢关锁；一朝尘尽光生，照破山河万朵。"徒弟流畅地背出，不免有些得意。

师父听了，大笑数声，一言不发地走了。

徒弟不明白师父为什么大笑，心里非常愁闷，一连几天都思索着师父的笑，怎么也想不出任何令师父大笑的原因。终于有一天，他忍不住了，去请教师父那天听后为何发笑。

大师笑得更开心了，对着一脸愁容的徒弟说："原来你还比不上一个小丑，小丑能笑骂由人，言行自在，你却怕人笑！"徒弟听了，豁然开悟。

一些人之所以被忧郁情绪纠缠，就是因为他们特别懂得"见微知著"的道理，由此拓展、延伸，寻根问底，不放过任何的"蛛丝马迹"，并且充分发挥想象力，为自己制造一大堆根本不存在的麻烦出来，然后把所有的精力都投入到担忧和猜测中，疲于奔命。

某位著名主持人得了抑郁症，他在自己的一本书中描述了这样一个有意思的情节：

"那天白天，见到台长。台长说，有这么件事，我想问问你。忽然有人高喊台长，远远见到红发碧眼的老外参观团到了，台长说以后再说吧，拽了一把领带迎了上去。到了晚上，我生出100个问题，台长要和我谈什么呢，谈工作？谈生活？哪句话传到台长耳朵里了？哪件事让台长察觉了？最近台里正在搞人事调配，你说台长要让我当广告部主任我干不干？干吧，算不过来账，不干吧，机不可失。最后一想，管他三七二十一，先睡个好觉再说。这才进入睡觉的程序，今天用哪套？数车吧。数到10000辆就能睡着：1、2、3、4……55……550……8806、8807……9991、9992，唉，你说台长要和我谈什么呢？"

很多人都有过类似的经历，比如，有的人给朋友打电话，对方没接；发短信，对方没回，于是就开始琢磨：是不是对方对自己有意见，不愿意接电话？还是正在和别人吃饭，没空儿回短信？可是，他和别人吃饭为什么不叫上自己呢？他们什么时候定的这个事儿，自己怎么一点儿都不知道呢？……

好像任何的事情都可能成为引发他不断滋生烦恼的诱因。

很显然，这样的做法起因于敏感多疑，不是就事论事，而是无事生非，痛苦缠身。但是，让人感到啼笑皆非的是，如果说外在的、客观的困难、压力让人烦恼和痛苦尚且值得同情和支持的话，那么这种自我制造的痛苦，似乎真的是"自找麻烦"。

因此，如果你也常常"庸人自扰"，不妨静下心来，改变你的思维方式。人在猜疑的时候，容易为封闭性的思路所支配，这时冷静克制非常重要，要多设想几个对立面，只要有一个对立面突破了封闭性思路的循环圈，你的理智就有可能及时得到召唤。多想想猜疑的不合理性，有助于将这种想法否定出局。

心理学家做过一个有趣的实验：

心理学家将志愿者召集到一起，要求他们把接下来7天将会出现的烦恼写下来，然后投入一个大的"烦恼箱"里。7天后，志愿者从箱子里拿出自己写过的"烦恼条"逐一核对。他们发现竟有90%的烦恼根本就没有发生。然后，心理学家要求志愿者将记录了自己真正"烦恼"的字条重新投入了"烦恼箱"。

又过了7天，心理学家又打开了这个"烦恼箱"，让所有志愿者再一次逐一核对自己写下的每项"烦恼"。结果发现，绝大多数曾经的"烦恼"已经不再是"烦恼"了。

心理学家从对"烦恼"的深入研究中得出了这样的统计数据和结论："一般人所忧虑的'烦恼'，有40%是属于过去的，有50%是属于未来的，只有10%是属于现在的。而属于未来的'烦恼'有92%根本就没有发生过，剩下的8%中有极少的一部分是能够称之为烦恼的烦恼，剩下的所谓烦恼则多是可以轻易应付的。"

志愿者也切身体会到，烦恼这东西原来是预想的很多，出现的很少。这就是烦恼本无根的原因，因为它多数时候都是人为制造的，或者想象出来的，而不是真正存在的。

对于那些捕风捉影的事，不要高度关注，而应尽量淡化，甚至否定它，当作没有这回事。其实大多数烦恼都是我们想出来的，根本就不存在。

很多事情是"车到山前必有路"，不必过多伤神。胡思乱想时，不妨给自己找点事做。人总会把心思放在所做的事情上，生活忙碌的人不会有时间去胡思乱想。同时，因充实带来的愉悦感也能有效冲淡胡思乱想带来的烦忧。

对待烦恼应像对待浮萍一样，我们可以把它当作风景，也可以把它当作污染水面的垃圾处理。

宽恕别人，幸福自己

你永远要宽恕众生，不论他有多坏，甚至他伤害过你，你一定要放下，才能得到真正的快乐。不宽恕众生，不原谅众生，是苦了你自己。

——南怀瑾大师

西方医学心理学界流传一句名言，即"宽恕那些伤害过你的人，不是为了显示你的宽宏大度，而首先是为了你的健康。如果仇恨成了你的生活方式，那你就选择了最糟糕的生活"。

一般人都有一定的容人之量，也有一定的忍耐力。但是，如果你面对的这个人深深地伤害过你，甚至是你的对手、你的敌人，那你还能像容忍他的缺点一样忽略他对你的伤害吗？

对于那些深深伤害过自己的人，大多数人表现出来的是仇恨，是欲食之而后快。于是，仇恨充满了他们的内心。人的心中一旦充满了仇恨，就再也装不下别的东西了。这种状态下，人最容易失去理智，在仇恨的指引下产生恶毒的想法，做出后悔莫及的蠢事。

在古希腊神话中，有一位力大无穷的英雄叫海格力斯。有一天，他在山路上行走，看见路中间有个袋子似的东西很碍脚，便踢了它一脚，想把它踢开。谁知那东西不但没有被踢开反而膨胀起来，挡住了他的路。海格力斯有点生气，便狠狠地踩了一脚想把它踩破，哪知那东西不但没有被踩破反而又膨胀了许多倍。海格力斯恼羞成怒，从路边捡起一根木棒砸起来，那东西竟然又迅速地膨胀起来，最后倒把路都堵死了。

这时，刚巧一位圣人经过，圣人对海格力斯说："朋友，快别动它，这个东西叫仇恨袋，你忽略它，它便小如当初、自行消亡，你越是在意它、侵犯它，它就越会膨胀，挡住你前进的路，与你作对到底！"

从故事中我们可以知道，海格力斯无论怎么使劲，他都不能消灭那个仇恨袋，尽管他是个力大无穷的英雄。而要解决掉这个仇恨袋，其实也很简单，只要从心里放下它，不要把它老装在心里就行了。

世人都爱说"我恨你"。但是你恨对方，对方并不会少一块肉，或有任何损失，反倒是自己的内心，因为有"恨"而一刻也不得平静，痛苦不已。如此说来，"恨"是世界上最愚痴的行为。

佛言：原谅和宽恕，比仇恨更有力量。原谅别人，才能释放自己，祝福别人，才能快乐自己。懂得宽恕的人，不仅给予别人机会，同时也为自己开了一扇通往平静幸福的门。

日本梦窗国师地位崇高，态度却十分谦和。有一天，他从郊外回京都，乘船渡河时，渡船已经离开了河岸，岸边急匆匆跑来一位武士，高叫停船。船上乘客都说，开回头船不吉利，不要理他。这时，一直默默静坐的梦窗国师双手合十，对乘客们说："诸位檀越，我们大家出门在外，应该相互体谅才是。那个人好像有急事，如果耽误，只怕会有严重影响。好在刚刚开船，耽误不了多少时间，还是回去，给他行一个方便吧！"

船夫很敬重梦窗国师，见他发了话，就掉转船头，回去将武士载了上来。谁知，这个家伙一跳上船，看见船上没有座位，便走到梦窗身边，毫无礼貌地呵斥道："和尚，你的衣食都是我们供养的，赶快给我让座！"

梦窗国师并不争辩，微笑着，慢慢站起来。武士嫌他动作缓慢，挥动皮鞭，抽在他身上。全船乘客都对这个无礼的家伙怒目相向，几个年轻小伙摩拳擦掌，想狠狠教训他一顿，却被梦窗国师微笑着制止了。

渡船到达彼岸后，梦窗国师若无其事地跟随大家下船，默默用水清洗脸上的血迹。这时，武士已从其他乘客口中得知，正是这个和尚求情，自己才搭上这一班渡船。他很为自己的鲁莽而后悔，于是跑过去向梦窗国师道歉。梦窗国师心平气和地说："没什么！出门在外，大家的心情都很焦躁。这时候，需要互相理解才是啊！"

说完，梦窗国师飘然而去。

大多数人以为只要自己不原谅对方、不宽恕对方，就可以让对方受到应有的惩罚。其实，做不到宽恕，最终倒霉的是自己。

相反，你宽恕对方，其实也就是宽恕了自己。宽恕是要从自己的内心开始的，不管对方是不是受到了惩罚，最起码你自己的心灵已经去除了愤怒和仇恨，这是最好的结果。快乐要从学习宽恕别人开始，宽恕是升华自己的本源，两者相辅相成，若能如实地运用在生活当中，那么，便能与佛法相应而不背离了。

宽恕那些伤害过你的人，不是为了显示你的宽宏大度，而首先是为了你的健康。如果仇恨成了你的生活方式，那你就选择了最糟糕的生活。

不抱怨，幸福就有缘

事实上，你希望看到别人笑脸，你的脸上就要先有笑容。我们不能只是抱怨别人，埋怨周围的环境，而应该首先主动关心别人，主动为他人做些事情。

——南怀瑾大师

有一个笑话：

有一个僧院戒规森严。按照静默誓言，任何人都不允许说只言片语。但这条戒规有一个例外，每隔十年，许可僧侣们说两个字。一位僧侣在这个僧院度过了他的第一个十年之后，来到住持面前。"已经十年了，"住持说道，"你想说的两个字是什么？"

"床……硬……"这个僧侣说道。

"我知道了。"住持回答道。

十年之后，这个僧侣再次来到住持的面前。"又过了十年，"住持说道，"你想说的两个字是什么？"

"饭……馊……"这个僧侣说道。

"我知道了。"住持回答道。

又一个十年过去了，这个僧侣再次来见住持，住持问道："经过了这十年，现在，你想说的两个字是什么？"

"他……们……"僧侣顿了顿，终于不顾戒规，愤愤地说道："辞退了我！"

"我知道这是必然的。"住持回答道，"这么多年来，你所做的一切就是抱怨。"

这虽是一个笑话，但是其中的道理却值得我们深思：很多人看似忙忙碌碌，却总也得不到自己想要的生活。很多时候，不是他们不努力，也不是他们不具备能力，更不是没有好的机遇，而是他们努力错了方向——就像这个僧人一样，他是抱着修行的目的而来，却让自己在抱怨之中迷失了三十年。殊不知，抱怨的心永远与幸福无缘。

总是抱怨的人，他的心态是不平衡的。反过来说，只要你心态不平衡，全世界都是你可以抱怨的对象。但是抱怨不能解决任何问题，还会让事情变得更糟。有些人是高兴的事情很快就忘记了，不顺心的事情总是记在心上、挂在嘴上。于是他们便觉得活得累，抱怨就又变成了最理所当然的出气方式。这时候，内心完全被怨气占据，一旦心中有了怨愤，就找不到快乐的源泉。

心理学家指出，无休止地埋怨对自己本身就是一种伤害。当人们习惯抱怨时，就很容易发现生活中许多负面的东西，并不自觉地加以扩大，情绪就会越来越焦虑。

南怀瑾大师曾经讲过两个将军朋友的故事。

有一天，其中的一位将军对大师说，他真想在殡仪馆附近找幢房子。大师问他什么意思，他说理由有二，一是老朋友一个个凋零，自己经常要跑殡仪馆奔丧，这样会方便些；第二，当有一天，自己行将就木的时候，走过去也方便。

另一位将军在几年前，遇到大师则抱怨说，今年真倒霉，大正月里，他坐三轮车去为一个突然故去的朋友吊丧，到了殡仪馆门口，他下车付了车钱，那个三轮车夫问道："先生，您还回不回去？"这可把将军气得不得了，大骂车夫"你才不回去！"

为这事，将军一直耿耿于怀，一种不祥的阴影挥之不去，造成极大的心理压力。不料几个月后，这位将军真的撒手人寰，到那里不再回去了。

这两个故事揭示了人的两种不同心态。可以说，一个人的心态决定他有什么样的心理暗示，而心理暗示又作用于人的身体健康，甚至是生命。

如此说来，抱怨不仅仅是好心情的杀手，还可能是生命的刽子手。那么，人为什么会抱怨？抱怨的本质又是什么？有个小故事可以回答这个问题。

有一次，佛陀领着僧众，坐在树丛中，看见一只狼狗跑出来，它站了一会儿，然后跑进草丛，过不多久，又跑了出来，冲进一个树洞里，又冲了出来，一会儿躺在地上，一会儿又跑又跳。原来，这条狼狗生了疥癣。当它站着的时候，疥癣会侵入它的皮肤，所以痒得让它不能不拼命跑。跑时仍觉得不舒服，所以停下来。站着也不舒服，所以躺了下来。躺下去也不舒服，所以冲进草丛、树洞，又跑又跳，就是无法安定下来。

佛陀借此开示说："比丘们，你们有没有看见那只狼狗？站着苦，跑也苦，坐下来苦，躺下来也苦。它埋怨站着使它不舒服，又埋怨坐着不好，跑也不好，躺着也不好。它埋怨是树、树丛、洞穴使它不舒服。事实上，它的问题跟这些都无关，问题在它身上的疥癣。"

仔细想来，爱抱怨的人就跟那只狼狗一样，不快乐的原因是自己错误的认识，而不是环境使自己痛苦，更不是朋友、亲人带给他们烦恼。如果不能认识到这一点，就像没有医好的疥癣一样，不管在怎样的环境，遇到怎样的人，都不能摆脱烦恼。所以，要除去心中的疥癣，就要从改变自己的心态开始，治愈了，心才能快乐起来。

抱怨这块"疥癣"作为人性中的一种自我防卫机制，要完全断绝很难。但我们至少应该做到在抱怨的时候提醒自己，这个抱怨只是暂时的出气宣泄，可以做心灵的麻醉剂，但绝不是心灵的解救方。

如何从抱怨中解脱？不妨听听一位作家的说法：

"我们是否总是曾迫不及待地收下生活惠赐给我们的一切，但当它变得不再轻松愉快的时候就立刻抱怨它。生活是五味杂陈的，我们不能只要求品尝生活的甜美，而拒绝感受辛、酸、苦、辣。甜美的日子固然让人高兴，但如果生活中只有甜，那甜就无所谓甜了。辛、酸、苦、辣的味道固然不佳，却能让你意志更加坚强，思想更加成熟。"

没有一种生活是完美的，也没有一种生活会让一个人完全满意，我们做不到从不抱怨，但我们应该让自己少一些抱怨，而多一些积极的心态去努力进取。因为如果抱怨成了一个人的习惯，就像搬起石头砸自己的脚，于人无益，于己不利，生活就成了牢笼一般，处处不顺，处处不满。

心有所得

要除去抱怨这块心中"疥癣"，就要从改变自己的心态开始，治愈了，心才能快乐起来。

幸福就是成心灵之美

　　一般人学佛修道都在希求一个东西，都向心的外面去找，因此，犯了一个最大毛病——不敢承认"此心就是佛"，这是众生的大病所在。人总是把佛、菩萨的境界幻想成非常高不可及，深不可测，所谓"高推圣境"。人都受幻想或回忆的宰制，就是不愿面对眼前的现实。如果能够很平实地认清平等的心就是佛，那又何必汲汲外求呢？

　　　　　　　　　　　　　　　　　　　——南怀瑾大师

　　子贡曰："贫而无谄，富而无骄，何如？"子曰："可也。未若贫而乐，富而好礼者也。"这句话的意思是，子贡说："贫穷时不谄媚，富有时也不骄纵，这种表现如何？"孔子说："还可以，可是比起能做到贫穷而仍能长保其乐，富有而能崇尚礼仪的人，就还差一点了。"

　　孔子的意思很明白，不管你是贫穷的，还是富有的，你都不能因此改变自己的心性，不能让贫穷和富有的外在左右自己的心灵，这样你才能做自己真正想做的事，才能感受到真切的快乐。这也是孔子推崇颜回的原因，颜回虽穷，却不改其乐，因为他做的是自己真正想做的事情。

　　对此，南怀瑾大师说：子贡讲的"贫而无谄，富而无骄"的确是不容易，很难得。可是孔子并没有给他九十分，只是"可也"而已。下面还有一个"但是"，但是什么？"未若贫而乐，富而好礼者也。"你做到穷了、失意了不向人低头，不拍马屁，认为自己就是那么大，看不起人，其实满肚子的不够；或者你觉得某人好，自己差了，这样还是有一种与人比较的心理，敌视心理，所以修养还是不够的。同样的道理，你做到了富而不骄，待人以礼，因为你觉得自己有钱有地位，非得以这种态度待人不可，这也不对，仍旧有优越感。所以要做到真正的平凡，在任何位置上，在任何环境中，就是那么平实，那么平凡，才是对的。

所以孔子告诉子贡，像你所说的那样，只是及格而已，还应该进一步，做到"贫而乐，富而好礼"。

"贫而乐"这一点对今天的人们来说同样有深刻的教育意义。

2010年央视著名主持人白岩松的新书《幸福了吗》出版发行，书中大谈幸福以及如何寻找幸福，由于作者的社会影响力，一时间掀起了全社会寻找、关注幸福的热潮。2011年，"幸福"一词成了全社会关注的热词，言必谈"幸福"成了一种风尚。事实上，幸福是人们心底最真切的诉求，任何时候都从不曾远离片刻。之所以人们重新开始关注幸福，是因为幸福真真正正地离人们越来越远了。

那么，到底什么是幸福呢？

很多人借用某电影中的几句台词来诠释幸福的含义："幸福就是：我饿了，看见别人手里拿个肉包子，他就比我幸福；我冷了，看见别人穿了一件厚棉袄，他就比我幸福；我想上茅房，就一个坑，你蹲那儿了，你就比我幸福。"

这几句台词之所以深受人们的喜爱，源于两点：第一，幸福就是这么普通、常见，每个人，不论他是谁，都能够轻松获得；第二，很多人理解的幸福就像这几句台词所说的这样，因为比较使得幸福更加突出和感觉明显。事实上，很多人的幸福感就是这么比较得来的，也正因为如此，人们的幸福感才显得那么虚无，如同水中的浮萍一般，一阵风就可以让它改变行进的轨迹。

当越来越多的人用这种方法获得所谓的幸福的时候，他实际上离幸福不是越来越近，而是越来越远了。因为，他忽略了自己所拥有的，忽略了自己内心真正的诉求。

有一位企业家带着儿子到一家餐馆用餐，餐馆里有一位琴师正在演奏，企业家遗憾地说："当年我也练过琴，但后来选择了经商，如果选择了练琴，那么我今天就可以坐在钢琴边为大家演奏了。"儿子说："爸爸，如果你当年选择了练琴，那么你今天就没有机会坐在这里欣赏音乐了。"

人们之所以习惯于用比较的方法来凸显幸福感，原因就在于，当一个事物有参照的时候，每一点的上升和下降都显得一目了然。但事实上，这种比较使得幸福逐渐会被虚荣所取代，被物欲所充斥，被享乐所占据，而人们真正想要的就是这样的所谓幸福吗？答案显然是否定的，否则，就不会有这么多的人渴望寻找到幸福了。

比较是没有幸福的，所以孔子告诉人们，幸福与否和贫富没有关系。这一点在今天已经得到了证实。欧洲最权威的市场战略咨询机构之一英国汉勒中心进行了一项关于幸福的调查，对象包括英国、美国、墨西哥等国的21000名成年人。调查结果显示，金钱并不能买来幸福。1989年，有58%的英国人对自己的生活水平感到满意；到2003年，这个比例降到了45%，虽然同期内人们在食品和娱乐上的支出增加了60%。

那么，孔子所说的幸福到底是什么呢？

幸福就是成心灵之美，也就是让心灵平静下来，做自己最渴望做的事情。当然，这个前提是不被欲望牵着鼻子走，满足奢欲是不在此列的。人们在做自己真正感兴趣的事的时候，会充满热情和动力，会充满自信和勇气，会勇于开拓和创造，会激发无限的潜能，即使完不成，得不到期待的结果，充满乐趣的过程也已经让人们收获颇丰了。

此外，孔老夫子的说法还有一层意思，那就是让自己快乐，幸福就会伴随身边。这种快乐不是得到和索取，也不是给予和付出，而是一种乐观、知足的生活态度。有了这种态度，生活中就会少很多的困难和挫折，就会多很多的乐趣和欣喜。

不管你是贫穷的，还是富有的，你都不能因此改变自己的心性，不能让贫穷和富有的外在左右自己的心灵，这样你才能做自己真正想做的事，才能感受到真切的快乐。

天堂地狱一念间

我们在大颠倒之中，什么是对的？什么是错的？搞不清楚，一切都在妄执，都受业力影响，都被错误的思想左右。为什么有烦恼？为什么有痛苦？因为自己妄执。所以中国禅宗说到所有的佛法，只有一句话："放下。"但是，人就那么可怜！偏偏放不下。听了禅宗的放下，天天坐在那里，放下！放下！如此又多了一个妄执——"放下"。

——南怀瑾大师

发怒、生气几乎是我们生活中最常见的表情了。不管多大多小的事情，都能够让一个人发怒。我们常说"发怒是用别人的错误来惩罚自己"，也就是说，你因为别人犯了错误而生气，最后伤害的却是你自己。

一则谚语说得好，"要活好，心别小；善制怒，寿无数"。

为什么这样说呢？因为发怒对健康的危害是很严重的。中医认为，怒生于肝，肝气旺的人容易发怒，如《内经》说："大怒则形气绝，而血菀于上，使人薄厥。"发怒会导致人体气血运行紊乱，脏腑功能失调，引起中风、头痛、昏厥、吐血等疾病，严重者还可能因暴怒而断送性命。

人人都知道"愤怒是魔鬼"，可是，能做到不愤怒、不生气的又有几人呢？

白隐慧鹤禅师是日本临济宗高僧，一生曾创建多所寺院，在弘法授禅方面亦多有建树，曾推动公案系统化，并自创日本最著名的公案——"只手之声"。他所著的《坐禅和赞》为后世各禅院普遍诵习，被誉为"日本现代临济宗之父"，谥号"神机独妙禅师""正宗国师"，堪称数百年来日本禅师中的第一人。

白隐禅师住持松荫寺时，附近有一位名叫织田信茂的将军，此人是日本战国时代最骁勇善战的将军，他的军队战无不胜，但他为人蛮横霸道，经常纵容手下士兵欺负百姓。白隐禅师出于慈悲之念，对织田信茂的手下用佛法进行开示，使他们意识到自身行为不当。有多人听从了劝告，对百姓友善多了。

织田信茂认为白隐是故意瓦解他的战士们的斗志，便气冲冲地到寺院来找白隐算账。他一脚踢开方丈室的门，一只脚站在门里，一只脚站在门外，将长剑拔出半截，凶狠地说："你说！我是要进来呢，还是要退出去？说错了，我就一剑砍下你的头！"

白隐丝毫不感到害怕，微笑道："你可进可退，但不能不进不退。"

织田信茂愣住了：是啊！他能永远站在这里吗？于是，他快快插剑回鞘，又找新的碴儿，问道："你告诉我的武士们，世上有天堂和地狱，是真的吗？"

白隐说："是的！"

信茂挑衅地说："好吧！请你带我去参观一下天堂和地狱。"

白隐禅师故意装着不认识他的样子，问道："你这家伙，究竟是干什么的？"

织田信茂又是一愣：自己威名赫赫，举国皆知，难道他竟不认识自己？他颇为自负地回答："我是织田信茂，全日本最勇敢的将军。"

白隐却不屑一顾地说："什么将军？你像个将军吗？我看你像一个沿街乞讨的叫花子！"

织田信茂何尝受过这等侮辱？他勃然大怒，喝道："你这家伙在说什么？"

白隐禅师继续说："怎么，发火啦？你这胆小鬼不就是仗着有一把破剑吗？可惜你剑太钝了，砍不下老僧的头！"

织田信茂忍无可忍，拔出剑来，就想砍向白隐禅师的脖子。就在这千钧一发的时刻，白隐禅师突然改变了脸色，冲他嘿嘿一笑，说道："你瞧，地狱之门由此打开了！"

织田信茂顿时醒悟过来，原来白隐是带他看地狱。他意识到自己的冒失，很是惭愧，同时也真切感受到了白隐禅师的修为了得，急忙收起宝剑，深深地鞠躬致歉。

白隐笑道："地狱之门已经关闭，天堂之门由此敞开。"

愤怒的人往往在"地狱"，而因愤怒觉悟而平和心境，当下就进了"天堂"。而上天堂还是下地狱的决定权则在你手上，没人能替你做决定。

一个妇人经常因一些琐碎的小事生气。于是，她便求一位高僧为自己开阔心胸。

高僧一言不发，把她带到一座禅房中，锁门而去。妇人气得跳脚大骂。骂了很久，高僧也不理会。妇人又开始哀求，高僧仍不理会。这样闹了很久，妇人终于沉默了。

高僧来到门外，问道："你还生气吗？"

"我不气你，只气我自己，"妇人说，"我不该来这地方受罪。"

高僧说："连自己都不肯原谅的人，怎么能心静如水？"说完拂袖而去。

过了许久，高僧又来问："你还生气吗？"

妇人答道："不生气了。"

"为什么？"

"生气也没有办法呀！"

"你的怒气沉郁在心里，并未消逝，爆发后会更加剧烈。"说毕，高僧又离开了。

过了很久，高僧第三次来到门前，妇人告诉他："我不生气了，因为不值得生气。"

"还知道值不值得，"高僧笑道，"可见心中还有衡量，气根未除。"

过了一会儿，当高僧再次回来问妇人是否还生气的时候，妇人反问道："大师，什么是气？"

高僧把房门打开，放妇人出来，看着她，把手中的茶水泼洒在地。妇人凝视良久，顿悟，连连叩谢，欢喜而去。

南怀瑾大师曾说，大家学佛修道，都是想证果。但为什么学的人多，证果的少呢？除了见地、修证之外，主要是行愿不够，不是功夫不到。

其实，"天堂"还是"地狱"，取决于你的心态，其修炼之道在于拥有一颗平常心，就是要懂得豁达。豁达就是用宽广的心胸去接纳一切，然后忽略或者忘掉不愉快，过滤出人生的快乐来。佛家有个词叫"心空"，是说我们在接触事物时，要去掉一切成见，让心胸成为空的，旨在开阔心胸，心阔方能德厚，德厚方能载物，使心胸像大海一样，用平静而宽阔的胸怀笑迎一切，不烦不恼，不急不躁。在这个前提下，把一切不良的东西，包括你认为别人亏待你，包括时代对你的不公、机遇的迟到或错过等，都统统扔掉。这样就能以平和的心态善待他人，换来的自然是别人的善待，你的心自然就豁达了，也就感到了人间的春光和人生的幸福。

心有所得

"天堂"还是"地狱"，取决于你的心态，其修炼之道在于拥有一颗平常心，就是要懂得豁达。豁达就是用宽广的心胸去接纳一切，然后忽略或者忘掉不愉快，过滤出人生的快乐来。

幸福来自快乐的心而非别人的眼睛

这个中间有个问题，佛说"无主宰，非自然"，没有什么阎王、上帝、菩萨、佛做你的主宰；你的生命，完全是看你自己因缘成熟，业报如何。这里面的重点是三世因果。所以佛有一个最重要的吩咐，这个三世因果，就是你的心理行为和你平常做人做事，过去到现在无数生的行为，累积起来的，这是个动力。

——南怀瑾大师

南怀瑾大师的这段话可以这样去理解：每个人都是自己的主人，没有谁能主宰自己，只有自己才能主宰自己的生活。此外，一个人的生命如何度过，全在于一个人是怎么做的，在于用怎样的心态来度过自己的人生。这些累积起来的行为和心理自然就成了做事的动因和动力。

这段话真是振聋发聩。如今的很多人浮躁、抑郁，没有幸福感，为什么？因为他们没有主宰自己的内心，没有依照自己内心最真实的愿望去生活，而违背内心的结果就是，心态总处于失衡状态，自然也就感觉不到生活的乐趣和幸福了。

那么，很多人是如何违背自己的内心的呢？看看当下人们的价值取向就一目了然了。时下，房子、车子、票子、位子成了很多人梦寐以求的东西，也成了很多人衡量一个人是否成功的标准；当看到别人过着奢华的生活的时候，他们也调整自己的目标，向着奢华死命抗争，即使累得口吐鲜血也心甘情愿；当看到别人住着大房子的时候，他们会觉得自己的房子太小、不够气派，贷款也要换；当看到别人开着好车子的时候，觉得自己的车子太破、不够档次，借钱也要买；当别人……

当别人成为自己的标准的时候，当自己的一切所作所想都是为了和别人一样的时候，自己内心真实的想法已经被彻底尘封了，快乐和幸福又从哪儿来呢？事实上，即使过上了和别人一样的生活，还会这山望着那山高，有难以计数的别人在面前呢！所以，人生真的快乐和幸福是满足自己内心最真实的想法，而不是和别人做比较。

在《伊索寓言》里有这样一个经典的小故事。

一只城市老鼠和一只乡下老鼠是好朋友。有一天，乡下老鼠写信给城市老鼠，请他在丰收的季节到家里做客。

城市老鼠接到信后，高兴极了，便在约定的日子动身前往乡下。到那里后，乡下老鼠很热情，拿出很多大麦和小麦，请城市老鼠享用。城市老鼠很不以为然："你这样的生活太乏味了！还是到我家去玩吧，我会拿许多美味佳肴好好招待你的。"

乡下老鼠动心了，就跟着城市老鼠进城去。

乡下老鼠可开了眼界了，城里有好多豪华、干净、冬暖夏凉的房子，他非常羡慕。想到自己在乡下从早到晚，都在农田上奔跑，看到的除了地还是地，冬天还要在那么寒冷的雪地上搜集粮食，夏天更是热得难受，和城市老鼠比起来，自己的生活实在太不幸了。

到了家，他们就爬到餐桌上享用各种美味可口的食物。突然，咣的一声，门开了。两只老鼠吓了一跳，飞也似的躲进墙角的洞里，连大气也不敢出。乡下老鼠想了一会儿，对城市老鼠说："老兄，你每天活得这么辛苦简直太可怜了，我想还是乡下平静的生活比较好。"说罢，乡下老鼠就离开都市回乡下去了。

这个故事的寓意非常简单，适合你的生活方式不一定适合别人，同样，适合别人的生活方式也不一定适合你。德国哲学家康德则认为："快乐是我们的需求得到了满足"。因此，你不必非要追求别人给你树立的标准，重视一下自己内心的真实想法，快乐和幸福其实很容易得到。主宰自己的人生，就是得到快乐和幸福的最好方法和最基本保证。

南怀瑾大师讲：物质条件好，可以影响到自己的心情与思想，但有着高度精神修养的人，同样可以用寂寞之心去转变环境。如孔子说颜回："贤哉，回也！一箪食，一瓢饮，在陋巷，人不堪其忧，回也不改其乐。贤哉，回也！"一个人如果能够把心安定下来，自然会有一种宁静的感受，身心愉悦。

把心安静下了，才不会随波逐流，才能主宰自己，用心去追寻自己想要的生活，幸福才会越来越近。

一只雏鸡望着一只鹰高飞在蓝天，非常美慕，于是问妈妈，我们也有一对翅膀，为什么不能高飞呢？母鸡回答："飞得那么高，有什么用呢？天空不长苞米粒，也没有虫子啊。孩子，你记住：你只能是你，你不会变成一只鹰的。"

人不也是一样吗？常言道：甲之蜜糖，乙之砒霜。他人的天堂，自己的地狱。一味地羡慕、盲目地比较，结果往往会迷失了自己和想要的幸福。

一个小和尚一天来到师父面前，请教一个困扰自己很长时间的问题，他一脸沮丧地对师父倾诉道："师父，我很迷惑，现在我越来越糊涂了，竟然连自己是谁都搞不清楚了。东街的大婶叫我师父，西巷的大叔骂我是秃驴，院南的大哥称呼我为和尚；有人说我善良，有人嘲笑我胆小如鼠；有人称赞我，有人看不起我。我现在彻底糊涂了，请问师父我到底是一个什么样的人？"

师父一直静静地听完小和尚的诉说，只是微微一笑并不回答。小和尚以为师父没听到，就又大声问了一次。师父还是没吭声，小和尚有些生气了，心想师父平日对弟子们都挺好的，怎么今天对自己这样呢？越想越气的小和尚正准备离去，师父指着面前的一块石头和一盆花说："石头就是石头，花儿就是花儿，它们都不会因为别人不同的说法而改变。花儿不可能变成石头，石头也不可能变成花儿。其实，你只要做好自己就行了，根本不用因为别人说三道四而烦恼，别人说就让别人去说，那只是别人的看法而已，不要让别人的看法左右自己，否则你就真的不知道自己是谁了。"

主宰自己就是找到一条最适合自己的路，然后坚持下去，直到成功。

一个人无法左右和掌控别人的思想，唯一能做的就是让自己遵从内心的真实愿望，做一个自己期待的、希望成为的人。

如果说飞翔是鸟的天职，游水是鱼的天职，绽放是花的天职。那么，我们的天职就是找到一条适合自己的路。在我们的漫漫人生中，有的路柳荫匝地，有的路落英缤纷，有的路表面阴云密布转角就柳暗花明，有的路看上去阳光明媚却暗藏玄机，而只有选择一条适合自己的路，才是最好的路。

主宰自己就是掌握自己的命运，把自己的命运紧紧攥在手中，不期待天降馅饼，也不渴望处处有贵人相助，只要努力改变，就能收获点滴的幸福。

一次，阿明去拜会一位事业上颇有成就的朋友，闲聊中谈起了命运。阿明问："这个世界到底有没有命运？"朋友说："当然有啊。"阿明再问："命运究竟是怎么回事？既然命中注定，那奋斗又有什么用？"

朋友没有直接回答阿明的问题，但笑着抓起阿明的左手，说不妨先看看手相，帮阿明算算命。朋友给阿明讲了一些生命线、爱情线、事业线等诸如此类的话之后，突然，朋友对阿明说："把手伸好，照我的样子做一个动作。"朋友的动作就是：举起左手，慢慢地并且越来越紧地握起拳头。然后，朋友问："握紧了没有？"阿明有些迷惑，答道："握紧啦。"朋友又问："那些命运线在哪里？"阿明机械地回答："在我的手里呀。"朋友再追问："请问，命运在哪里？"阿明此时如被当头棒喝，恍然大悟：命运在自己的手里！

朋友很平静地继续说道："不管别人怎么跟你说，不管'算命先生们'如何给你算，记住，命运在自己的手里，而不是在别人的嘴里！这就是命运。当然，你再看看你自己的拳头，你还会发现你的生命线有一部分还留在外面，没有被握住，它又能给我们什么启示？命运绝大部分掌握在自己手里，但还有一部分掌握在'上天'手里。古往今来，凡成大业者，'奋斗'的意义就在于用其一生的努力，去争取。"

快乐、幸福是每个人的追求，这其中很大一部分的快乐和幸福来自对内心渴望的满足。所以，勇敢做自己是一种释放自己、得到快乐和幸福的必需。

心有所得

我们每个人对生活都有不同的理解，以什么样的态度来对待生活是你自己的选择。不要拿别人的标尺来衡量自己，要知道，每个人的快乐都是可以由自己来定义的，只要你愿意。

下篇 ◎ 实践篇

登高一望诸峰小，

入世出世皆圆通

第十四章

处世善念：善恶正反，一切只在一念间

其实善与恶之间的距离并没有那么遥远，只在一念之间而已。一念之间可能是极乐净土，也可能是阿鼻地狱。南怀瑾大师对"善"这个字也有其独到的见解，大师认为不图回报地做善事才是真行善，否则就是做生意。大师的话虽然幽默，但却是引人深思。

知其不可而为之，乃菩萨大愿

各种狗在街上跑失了，找不到家，变成野狗，灰头土脸，连大便都吃不到，到处听到人家喊打，"戚戚惶惶如丧家之犬"；没有人养、没有人要，冬天到了还要给宰来炖狗肉吃。孔孟就是专干这种事，他们走这个路子，所为何来？明知其不可为而为之……你看看我们的老祖宗、前辈圣人的行处，那比一般宗教主义还难，明知其不可为而为之，这正是菩萨的伟大行愿！

——南怀瑾大师

南怀瑾大师在这里讲了一个"知其不可为而为之"。其实如果用这句话来形容大师本人也是非常合适的。这是因为南怀瑾大师最想实现的理想其实也是最难实现的。所以南怀瑾大师在演讲的时候，常说你们看的书不是我真正想写的书，我真正想写的书还没有写呢。

那么，南怀瑾大师想实现的理想是什么呢？他这一生，尤其是后半生，特别想从教化入手，将中华民族的传统文化弘扬开来，将社会风气变得更好。大师有这样一个观点，这就是现在全世界所面临的最大问题既不是经济，也不是军事，而是文化。他从历史的经验教训出发，认为文化关乎一个国家一个民族的生死存亡，应该将文化作为根本才是。正因为如此，他才将弘扬民族传统文化作为了自己毕生的责任。南怀瑾大师虽然培养了成百成千的学生，在社会上也产生了相当大的影响，可以说是取得了一定的成功，但是仍然与他所期盼的相去甚远。南怀瑾大师不止一次提及自己小时候是"读书"，而我们现在的教育却是"看书"，这当中的差距造成了传统文化的衰落。对此，他曾经在某次讲演中这样说："你们注意，我们当年读书，是这样读的，会背来的。你们觉得很好玩吧！告诉你们好处，可以用到孩子的教育上。我们以前读书是这样读的，不要讲理由，老师说读啊，我们就开始这样吟唱了。小朋友们要放学了，心里高兴，一边唱，一边你推我一下，我推你一把的。可是这样读书有一个好处，心里会记住，一辈子都忘不了，以前这叫读书，现在没有了。现在你们是看书，等一下就忘了，意思懂了，内容统统没有记住，不会启发自己的智慧。"

从这段话中，我们不难察觉到大师流露出的惋惜之情。而以大师之念而行振兴民族文化之事，恐怕确实是"知其不可为而为之"了。

明朝有一位名叫张岱的人，他在注释《论语》里"石门章"的时候，就把人分为了三种。哪三种呢？愚人、贤人、圣人。张岱说："懵懵懂懂，没有认识到一定的事难以做到就去做，这样的人是愚人；精明洞察，知道一定的事难以做到即罢手不做，这样的人是贤人；大智若愚，知道一定的事难以做到而毅然去做，这样的人是圣人。"

张岱在给贤人下定义时，其实把话说得有些笼统了。他忽视了很多质的区别，在大是大非面前，我们确实需要明知不可为而为之，但是当碰到平常生活中的小事时，我们又何必非要为之不可呢？做不到就不做，这也没有什么啊。但是，这并不影响我们对"知其不可为而为之"的人的崇敬之情。

我们看孔子周游列国，其政治主张得不到当时诸侯的重视。然而孔子精神不改，晚年退居讲学，仍然将礼乐文化作为核心内容，在那个"礼崩乐坏"的时代，为推行"仁道"而努力不懈。《华严经》有云："纵是经百劫，所作业不亡。因缘会遇时，果报还自受。"这几句经文的意思就是，一个人即使经历的劫难有一百次，但是这个人做过的善行功业是不会被忘记的。机缘来到时，会得到怎样的因果报应，全在自己做得好坏。这就是在讲即使这件善事的代价是自己历经百劫，但是终会有所善报。

南怀瑾大师的理想是为我们所敬仰的，大师虽然不是佛家弟子，但却行了菩萨的大愿。

心有所得

人是需要有"知其不可为而为之"的勇气的，这样才能给人生带来无尽的精彩。

锦上添花不如雪中送炭

一二十年前，他们在香港跟我讲，复旦大学的新闻系快要关门了，当时我还在香港。我说新闻系不能关门的，经费不够了，我支持。但是我不喜欢支持学生的奖学金，要支持老师。这些老师太清苦了，要支持他们不要下海，还是坚守这个岗位。

——南怀瑾大师

上述这段话是大师在某次讲演中谈到的一件往事，由此我们可以看到南怀瑾大师于人危难之际慷慨解囊的高风亮节。另外，我们还能发现大师做好事有个"怪癖"，这就是喜欢雪中送炭，而不喜欢锦上添花。关于这一点，从大师的另一段话中我们也可以体会到——"在内地有一个光华讲学教育基金，支持全国三十几个有名的大学，十几年了，每年发奖学金、奖教金。实际上呢，我是挂名的理事长，我从来没有去过。这是一个学生办的，到现在好像理事长还是我，去也去不掉。可是我反对一般的奖学金，告诉学生，要办是办贫寒子弟的助学金，不发奖学金。我说你知道吗？一个学生拿到一千块钱奖学金，请老师同学吃一顿饭，几百块钱去掉了，最后真正拿到只有几百块。既然成绩好，不要你奖励了。那些贫寒学生读不起书的，给他学费，使他把书读下去，这个助学金才有道理。"

其实你不妨想一想，在你心中占有更重要位置的人，是那个陪着你笑的人，还是那个陪着你哭的人呢？我相信，你选择的一定是后者。一个人口渴的时候，半杯水也弥足珍贵，不渴的时候，即使是一桶水也毫无意义。当一个人饥饿的时候，半个馒头也会觉得香甜无比，酒足饭饱之时，吃山珍海味也是味同嚼蜡。这些都告诉我们这样一个道理，雪中送炭远远比锦上添花更重要。

南怀瑾大师刚刚来到台湾的时候，生活十分艰苦。但尽管如此，大师仍然不忘帮助别人。有一次，他得知邻居无米下锅，便悄悄地将自己家中本来就不多的米送到了邻居家门口。这种救人于危急之时的作风，在大师成名之后仍然保持着。大师的一些学生表示自己赚大钱之后要多做善事，南怀瑾先生对此总是一笑置之，不以为然。因为大师认为，帮助他人的关键点并不在资助的数量，而是资助的时机。时机是否及时，其实才是助人的第一原则，也就是说，雪中送炭比锦上添花更为可贵。

南怀瑾大师说："求人须求大丈夫，济人须济急时无"，就是在讲锦上添花不是必要之举，雪中送炭才是真正的救人于危难。我们每一个人都获得过他人的关怀和帮助，而我们对那些于危难之时施以援手的人，往往怀有最大的感激之情。所以，若想要一个人将你自己牢牢记在心里，最好的方式就是在他最需要帮助的时候伸出援助之手。让我们谨记南怀瑾大师的告诫，去做一个雪中送炭的人吧。

心有所得

你在他人富有的时候送了一座金山，不如在他落难的时候送他一碗热饭。

以爱对恨，以德报怨

我们在说放下本身，就包含我们正在提着捏着一些东西不放。其实，只有放下时，我们才能真正把握。根本没有提起什么，就不能放下什么东西了。

——南怀瑾大师

每个人的一生，都会放下些什么，拾起些什么。而这些放下与拾起，往往决定了我们这一生是快乐还是痛苦。放下贪念，就会获得心灵上的解脱；拾起贪念，就会让自己坠入苦海。放下仇恨，顿觉天高云远；拾起仇恨，只感落寞寂寥。放下与拾起，就是一对指路人，你听从了什么样的指路人，就会得到什么样的人生。

在我们这一生中，谁都会记住一些人。这些人当中既有你爱的，也有你恨的。爱一个人，可以让你获得心灵上的快乐。而恨一个人，也会让你陷入心灵上的痛苦。你为什么不将痛苦抛弃呢？你可以用爱来化解那份恨意啊！你完全可以以德报怨啊！

老鼠因为偷吃佛祖的灯油而被佛祖贬下了凡间，在凡间老鼠便想："我曾日日听佛祖诵经念禅，如今就算被贬入凡间，也要做这百兽之王。"于是老鼠开始挑战凡间的动物，但是每次都以失利告终。久而久之老鼠失去了斗志，打算直接向凡间最大的动物大象发起挑战，如果失败了，从此就老老实实地做一只老鼠。

大象看到眼前的这个小不点，根本就没放在心上。可是谁承想老鼠居然借自己小巧灵活之便，一下子钻进了大象的长鼻子里，大象慌了，要老鼠赶快出来。老鼠却不听，在鼻子里面玩耍起来，结果大象费了好大劲力才把老鼠从鼻子里喷出来，大象想一脚把老鼠踩死，老鼠却匆匆忙忙地跑掉了。

此后大象见到老鼠就要把它踩死，而老鼠也总是躲避着大象。这一天老鼠四处游逛，忽然看到大象被猎人的网困住，动弹不得。老鼠想这次可以好好解气了，可是当它看到大象可怜的样子忽然心生不忍，觉得自己现在在凡间过得很好，没有必要再去和其他动物结下仇怨，于是它跑到大象身边，开始用自己的利齿咬这面网。大象在一旁看着老鼠的举动，心里万分感动，等自己逃出来后，大象用鼻子轻轻将老鼠卷起，一同向森林的深处走去。自此，老鼠和大象化敌为友。

憎恨一个人，其实是对自己的惩罚。这是因为你在憎恨一个人的时候，心是隐隐作痛的，而那个遭你憎恨的人却没有任何的感觉。所以，我们何不将旧恶忘却呢？

《论语》中有这样一句话——子曰："伯夷、叔齐，不念旧恶，怨是用希。"孔子之所以敬佩赞美伯夷、叔齐，是因为这两个人可以做到两点。一是"不念旧恶"，他们能够对伤害过自己的人做到不记仇，内心十分宽容；二是"怨是用希"，就是说不将仇恨放在心里面，不怨天尤人，而那些曾经伤害过他们的人也会因他们博大的胸怀而受到感化。

其实你在憎恨一个人的时候，不就是希望对方遭到不幸吗？可是你有没有想过，在你憎恨的对象没有遭到不幸前，其实最不幸的就是你自己。

佛陀劝诫人们要修无缘大慈，其目的就在于去除我们的憎恨。《增一阿含经》中有言："当人生气时，他会变得丑陋，他的内心苦楚。憎恨遮蔽他的思想，所以他分不清是非。生气的人不能理解他人的劝解，因为他的思想被憎恨遮蔽，就像盲人一样。"可以说，修无缘大慈是去除憎恨的最好方式，是憎恨之毒的最好解药。

所以，当一个人遭遇到了伤害时，不要产生报复的想法，更不要采取任何报复的手段。"冤冤相报何时了"，你报复对方一分，对方就会还你十分。南怀瑾大师说："憎的反面是爱，爱不只是男女之间的爱欲，还包括了广义的贪爱。爱就是执着、占有。假如把自私的贪爱反转过来，变成牺牲自我，爱护别人，就是慈悲。"以爱对恨，你得到的将是一颗慈悲心。

心有所得

以恨对恨，恨永远存在；以爱对恨，恨自然消失。

下篇　实践篇：登高一望诸峰小，入世出世皆圆通

妇人之仁是真正的慈悲

实际上妇人之仁，也正是真正慈悲的表露。正如齐宣王看见一头牛发抖不忍宰杀，扩而充之，就是大慈大悲，大仁大爱。只可惜没有扩而充之而已。一般的妇人之仁，如果扩而充之，就是仁之爱，那就非常伟大了。

——南怀瑾大师

一次，齐宣王坐在堂里，看见一个人牵着一头牛从堂下经过，齐宣王感到奇怪，于是就命人将这个牵牛的人带进堂中，问道："你牵这头牛去干什么啊？"

这个人回答道："我要把这头牛宰杀了，然后用牛血来涂祭新铸的大钟。"

齐宣王听到这里，顿生恻隐之心，于是说道："你快点儿将这头牛放了吧，我不忍心看见它被宰杀时瑟瑟发抖的样子。"

这个人疑惑地问道："那么钟就不用血来涂祭了吗？"

齐宣王说道："这个礼仪是不能废掉的，那么就用羊血来代替吧。"孟子后来知道这件事情后，就夸赞齐宣王有一颗不忍之心，也就是一颗仁心。

南怀瑾大师在看到这个故事的时候，发出这样的感叹："当我幼年读书的时候，读到这一段，觉得一位圣人和一位皇帝谈话，不谈天下国家大事，却谈拿小羊换大牛的事，似乎孟老夫子未免小题大做。可是经过几十年的人生经历，读书、做人，累积起来，才知道凡是人，都离不开这种心理行为的范围。不单是齐宣王，世界上任何一个人，在心理行为上，即使一个最坏的人都有善意，但并不一定表达在同一件事情上。有时候在另一些事上，这种善意会自然地流露出来。这种既不是真正的仁爱，也不是伪善，只是妇人之仁而已。"南怀瑾大师进一步认为，人们的慈悲应该是大慈悲，要具大仁大爱，所以才会用看见一滴血就会叫出声来的妇人之仁来表述。妇人之仁，实际上才是真正慈悲的表露。

我们都知道佛家讲慈悲，慈悲又是什么呢？慈悲是一种关怀，是无条件地爱其他一切的生命。

滴水和尚19岁时便拜曾源寺的仪山和尚为师。一开始的时候，滴水和尚的职责就是为寺里的和尚们烧水，好让他们洗澡。

有一次，仪山和尚在洗澡的时候嫌水太热，于是吩咐滴水和尚去提一桶冷水来兑一下。滴水和尚依言提了一桶冷水来，然后他先把桶里的部分热水泼在地上，加入冷水后，又把剩下的冷水泼在了地上。

仪山和尚看在眼里，便教训滴水和尚道："你怎么能这么冒失呢？地下有无数的蝼蚁，这么泼下去，那得杀害多少生命啊。而剩下的冷水用来浇花草多好，你为什么又要倒掉呢？你若无一颗慈悲之心，那么又何必出家呢？"

滴水和尚听完惭愧不已，不过他心中也有所悟。

将慈悲之心惠及蝼蚁花草，可以说是到仁慈的极致了。一个人如果可以播种爱心，那么不仅能够得到内心的安静与祥和，而且还能让他人牢记你的那分善良。

出于某些原因，我们对"妇人之仁"可能存在着一些误解。可是，心肠很多时候都软一些，其实可以为自己带来意想不到的收获。记住，"爱人者，人恒爱之"。

心有所得

慈悲是一种推己及人的大爱，播撒爱心，幸福触手可及。

德不高则行不远

"德不高则行不远"，告诉我们只有品德高尚的人，才能获得真正的成功；只有德才兼备之人，才能与他人一起患难与共，荣辱共担。

——南怀瑾大师

南怀瑾大师曾经说："一个人不怕没有地位，最怕自己没有什么东西站得起来。根本要建立。如何建立？拿道家的话来说：立德、立功、立言——古人认为三不朽的事业，这是很难的成就……这个'立'，是自己真实的本领，自己站得起来的立。不怕没有禄位，也可以说是不求人爵的位子，只管天爵的修养。同时也不要怕没有知己，不要怕没有人了解，只要能够充实自己，别人自然能知道你。"

自己要立得起来，其实从某种意义上我们可以理解为自助，也就是自己帮助自己，自己拯救自己。佛陀住世之时，曾有言曰："不度无缘之人，不转众生定业。"所以，在佛陀的祖国遭到邻国琉璃王的灭族屠杀时，佛陀并未用神通救助。这并非违背了佛家普度众生的旨愿，而是要这些人自度自救，自己来修善、积福、消灾、免难。从佛家的这一观点来看，我们确确实实应该做一个自助之人，做一个像南怀瑾大师所讲的立得起来的人。

从前有一个生了重病的人，病了很多年一直没有痊愈。某天他听人说有一个神奇的水池，健康的人喝了那里的水，可以延年益寿，而生病的人喝了那里的水，则很快就会被治愈。于是他决定去寻找那个神奇的水池，经过许多天的长途跋涉，那个可以治病救人的水池终于出现在了他的面前。但是经过长途跋涉，又加上因他身有重病，于是在距离水池不到半里的路上他就再也走不动了，于是他干脆就地躺下，看着水池却不往前迈一步。

一天佛祖经由此地，看到了这个躺在路边的人，便问道："你需要被医治吗？""当然！可是现在人心险恶，他们只忙于顾自己，不会帮助我的。"佛祖听后继续问道："你要不要被医治？""要，可是当我爬过去的时候，池水可能早已干涸了。"佛祖听后告诉他："那么好吧，你现在就站起来走到水池边去，不要总是找一些不存在的借口来为自己辩解。只要你迈出一步，就会治愈身体。"

那个病人听后惭愧难当，于是起身向池边走去，喝了几口水池里的水，刹那间，缠绕在身上多年的疾病马上就痊愈了。

人想要能堂堂正正地行走于世间，就需要让自己的精神世界变得高尚起来。那我们具体应该怎么做呢？总结起来就是六个字——立德、立功、立言。

所谓立德，指的就是拿出一颗善心，多做有益于他人的事情。孔子说："即使有周公那样的才能和美好的资质，只要骄傲吝啬，那他其余的一切也都不值一提了。"才能资质属于一个人"才"的方面，而骄傲吝啬则属于一个人"德"的方面。从这句话中我们不难看出，孔子是重德轻才的。当然，周公不但不骄不吝，而且是为我们所称道的谦逊大度的典范。孔子只是以周公为喻，告诉我们一个人树立良好品德的重要性。孔子还说："骥不称其力，称其德也。"这句话也表明孔子偏重道德的态度。

立功指的就是一个人活在这个世界上，需要彰显出自己的价值才行，要不然就白来这世上走一遭了。

"言"指的就是一个人的说话。一个人说话，首先要讲一个"信"字，一个人不能食言而肥。除了"信"，说话还应该有度，你不能跟个长舌妇一样，张家长李家短都给抖出来。一个人说话是需要看环境的。

"德不高则行不远"，如果你想让自己的人生变得更有意义，那么就去提高自己的精神世界吧。

心有所得

"德不高则行不远"是利世的做人观，做事首先做人，我们相信只有品德高尚的人，才能获得真正的成功；只有德才兼备之人，才值得患难与共，荣辱共担。

害人之心不可有，慈悲之心不可无

讲到自赞毁他，在历史上留名的人物都是"一将功成万骨枯"。我们这个社会上任何一个行业，任何一个人的成就，都是算计了别人，以许多人的失败而成就了自己。假定有人做到了我成功，别人也得利益，那就是佛道、菩萨道。学佛的重点就在这个地方，千万要注意。

——南怀瑾大师

南怀瑾大师在一次演讲中说："如果有人问：世界上还有什么比刀枪武器、权位势力更有力量和震撼力呢？那就是慈悲，一颗兼善天下、包容万物的慈悲之心。佛教的观念是'无缘大悲，同体大悲'，以慈悲心对待一切众生。在佛教中，对于慈悲的解释是：慈者给众生快乐，使他们幸福；悲者拔众生苦，使他们离苦得乐。"

但凡得道高僧都懂得"慈悲为怀"，他们也是在自我的修行中普度众生，从而获得圆满的人生。

昭引和尚云游弘法，经常为人们排解心中的疑惑。

有一个信徒问他："我脾气不好，动不动就发火，我要怎么样才能改正呢？"

昭引和尚说："好吧，我来跟你化缘，你把脾气和愤怒施舍给我吧！"

信徒琢磨了许久，若有所悟。

有一个信徒的儿子非常贪睡，父母不知如何改变他。昭引和尚就来到他家，把梦中的年轻人摇醒，向他化缘，请他施舍"贪睡的习惯"。

他听到一对夫妻吵架，他又去化缘，要求把"吵架"施舍给他。

昭引和尚毕生慈悲度众，帮助很多人改变了陋习。

我们以为僧人们跳出红尘，不问俗事。实际上，他们正是在感化、引导大众的心，使人们减少争吵、争斗，减少偏执、恶习，减少烦恼、痛苦，度众人到幸福的彼岸。正是在普度众生的过程中，他们的内心充盈无比，得到了真正的快乐，同时，也感染了他人，传递了更多"善能量"。

一天晚上，七里禅师正在念佛诵经，一个强盗闯了进来，用尖刀抵住他的胸膛说："把钱财统统交出来，否则的话，别怪我不客气！"

七里禅师平静地说："钱都在破筐子里，你自己去拿，别打扰我老人家念经。"

强盗果然在破箩筐里找到了银两，心里很高兴，急忙将所有的银子都塞进了自己的腰包。这时，七里禅师头也不回地说："你把钱都拿走了，也不给我留下明天的饭钱吗？"

强盗一愣，真的留下了一些碎银，悄悄向门口溜去。

七里禅师仍没回头，又说："难道你就这么走啦？"

强盗莫名其妙，不知他想干什么。七里禅师说："你这家伙，收了我老人家的礼物，怎么连个谢字都没有？"

强盗心里一惊。他何曾遇到过这样镇静、风趣的受害者呢？他不由自主地给禅师鞠了一躬，说了声"谢谢"，赶紧跑开了。

几天后，这个强盗被官府逮住了，七里禅师作为受害者之一，也被官府找去当面指证。七里禅师却说："别的案件我不清楚，但在我那儿，此人并没有抢劫。那些银子，是我送给他的，因为他已经向我道过谢了！"

几年后，强盗刑满释放，他马上找到七里禅师，剃度出家了。

我们都认为抓住强盗、惩罚强盗，是很有价值的事。但是，如果能够让一个强盗改邪归正、重新做人，岂不是价值更大？惩罚仅仅是去除了一个"坏"人，而感化则可以在去除一个"坏"人的同时增加一个好人。

禅师的境界之高，凡人难以企及，但却为我们指明了修行的方向。关于与人为善或为恶，南怀瑾大师也为我们做出了诠释："我们看到人与人之间，夫妇之间、兄弟之间、同学之间、朋友之间几乎没有一个人真正做到躬自厚而薄责于人。责备人家，要求人家都严格得很，道德标准都是拿来要求别人，不是要求自己，这就是凡夫众生。菩萨道的道德标准是严于律己，宽以待人，如果做不到就是悭吝。凡是悭吝的人一定贪，贪的人必定凶狠，这种心念是连带的、必然的。为什么呢？因为贪欲得不到满足，相反的作用就是凶狠。一个宽大淡泊的人，一定是仁慈的。世界上一切众生几乎全体都在悭吝中，悭吝是不能舍；贪欲是侵占别人，在别人那里沾到一点利益就高兴，乃至在言语上占了便宜都高兴。总之，想尽办法以损害他人为满足。阿赖耶识那一念的种子之重要可想而知，'因缘会遇时，果报还自受'。所以，人于一念之间，不要随便轻易动贪嗔痴的念头，否则随便一动，阿赖耶识的种性便种下了恶根，将来结恶果，种下的善根将来就会结善果。"

有一个农夫，请一位禅师到家里来为他的亡妻诵经超度。佛事完毕后，农夫问："大师，您认为我的太太真能从这次佛事中得到好处吗？"

禅师说："佛法如慈航普度，如日光遍照，不只是你的太太可以得到好处，一切有情众生无不受益。"

农夫不乐意地说："我的太太是非常娇弱的，其他众生也许会占她的便宜，把她的功德夺去。能否请您只单单为她诵经超度？"

禅师开导说："佛法是世间的美好事物，大家分享才是最好的。就如天上的太阳，应该让众生都可以享受阳光，不能只照耀一个人。一粒种子可以生长万千果实，一根蜡烛可以点燃千万根蜡烛。你应该用你的真心点燃一根蜡烛，去引燃千千万万支蜡烛，不仅光亮增加百千万倍，这支蜡烛也并不因而减少亮光。如果人人都能抱有如此观念，那我们微小的自身，常会因千千万万人的超度之功，而蒙受很多的功德，何乐而不为呢？"

农夫仍顽固地说："你的教义很好，但还是要请法师破个例。我的邻居王老头，他经常是欺我、害我，能不能把他从众生中除去呢？如果可以，我愿意给你更多的钱布施。"

禅师以严厉的口吻说："你的要求太过分了，我做不到。而且，你这样的布施越多，你的罪孽越大！"

农夫一脸茫然，丈二和尚摸不着头脑。

怕别人得了好处，是佛家所谓"嫉心"在作怪。对此，南大师进一步为我们指点迷津：

人如果能去掉了悭贪嫉妒，它的反面是什么？只有帮助人，只有恭维人，只有培养人，都希望别人好，一切荣耀都归于老兄你，那才是做到了不嫉妒。什么叫学佛？这就是学佛啊！你以为磕头拜佛，念经吃素，求佛保佑就是学佛？你还是求这四个字保佑你好一点，你把悭贪嫉妒这四个字真去掉了，你成佛的路走上一半还有余。

回归到我们的生活中，幸福这种东西，乃至于生活中的各种机会，多得就像阳光一样，别人享有，不等于自己减少了，何必嫉妒他人呢？如果自己感到缺少，是因为心灵藏在一个见不到阳光的角落，应该走到阳光中去，而不是把别人拉到阴暗中来。

心有所得

人如果能去掉了悭贪嫉妒，它的反面是什么？只有帮助人，只有恭维人，只有培养人，都希望别人好，一切荣耀都归于老兄你，那才是做到了不嫉妒。宽容、不嫉妒，也是慈悲。

第十五章

低调做人：人到无求品自高

南怀瑾大师一直都致力于弘扬传统文化，而我国传统文化的主要目的就是让一个人学会如何为人怎样处世。南怀瑾大师做人就非常谦逊，在演讲中每当听众鼓掌，他就会说自己"胡说一通，乱讲一气"。所以，我们做人也应该低调一点，谦逊一些，这样才会受到他人的欢迎。

做人是天下一等学问

学问不是文学，文章好是这个人的文学好；知识渊博，是这个人的知识渊博；至于学问，哪怕不认识一个字，也可能有学问——做人好，做事对，绝对的好，绝对的对，这就是学问。

——南怀瑾大师

做人确确实实是天下第一等的学问。为此，南怀瑾大师就给他的学生们立下了这么一个规矩：凡是到他那里听课的人，都要给大家洗茶杯、扫地。这是每一个学生必做的功课，不管这个学生的身份是教授还是博士。如果哪一个学生不会洗茶杯，也不会扫地，那么南怀瑾大师就会亲自示范给他看。大师都能以如此高龄来做这样的事情，那么其他人还能摆什么臭架子呢？

大师曾经说过："现在的青年扫地不知怎么扫，穿衣不知怎么穿，你说这是怎么回事？我们常常将许多事情归于社会问题、教育问题、青年问题。其实社会没有问题。社会是个什么东西要搞清楚。社会是大家的，是由每一个人结构而成。不能将一些错误的事情都推给社会，那是推托不负责任的话。谁都不必负责嘛——因为那是社会问题。但是，社会是由谁管呢？谁都是社会，谁也都不是社会。所以，我就告诉那些从事新闻事业的同学，你们对这些什么社会不社会的问题要少讲好不好，不要弄得大家莫名其妙。"

南怀瑾大师的这段话，目的在于告诫我们，一个人在遭遇到一些问题的时候，应该首先从自己身上找问题，这也是做一个道德高尚的人首先应该做到的一点。而具体如何将做人这个学问做好，我们归纳曾子和子夏的意见，主要包括以下五个方面：

一是敬重贤人。在日常生活中，有些人总是瞧不起那些才能既高，品行又好的人。而这正是因为他自己不辨贤愚、狂妄自大。这样的人最后获得的人生，只能是一个凄惨的光景。而懂得敬重贤人，这起码能说明你明白是非，知晓义理。

二是孝敬父母。对每一个人而言，自己最大的恩人就是父母了。如果不是他们生了你，你怎么可能来到这个世界上呢？如果不是他们养了你，你怎么可能有机会去享受多姿多彩的人生呢？所以，我们每一个人都应该孝敬自己的父母，不知道对父母行孝的人，那与畜生没有区别，甚至还不如畜生，羊羔还知道跪乳呢！

三是忠于职守。其实很多上司看重手下的某个人，也许未必是因为其工作能力多么出众，而是因为这个部下对自己忠心耿耿。心腹未必是手下人中最有本事的，但一定是最忠心的。有人曾说过这样一句话——"假如把智慧和勤奋看作金子那样珍贵，那么，比金子还珍贵的就是忠诚。"

四是诚信待人。颜回曾经向孔子请教如何立身，孔子的回答就是"谦恭、尊重、忠诚、守信"，做到了这八个字，那么就可以立身了。我们怎么理解呢？保持谦恭的话就能让一个人免于受到他人的嫉妒；尊重别人的话就能让一个人受到他人的爱戴；待人忠诚的话就能让一个人总能得到他人的帮助；坚守信用的话别人就会对你产生信赖感。你想啊，一个人可以受到他人的爱戴，获得他人的帮助，让人们不嫉妒，心中愿意依靠，这难道还不能安身吗？

五是勇于实践。我们从小到大学习了那么多的书本知识，可不是为了做这些知识的储备箱的，而是要将这些知识运用到生活实践当中去。我们要运用这些知识创造出新的社会价值。

南怀瑾大师曾经说道："一个人如果效法自然之道的无私善行，便要做到如水一样至柔之中的至刚、至净、能容、能大的胸襟和气度。"让我们就按照大师的指点，去做一个能做得天下一等学问的人，做一个如水之人吧。

心有所得

一个"人"字，写起来简单，但是做起来却很难。人生在世，一定要讲"仁、义、礼、智、信"这五个字。做人是天下第一等的学问，要做好这门学问，是需要一生的精力的。

做人应修九德

我们现代人，一看到"德"字，很自然地就会联想到"道德"，而且毫无疑问，"道德"就是代表好人，不好的，便叫他"缺德"……"道"字是指体，"德"字是指用。所谓用，是指人们由生理、心理上所发出的种种行为的作用。

——南怀瑾大师

历代对"德"字的定义都不一样，儒家以"仁、义、礼、智、信"为五种基本品德，并且将品德修养作为人的进取手段。但这一定义大而无当，不容易让人理解。就好比一个"仁"字，你研究了大半生，恐怕也难以领会"仁"的真谛。虞舜时期的皋陶，提出了"九德"说。"九德"说与儒家的"五德"并无冲突，但是更容易为人理解。皋陶所讲的"九德"，就是"宽而栗，柔而立，愿而恭，乱而敬，扰而毅，直而温，简而廉，刚而塞，强而义"。我们下面来具体解释一下。

第一德是"宽而栗"，即宽厚而庄重。宽厚的人一般而言比较随和，但是人们与这样的人接触久了，就会对其失去敬畏之心。但是宽厚的人如果神态庄重，别人就不敢轻视于他。宽厚只有当与庄重结合在一起的时候，才是一种美德。

第二德是"柔而立"，即温和而有主见。性情温和的人，一般能够对别人的意见耐心倾听。但问题就在于意见听多以后，就会存在选择上的困难。所以，性情温和的人往往没有主见。因此，性情温和再加上有主见，这就是一种美德了。

第三德是"愿而恭"，即讲原则而谦逊有礼。一般而言，讲原则的人会严格按照规章制度来办事，既不徇私情，也不随波逐流。这种人会受到人们的敬畏，但是不一定受到人们的喜爱。所以，这样的人需要变得更谦逊有礼，更"圆润"一些，使别人在接触中更能感受到亲切感。

第四德是"乱而敬"，即聪明能干而且敬业。有些人接受新事物快，学习能力强，受到旁人的羡慕。但是这些人却又因为自己在资质上高人一等，不肯下苦功钻研，缺少敬业的精神。如果对自己正在做的事情可以有一分恭敬而认真的态度，做任何事都精益求精，何愁大事不成？

第五德是"扰而毅"，即头脑灵活而有毅力。头脑灵活的人善于变通，做事情会从多个角度进行考虑，不钻牛角尖。但是脑子太灵活了，可能就缺乏毅力和执着，一旦遇到些挫折，就想改弦易辙；一旦遇到点困难，就想打退堂鼓。如果可以有一分持之以恒的毅力，再配合上聪明的头脑，很容易有一番作为。

第六德是"直而温"，即正直而又友善。正直的人具有非常强的是非观念，看到自己认为不合理的事情就想上前管一管，其实事情也许并没有那么可恶。所以这样的人是很容易伤害到别人的。因此这样的人需要一分友善的态度，在论辩是非、区分曲直的时候注意方式方法，顾及他人的自尊心，这样才能让人口服心服。

第七德是"简而廉"，即坦率而又有节制。坦率的人在谈话的时候没有节制，很容易就将自己的隐私、秘密告诉他人，或者随随便便就将自己对他人的不满表现出来。其实，这对自己的伤害是很大的。所以，坦率是需要节制的，该谈的直言不讳，不该讲的一言不发，这是一种德行。

第八德是"刚而塞"，即刚强而务实。性格刚强的人，一旦做出决定，就会坚决执行下去。但是有时候，性格刚强的人可能为了面子，固执己见，明知道自己有错，却不愿意在众人面前承认，宁愿一条道跑到黑。所以，刚强未必会为你带来成功，很有可能适得其反。如果加上务实的精神，就事论事，而不是为了护住自己的面子，这才能为自己争来更大的面子。

第九德是"强而义"，即勇敢而又符合道义。勇敢的人无所畏惧，但是如果这勇敢没有受到道义的节制，很有可能变成好勇斗狠。所以，勇敢是需要道义来引导的。

当然，上述的"九德"都有两面性，离了哪一面都不行。况且一个人想要"九德俱全"，是很难的境界。因此我们还是务实些好，选择适合自己，对自己更为有利的一方面，这一点希望大家切记。

心有所得

很多人的习惯是这样的：自己欣赏的就是好的，反之就是不好的；自己肯定的就是对的，反之就是错的。实际上，能够充当"度量衡"的人物还从来没有过，圣人都不够格，何况一般人呢？

一切众生皆为佛

大凡杰出的人，与天地合其德，与日月合其明，与四时合其序，与鬼神合其吉凶。

——南怀瑾大师

南怀瑾大师在成都的时候，与一位名叫梁子彦的宿儒结为忘年之交，两个人经常在一起探讨学问。有一次，二人谈到了《大学》。《大学》历来被人们称为"大人之学"，是教人学做"大人物"的。南怀瑾大师首先发表自己的见解说："《大学》是从《乾卦·文言》引申而来的发挥；《中庸》是从《乾卦·文言》引申而来的阐扬。《乾卦·文言》说：'君子黄中通理，正位居体，美在其中，而畅于四肢，发于事业，美之至也。'"

梁子彦先生听完后，感叹说道："你这一说法，真有发前人所未说的见地。只是这样一来，这个'大人'就很难有了。"

南怀瑾说道："不然，宋儒们不是主张人人可做尧舜吗？那么，人人也即是'大人'啊！"

梁子彦听后颇不以为然，但是一时又找不到合适的话来辩驳，于是说道："你达到'大人'的学养了吗？"

南怀瑾说道："岂止我而已，你梁先生也是如此。"

梁子彦感到莫名其妙，于是便向南怀瑾大师请教。南怀瑾大师说道："《大学》说，'夫大人者，与天地合其德'，我从来就没有把天当作地，也没有把地当成天。上面是天，足踏是地，谁说不合其德呢！'与日月合其明'，我从来没有昼夜颠倒，把夜里当白天啊！'与四时合其序'，我不会夏天穿皮袍，冬天穿单丝的衣服，春暖夏热，秋凉冬寒，这我清楚得很啊，谁又不合其时序！'与鬼神合其吉凶'，谁也相信鬼神的渺茫难知，当然避之大吉，就如孔子也说'敬鬼神而远之'。趋吉避凶，即使是小孩子，也都自然知道。假使有个东西，生在天地之先，但既有了天地，它也不可以超过天地运行变化的规律之中，除非它另有一个天地，所以说：'先天而天弗违，后天而奉天时。'就算是有鬼神，鬼神也跳不出天地自然的规律，所以说：'而况于人乎！况于鬼神乎！'"

梁子彦听完南怀瑾大师的这一番高论，顿时佩服得五体投地，立刻离开座位，紧紧抓住南怀瑾大师的肩膀说道："我已年经过六十了，这是我平生第一次听到像你这样明白的人的高论，照你所说，圣人本来就是一个常人嘛。我太高兴了，我要向你顶礼。"

南怀瑾大师对"大人物"这三个字的诠释确实是新颖别致，发人深省。

"与天地合其德"，与《易经》中的"天行健，君子以自强不息；地势坤，君子以厚德载物"有异曲同工之妙。我们要在这里注意的是，天地之道是有"先天"与"后天"之分的。先天之道就相当于我们所说的客观规律，而后天之道自然就是天地产生之后的规律，比如说世人的处世之道等。总而言之，"与天地合其德"就是要我们按规律办事。

"与日月合其明"，是说智慧要像日月的光芒一样，无所不照。怎么样才能让自己的智慧如同日月之光普照世人呢？"两耳不闻窗外事，一心只读圣贤书"肯定是不行的，强调"专业"也是不行的，因为这些都会使你关注的东西太少。一个人能有大局眼光、未来眼光，这样子差不多就可以"与日月合其明"了。

"与四时合其序"，意思就是一个人说办事要依天时的变化。这一点很好理解，因为我们不常常说靠天吃饭嘛！当然，由于现代科技的发展，四季时令对某些行业影响甚微乃至没有影响，这一点也是我们需要注意的。

"与鬼神合其吉凶"，意思就是事情的成败与鬼神的喜恶相合。古人认为鬼神帮助善人，惩治恶人。当然，这是带有迷信色彩的，现代人根本不相信鬼神的存在，不过一心向善总是不错的。

心有所得

佛性与佛心，并非那么遥不可及，它们其实就在你的身边。

下篇　实践篇：登高一望诸峰小，入世出世皆圆通

真信仰，无须顶礼膜拜

曾经在寒假禅修讲"般若正观"法门时，首先提到修学一切佛法的基础——普贤行愿品的修法。这是学佛学道最关键性的信念所在，我们的心量要以普贤菩萨广赅无尽三千大千世界虚空般的行愿力为榜样，方是真修行人，才是真佛子。

——南怀瑾大师

学佛学道之人需将心中信仰摆到至高无上的位置，如此方可成正果。那么，我们又应该如何看待"信仰"二字呢？这世界上的绝大多数人都拥有自己的一份信仰，只是这些信仰不尽相同，有以权贵为信仰者，有以金钱为信仰者，有以道义为信仰者，有以情谊为信仰者。由此可见，信仰是有美丑之分的。自私自利，放纵己欲即为丑；大公无私，心系天下即为美。舍丑存美，这应该是我们建立信仰的原则。

信仰的真谛是"虔诚"二字，这虔诚指的是心灵世界的状态，而不是五体投地三叩九拜的身体之行。当然，一些内心虔诚之人也会由衷地行一些大礼，但是这些大礼就好比是枝枝叶叶，倘若无根无本，迟早也会枯萎凋零。真正对信仰心怀有虔诚之心的人，必然能够时时刻刻观照到自己在信仰面前的"宝相"，使自己不做出有违信仰之事，往来红尘之间，颠沛俗世之中，即使不吃斋，不念佛，亦可修成正果。

有一年的冬天极为寒冷，在这寒冷冬季的一个夜里，一个人来到一座寺庙前，敲响了寺庙的大门。不一会儿，一个僧人打开了庙门，这个人一进来就要拜见寺庙的住持荣西禅师。

这个人见到荣西禅师后，扑通一声跪倒在地，向禅师哭诉道："大师，我家中已经无米下炊，而且连件过冬的衣服都没有，我现在又冻出了病，我的妻子和孩子都正在受着饥寒之苦，大师，您帮帮我们吧。"

荣西禅师听完后顿起怜悯之心，但是寺庙本来就很贫穷，眼下又缺衣少粮，实在是心有余而力不足，这可怎么办才好？

这时候，荣西禅师忽然看到准备用来装饰佛像的金箔，禅师亲自将这些金箔交在这个人手上，说道："你快拿这些金箔去换钱用吧。"

荣西禅师话一出口，弟子们大惊失色，纷纷劝道："师父，这可是用来装饰佛像的啊，怎么能轻易送人呢？"

那个人也是不敢接受，说道："大师，这怎么行呢？"

荣西禅师心平气和地说道："我这可是尊敬佛祖的行为啊。"

弟子们纷纷不解，说道："师父，您这种行为如果是尊敬佛祖的话，那我们何不将佛祖的圣像变卖用来布施呢？这种不重信仰的行为也是尊敬佛祖吗？"

荣西禅师不再辩解，只是说道："我重视信仰，正因为重视，所以才这么做。"

弟子们仍是窃窃私语，荣西禅师训诫道："佛祖修道之时，割肉喂鹰、舍身饲虎都在所不惜。佛祖是如何对待众生的？你们一再劝阻，当真是信仰佛祖吗？"

弟子听完后不敢多言，荣西禅师于是将金箔送给了那个求助的人。

金箔对佛像而言，只不过是浮华的外表而已，只有将金箔用于更有意义的地方，才是对佛像真正的装饰。

南怀瑾大师曾经说过："所谓正信，要信什么呢？信我们此心，信一切众生皆是佛，心即是佛，我们都有心，所以一切众生都是佛。"南怀瑾大师此言，是在告诉我们信仰在于心灵深处真正的恭敬。

南怀瑾大师曾经说过自己遇到的一件事，说的是某天有位同学答应要来南怀瑾大师这里工作，结果搞了一天就不来了，而且也不告诉大师一声。大师认为这不是学佛的行为，因此说道："连这么一件小事都做不到，学个什么佛？做人连信义都没有，还学佛？什么叫信？言出有信，不来也该有个理由嘛！一天到晚婆婆妈妈说自己学佛，自欺欺人。"从这件事情中我们也可以看出，即使你身在大师身边，也未必一心向佛。

每个人对佛的信仰都是不同的。有人"信人不信法"，有人"信寺不信教"，有人"信情不信道"，有人"信神不信道"，等等。但无论是偏重哪一个层面的信仰，信佛学佛的本质，就是要开启每个人的佛性，使其最终修到"我心即佛"的至境。

值得注意的是，有些人在学佛之时功利心非常重，总希望自己能在短时间内有所成就，南怀瑾大师对此就作出了劝诫，大师这般说道："许多人学佛有个毛病，好高骛远，一上来就要成佛，连天人都不在话下了。其实，佛法是五乘道，首先是人天乘，先从做人开始，人做好了，才有可能升天。小乘里头特别注重这一点。然后一步步从声闻乘、缘觉乘、菩萨乘修行，最后进到佛乘，证道成佛。"根据大师对我们的教诲，看来学佛参禅的首要信仰，就应该是学习如何做人。

真正的信仰应该无形无相，是精神状态的一种自然流露。那些只会用一些浮夸的举动来印证自己信仰的人，其实恰恰是"生不知为何"的浑噩之人。

心有所得

信仰是在一个人心中的，是需要用实际行动来证明的，夸夸其谈只是在自欺欺人。

君子爱财好色，取之有道

我们每一个人，对于声色货利，没有不爱好的。只是对这四件事的欲望，程度上有大小的不同而已。只要扩充大家都爱好的事，并导之正途，那么不但对社会无害，而且能收到移风易俗的效果，反而是国家、社会、人民的福利了。

——南怀瑾大师

南怀瑾大师在这里，认为一个人喜欢金钱与美色，并不是什么需要感到愧疚的事情，我们没有必要对一个人的天性多加指责。当然，这个度一定要把握好了，否则就会害己害人。而南怀瑾大师也认为，一个人如果能把握好对金钱、美色的度，那么也是一件好事，对国家也好，社会也罢，是一件有利的事情。

有句话叫"君子爱财，取之有道"；还有句话叫"爱美之心，人皆有之"，这两句话反映出的就是对人的正常欲望的肯定，没有借着虚假的道义来"存天理，灭人欲"。但是总有些人故作清高，认为金钱是肮脏的，是碰不得的。

月船禅师是一位绘画高手，但是在他作画之前，那些求画之人必须先付一定的钱，否则决不动笔。不少人私底下都认为月船禅师是个贪图钱财的人。

某天，一位女士向月船禅师求画，月船禅师问道："你能付我多少酬劳呢？"

这位女士回答说："你要多少我就付多少，但是你必须到我家里当众挥毫泼墨。"

月船禅师允诺前往，原来这位女士家里面正在宴请客人，月船禅师于是当着众人的面为这位女士作了一幅画。画成之后，月船禅师拿着酬劳正要离开，谁知那位女士向众人讥讽月船禅师道："他的画虽然好，但是他心里面只有钱，这种污秽之心画出来的东西是不配挂在客厅的，只能装饰我的一条裙子。"

女士说完便将自己穿的裙子脱下，要月船禅师在裙子后面作画。月船禅师问道："这次你出多少钱？"

女士依旧像上次那样回答："你要多少我就给你多少。"

这次月船禅师开了一个特别高的价，然后依照那位女士的要求画了一幅画，画完之后就拿着酬劳立刻离开了。

人们纷纷猜测月船禅师贪财的原因，直到后来才真相大白。原来，月船禅师居住的地方常常发生灾荒，那些富豪们不愿出资资助穷人，月船禅师只好自己出钱建起了一座粮仓，自己出资买谷物贮存起来以备灾荒之用。而且月船禅师的师父生前发誓要建一座禅寺，可惜夙愿未成就已圆寂，月船禅师如此"贪财"，是为了完成师父的遗愿。

当月船禅师完成师父的遗愿之后，立即不再为任何人作画。他只是说了这么一句话："画虎画皮难画骨，画人画面难画心。"

金钱是否肮脏，关键在于这金钱到底用在了何处。像月船禅师那样，虽然以作画来索取大量的金钱，但那是因为月船禅师心系穷苦之人，为的是完成师父的遗愿，没有一丝一毫为自己谋利的私心。所以，心既然是洁净之心，那么金钱也就是洁净的。

看完了金钱，让我们再来看看美色。

日本有一个著名的女禅师，法名慧春。慧春禅师在很年轻的时候就遁入了空门，一心学佛求道。不过当时日本还没有供给尼师专门修行的庵堂，所以她只好与二十名和尚一起在一位禅师座下学佛。

慧春生得十分美貌，学佛修禅不仅没有有损其美，反而使她更显得清丽脱俗，比俗世的女子更添几分气质。一些与她一同修禅的和尚，为其容貌气质所动，竟然生出了凡心。其中一个甚至大胆写给慧春一封情书，希望能和她私下约会。慧春收到情书后，不动声色。

第二天，禅师为弟子们讲解完佛法，慧春便站起来对那位给自己写情书的和尚说："如果你真如信中所言那样爱我，现在就来拥抱我吧。"

此言一出，不仅是那个写情书的和尚，那些暗恋慧春的和尚也一下子开悟了。

这个故事就告诉我们，喜欢美色并不是一件需要遮遮掩掩的事情，只要心中没有邪念，纯粹出于对美的欣赏而产生的"好色之心"，其实不是很美好吗？

那么，当我们面对着金钱与美色时，到底应该如何做呢？

先来看对金钱的态度。孔子曾经说过这样一段话："富而可求也，虽执鞭之士，吾亦为之。如不可求，从吾所好。"什么意思呢？孔子说他如果可以求到财富，那么即使挥着马鞭给人家赶大车也心甘情愿，但是财富不能强求的话，还是按照自己的喜好做事吧。这段话就显示出孔子对财富秉持一种随缘的态度，有固然好，没有我也不争。这就是孔子对待金钱财富的"道"，而我们也应该有一个"道"。这个"道"不是歪门邪道，不是旁门左道，而是君子之道。

接着再说美色。其实"色"不仅仅指外表，还可以指一个人的心灵。所以，真正的"好色"并非是沉浸在对美貌的迷恋，而是读懂一颗美好的心。真正的"好色"也不是占有一个人，而是爱护她、尊重她。

金钱从正当之处而来，喜欢一个人的美貌而不产生邪念，那你就是堂堂正正的君子了。

许多人在提到金钱与美色的时候，都会产生一些非分之想，然后又为自己的想法感到愧疚。其实大可不必，这本来就是一个人正常的追求啊！只要内心坦然，大可去"贪财好色"。

飞语莫谈，闲话莫说

当年在抗战的时候，在大后方，我还年轻，就是在带部队的时候，自己很威风凛凛。旁边的人告诉我，你好威风哦！我说我骑在马上想了一副对子，讲自己："耀武扬威，前呼后拥三匹马"，很威风啊，自己骑在马背上，前面、后面、旁边都是兵；"高谈阔论，东拉西扯一团糟"，这是我对自己的评语。

——南怀瑾大师

南怀瑾大师说自己"高谈阔论，东拉西扯一团糟"，自然是谦逊之言。不过在生活中，总有些人喜欢东拉西扯，暗地里说他人的闲话。这样的人，往往不会交到一个真朋友。

星云大师曾经说道："废话、谎话、杂话、脏话、烂话、坏话、假话，均可归纳曰'闲话'。"星云大师这番话就是在告诫世人，"闲话"不可说，因为"闲话"是破坏情谊的因由，"闲话"是引来祸端的根源，"闲话"是令人轻贱的起始。任何一个人，若是以闲话飞语为乐，必然会招来他人的厌恶。

红尘万象，芸芸众生，皆因一个"缘"字联系到一起。邻里因"缘"而亲如家人，朋友因"缘"而肝胆相照，恋人因"缘"而千里相识，正是由于缘分的奇妙，所以我们的生活才会充满了惊喜。缘分来临，则需要我们用心维护，倘若只知胡言乱语，那么无论多好的善缘到头来都会结出恶果。

有一个人与自己的邻居相处得不是很融洽，但他总觉得是邻居的不对，因为他常常将自己做好的一些美食送给邻居品尝，可邻居仍是对自己不冷不热，这难道不是邻居的错吗？

某次，他到山上拜佛烧香，礼佛完毕后与寺庙的方丈在一起聊天，聊着聊着就说到了自己的邻居，并将对邻居的不满全部告诉了方丈。方丈听完后捻须不语，只是微笑着看着这个人。

这个人被方丈看得有些不知所措，不清楚方丈这是怎么了。

又过了一会儿，方丈仍然是微笑而视，这个人想：方丈是不是在心底嘲笑我呢？

时间一分一秒地过去，方丈始终都保持着微笑不语的样子，这个人再也按捺不住了，张口说道："方丈，你是不是有病啊？"

话音刚落，方丈便哈哈大笑起来，说道："施主能否将刚才心中所想一五一十告诉贫僧呢？"

于是这个人如实相告，方丈听完后说："那你有没有把心中所想告诉另外一个人呢？"

这人说道："此处只有你我二人，我如何告诉第三个人。"

方丈说道："那依施主之意，还是会将今日之事告诉第三个人了。但施主是否想过，你告诉别人的到底是不是事情的真相呢？难道我真如施主所言，是有病吗？"

这个人说不出话来了，方丈继续说道："施主恐怕也曾对你的邻居一些令你不解的行为做出了一些误解并四处宣扬了吧？"

这个人如梦初醒，总算明白为什么邻居会如此对待自己了。原来他确实向别人说过邻居的一些闲话，想必是这些话最终传到了邻居的耳朵里，引起了邻居的不满。

这人谢过方丈回到家后，诚心诚意向邻居道了歉。邻居也表现得很大度，自此两家的关系越来越亲密。

正如故事中的方丈所言，你看到的不一定是事情的真相，倘若妄自猜测，甚至将这些猜测的结果肆意宣扬，那么只会让自己令人生厌，失去他人的信任与好感。

南怀瑾大师曾经说："人世间的是非纷争，也是愈动而愈有各种不同方面的发展，并无一个绝对的标准。'才有是非，纷然失心。'只有中心虚灵常住，不落在有无、虚实的任何一面，自然可以不致屈曲一边，了了常明，洞然烛照。这便是'多言数穷，不如守中'的关键。"

佛家的一个故事正说明了这个道理：

佛陀在灵山会上，手拈一枝花，微笑着，向大众展示。大家都不晓其意，只有大弟子迦叶从中悟出了宇宙人生最为神圣的真谛，情不自禁地发出会心的微笑。于是，佛陀对迦叶说："吾有正法眼藏，涅槃妙心，实相无相，微妙法门，不立文字，教外别传，付嘱摩诃迦叶。"

说完，佛陀将自己身上那件金缕袈裟解下来，给迦叶披上，并嘱咐道："我把禅的秘密玄旨传给了你，你要好好护持，今后将之传授给阿难，并代代相传，勿使断绝！"

多少年过去了，无数僧人参研佛陀拈花的意旨，所见各有不同。

有一个学僧曾问灵山禅师："佛祖拈花是何意旨？"

灵山禅师说："一言既出，驷马难追。"

学僧又问："迦叶微笑是什么意思？"

灵山禅师说："口是祸门。"

世人之口，犹如双刃的宝剑，既可以给人带来温暖，也可以给人带来严寒。修心修性，须将杂念去除，而这闲言碎语就是一种杂念，所以若想得大境界，那么就非要领悟"不可说"的禅机。

一位作家在《读者》杂志上的文章，为大家指明了方向：

"世俗人生，有人相聚一起，不免要在言谈间说人，至于内容，真假不计，说的人口沫横飞，听的人津津有味。

传言像滚雪球。

一句话说出来，另一人带着走，不必走远，马上就再交给另一个人，这样接力赛般累积下来，一句瘦瘦的话可以膨胀得很快，而且减不了肥。大家都忙碌地把一句话再加几句，越加越多，最终不能收拾。于是推卸责任，个个把肥肿的话留下，自己潇洒地走开。

相信或者不相信，并不重要。大家只是闲聊时讲来好玩罢了，看不开的人当了主角，生气愤怒，流泪悲伤，是你太傻。在人世间行走，需要每天携带日本作家佐久间象山《省言录》中的一段文字在身边：'人之赞我，于我未加一丝；人之损我，于我未减一毫。'这样，方能微笑面对滚雪球般的传言。"

心有所得

在人背后说闲话，嚼舌根，虽逞了口舌之快，但却将自己的形象大打折扣。

第十六章

交友相知：君子之交，淡淡如水

每一个人都会在自己的一生中遇到这样或者那样的朋友，而什么才是真正的朋友也成为人生一个重要的哲学问题。南怀瑾大师曾主张一个人应该多交些朋友，但大师也同时告诫我们一定要擦亮眼睛，不可随随便便与人相交。

交友先识人

我们说到好朋友啊，有商业的朋友，有政治关系而变成好朋友，但是千古以来，讲朋友的关系，只有这两个人——管鲍之交。

——南怀瑾大师

　　"管鲍之交"是我们非常熟悉的历史典故，而我们每一个人也都希望自己能获得一份"管鲍之交"式的友谊。

　　结交朋友并不是一件随随便便和简简单单的事情，需要讲究一个"道"字。南怀瑾大师所认为的"道"，就是孔子的择友观。子曰："益者三友，损者三友。友直、友谅、友多闻，益矣；友便辟、友善柔、友便佞，损矣。"意思就是说："对自己有益处的朋友有三种，对自己有害处的朋友也有三种。一个人与正直的人交朋友，与宽容的人交朋友，与见多识广的人交朋友，这对自己是有益的。而与谄媚逢迎的人交朋友，与两面三刀的人交朋友，与花言巧语的人交朋友，这对自己是有害处的。"

　　正所谓"物以类聚，人以群分"，一个人拥有什么样的朋友圈，也就决定了他是一个什么样的人。即使事实并非如此，人们多半也会这样认为。比如你的某位朋友犯了罪，即使你遵纪守法，人们还是认为你是社会的危险分子。再比如常与做学问的人在一起，就喜欢读书写文章；常与做生意的人在一起，就喜欢留意发财的机会；常与无所事事的人在一起，就希望天上可以掉下一张大馅饼。

　　唐代诗人孟郊作了一首名为《审交》的诗："种树须择地，恶土变木根。结交若失人，中道生谤言。君子芳桂性，春荣冬更繁。小人槿花心，朝在夕不存。莫蹑冬冰坚，中有潜浪翻。唯当金石交，可以贤达论。"这首诗就告诫我们，如果与不可交之人结交，那么就会遭到人们的诽谤和非议。而君子之间的交往就如同是陈年的佳酿，越久越醇香；而与小人之间的交往就像是槿花，早上才开放，到了晚上就凋谢了。只有与那些可以肝胆相照的人结下深厚的友情，才可以坐在一起谈论圣贤之道啊！

隋朝的王通在《中说·魏相》一书中这样写道："君子先择而后交，小人先交而后择，故君子寡尤，小人多怨。"意思就是说聪明的人是先选准人然后交朋友，不聪明的人是先交朋友然后选择人。所以聪明人很少因为交朋友而给自己带来麻烦，但是不聪明的人却会因为交朋友而带来怨恨。

既然要"交友先识人"，"识人"便是个学问。南怀瑾大师就十分推崇曾国藩的识人功夫，因此南怀瑾大师说："有人说，清代中兴名臣曾国藩有十三套学问，流传下来的只有一套——《曾国藩家书》，其他的没有了，其实传下来的有两套，另一套是曾国藩看相的学问——《冰鉴》这一部书。它所包涵看相的理论，不同其他的相书……'功名看气宇'，就是这个人有没有功名，要看他的风度。'事业看精神'，一个人精神不好，做一点事就累了，还会有什么事业前途呢？'穷通看指甲'，一个人有没有前途看指甲，指甲又与人的前途有什么关系呢？绝对有关系。根据生理学，指甲以钙质为主要成分，钙质不够，就是体力差，体力差就没有精神竞争。有些人指甲不像瓦型而是扁扁的，就知道这种人体质非常弱，多病。'寿夭看脚踵'，命长不长，看他走路时的脚踵。我曾经有一个学生，走路时脚跟不点地，他果然短命。这种人第一是短命，第二是聪明浮躁，所以交代他的事，他做得很快，但不踏实。'如要看条理，只在言语中'。一个人思想如何，就看他说话是否有条理。这种看法是很科学的。"

曾国藩的识人术虽然是最好的，但却未必是最适合我们的。我们总不能第一次和人家见面，就盯着人家上上下下地看吧？真要是上上下下看人家都不以为意，那肯定是你们之间已经十分熟悉或者亲密了，又有什么必要识人呢？所以，下面的方法也许更适合我们。

第一，看这个人的追求目标。每个人的人生目标都不同，而这不同也决定了人生境界的不同。有的人以天下为己任，以造福他人为使命；有的人则但求一生平安，也不想着做什么大事业，成什么大人物；有的人不达目的誓不罢休，即使使用非正常手段也在所不惜。

当然，这里并不是说你一定要和境界高的人交朋友，而是说看看他的目标和你的是否一致，你是否认同这个人的追求。比如你只是想将自己的小日子过得红红火火，却偏偏要与一心以天下为己任的人交朋友，你和他之间就不可能是平等的朋友关系，你崇拜他还差不多。

第二，看这个人实现目标的手段。同样是想发财，有的人是通过勤恳地劳动，有些人就是抢劫偷窃，很明显我们应该和前者结交而不应该是后者。

第三，看这个人的兴趣爱好。这应该是放诸四海而皆准的交友原则。无论是趣味相投还是臭味相投，说的都是交友需要有共同爱好的重要性。同样是喜欢音乐，欣赏古典乐和喜好朋克乐的人也是没办法凑在一起谈论音乐的。

前面主要讲的其实是识人，并不是以此来判断这个人值不值得结交。什么样的人值得结交，什么样的人不值得呢？

一般而言，适宜结交的朋友有这么五种：

一是，能帮助自己纠正错误的朋友。一个人犯错并不可怕，可怕的是自己不知道悔改或者没有人指出你必须改正的错误。所以，有一个在你犯错的时候会指出来的朋友，是多么幸运的一件事情啊！

二是，能为自己带来利益的朋友。这句话听上去很功利，但是对于正当的利益，我们追求难道会有错吗？我们常说"有贵人相助"这句话，这"贵人"不就是能为我们带来利益的朋友吗？一个人想要改变自己的现状乃至改变自己整个人生，不去结识能为自己带来利益的朋友怎么行呢？

三是，能让自己增长见识的朋友。每一个人的知识除了从书本中得来，就是从他人那里获取了。而这"他人"，最主要的就是朋友了。一个人在与朋友的交流中，除了倾诉，最重要的就是倾听了。很少会有人去听一些没有什么知识与见地的话吧？所以，想要在谈话中收获到一些裨益，你宜交一些能让自己长见识的朋友。

说完了宜交的朋友，我们再说说不宜交的朋友有哪些。

一是，债主式的朋友。这种人在施给他人滴水之恩后，恨不得他人日后涌泉相报。这就像是一个债主，你不希望自己有一个借了他十块却惦记你还一百的朋友吧？

二是，"记过忘恩"的朋友。这种人是最可恶的，只记得别人对他的坏，不记别人对他的好。他给过你什么，那是永远记在心上，时不时还要提醒你一句，生怕你忘记了。可是别人对他的恩惠，他却忘得一干二净，仿佛他出人头地，完全是凭借自己的努力，与别人没有丝毫的关系。这种人就是"子系中山狼，得志便猖狂"，会让你恨自己当初瞎了眼，怎么就帮了他一把。这种人还做什么朋友啊，做仇人还差不多。

三是，借交情把你当冤大头的人。这样的人嘴上口口声声说是朋友，但却一直都是你单方面在奉献，他根本不出工不出力，坐享其成。你要是露出不愿意的神色，这人多半又会用"朋友"二字来压你了，数落你这么小气，一点也不够朋友。而你碍于面子，恐怕只能吃哑巴亏了。

　　四是，"有奶便是娘"的人。当你有"奶"的时候，这种人不是你的朋友，而是你的儿子。当你没有"奶"的时候，你给他当孙子他还不乐意呢！这样的人怎么可能结交呢？

　　即使做不到"管鲍之交"，也要结交君子才是。

心有所得

　　人这一生也许只能交到一个真正的朋友，但这已经是宝贵的财富了。

交友过于亲密，容易变质

出门在外，人与人之间免不了接触，应该对任何一个人都要恭敬有礼，不能看不起任何一个人。看到任何一个人，都要像看到贵宾一样诚恳、尊重。"使民如承大祭"是讲做事的责任感，指为大家做事的时候要负起责任，担负责任的态度要"如承大祭"一般。这也表现为一种对人对事的态度。

——南怀瑾大师

南怀瑾大师在这里告诉我们与人接触交往，应该懂得礼节。有的人就说了，南怀瑾大师的话没错，但是这只适用于陌生人之间的接触，如果是非常熟悉、非常要好的朋友，我的就是他的，他的就是我的，还理会这些繁文缛节干什么！相信这是大多数人，尤其是男人对友谊的看法。可是，你光想着"铁哥们"三个字，难道就没有想过"君子之交淡如水"这句话吗？真正的朋友，其实是"距离产生美的"，我的是我的，你的是你的，但是真到了需要帮助的时候，赴汤蹈火也在所不惜。

南怀瑾大师认为，"意有所至而爱有所亡"。这句话就是说心里面想着让关系更亲密些，结果反而疏远了。这是怎么回事呢？这是因为你是在有意为之，有意为之就使得友谊不自然、不顺畅，就像是一盆清水里有了杂质。况且，人都是有审美疲劳的，爱情如此，友情也一样，每个人都希望自己能有一个私人空间，这个空间无论是谁都不能来干扰。所以，过分亲密一定会适得其反，这个道理是适用于人类的一切情感的。

一棵蕨菜和不远处的一朵小花成为好朋友，它们每天天一亮，就会互相打招呼，然后闲聊。由于相距较远，每天扯着嗓子说话很不方便，于是决定彼此靠拢，既方便了交流，也可以加深感情。

蕨菜拼命扩散枝叶，而小花也尽量向蕨菜的方向倾斜茎枝，它们之间的距离越来越近。但是，蕨菜的枝叶就像是一柄张开的大伞，遮住了小花的阳光和雨露。小花日渐枯萎，它在伤心之余认为是蕨菜故意谋害自己，便在心里痛恨起蕨菜来。而蕨菜由于枝叶过于茂盛，结果在一次狂风暴雨中折断了许多枝叶。看着遍体鳞伤的自己，蕨菜将这一切后果都归到了小花的身上。如果没有小花，它是不会让自己的枝叶疯长的。于是，曾经的好朋友变成了仇人。

　　现在大多数人都认为，平常多多联系朋友，友谊才能长久。其实，真正的友谊不是隔三差五的问候，而是在好不容易的一次见面中可以敞开心扉，无所不谈。真正的朋友，他们更在乎心灵世界的默契，而不是刻意的联系。

　　南怀瑾大师曾经说道："交朋友之道，最重要的就是四个字——'久而敬之'。我们看到许多朋友之间会搞不好，都是因为久而不敬的关系；初交很客气，三杯酒下肚，什么都来了，最后成为冤家……这个'敬'的作用是什么？好像公共汽车后面八个字的安全标记：'保持距离，以确安全。'"南怀瑾大师在这里指出了交友的距离原则——久而敬之。

　　正所谓"君子之交淡如水"。现在人与人之间的联系越来越方便，也越来越快捷，看上去似乎朋友很多，但是当你真正感到需要一个人来倾听自己的心声时，翻着电话簿却不知道将电话打给谁。这时候你会发现酒肉朋友真的是没有价值的，还是"君子之交淡如水"吧。

　　面对友谊，平淡如水最是真。顺其自然的友谊，一定是最值得铭记的友谊。

 心有所得

　　人生路上不缺少友谊，只是缺少发现的眼睛。

能救助你的人，往往是你救助过的人

因果报应作为佛法世界观、人生观的精华所在，其与宿命论是截然不同的，它更是人生的一个规律。一个人在其漫长的一生中，命运看似变化莫测，但实际上，我们今天所走的每一步，都已为明天埋下了伏笔。我们所做的每一件事，都如同我们随手撒下的一粒种子，在时光的滋润下，那些种子慢慢生根、发芽、抽枝、开花，最终结出属于自己的果实。

——南怀瑾大师

南怀瑾大师认为因就是一粒种子，果就是历经发芽开花后结出的果实。大千红尘，芸芸众生，其实无一不是处在这种规律中。因而，世人应多行善积德，为自己以后的路铺上善缘的鲜花。

按照佛家的观点，我们每一个人之间都有着层层的业缘，这些业缘交织纠缠在一起，就变成了俗世红尘的爱恨情仇，恩怨喜憎。业缘有善恶之分，善缘是对一个人付出的回报，恶缘则是对一个人贪婪的惩罚，世人若想结善缘得善果，那么就必须有所付出。而因果循环，报应不爽，此时的付出终会收到彼时的回报。

有一个樵夫，他每日不是上山打柴，就是到附近一座寺庙里听方丈讲解佛法。时间一久，这个樵夫对佛家所讲的布施心、行善心深有感悟。所以他虽然贫穷，但是只要自己力所能及，他都会毫不犹豫地去帮助别人。

这一天，樵夫正在山上砍柴，忽然听到有人在喊救命。樵夫循着声音，发现一个年轻人被猎人抓捕野兽的铁夹夹住了脚。樵夫见状赶紧奔过去，使出浑身的力气将铁夹打开。然后将这个年轻人背回家中治伤。没过几天，年轻人可以行走了，便要回家。临行前，年轻人对樵夫千恩万谢，承诺自己总有一天会加倍报答樵夫的。

转眼两年过去了，樵夫在这两年间攒了些银两，于是打算到城里做点小买卖。可是天有不测风云，樵夫刚刚进城，就被贼人将钱袋偷了去。这一下，樵夫连回家的路费都没有了，饥饿的他实在撑不住了，晕倒在一个大户人家的门口。

樵夫醒过来后，惊奇地发现自己躺在一张床上。他抬头一瞧，面前正坐着一个人，似乎在哪里见过。这时候坐在樵夫面前的人说道："恩人，你终于醒了。"

樵夫不解道："你应该是我的恩人才对啊，我何时变成了你的恩人？"

那人说道："恩人不记得了吗？我就是两年前被你救过的那个人啊。"

樵夫闻言仔细一瞧，果然是自己当年救过的那个年轻人。这时只听年轻人说道："两年前我私自离家四处游玩，哪知不慎被捕捉野兽的铁夹夹住，多亏恩人相救。回家之后，我本想立刻报答恩人，但是家父因我擅自离家，罚我两年不能出门。几日之前我禁闭期满，上街游玩一番，回来后却见恩人躺在我家门口，我岂有不救之理？"

樵夫听完后，感叹道："人还是要多做善事啊！"

纵观天下事，冥冥之中自有天注定，而这"天"，其实就是"因"，而这"注定"，其实便是"果"。一个人在他人危难之际伸出了援助之手，这便是"天"，而在将来所得到的帮助，也必然来自于曾经你施恩过的那个人，这便是"注定"。俗世有句话，叫作"滴水之恩定当涌泉相报"。可见，只要世人不吝啬自己的绵薄之力，授人以滴水般的甘露，那么这甘露便会滋润他人的心田，待他人青云直上时，便会为你普降甘霖。

因此，当你遇到了需要自己慷慨解囊之事，千万不要吝啬。你要知道，与其他的付出相比，金钱这种身外之物是微不足道的。当你慷慨解囊后，受到过你恩惠的人绝对不会对你吝啬。反过来讲，受到别人的恩惠后，一定要想着日后报答。即使在以后的生活中，人家不需要你的报答或者你的报答远远比不上人家当初对你的恩惠，但是能存有这样的想法，就是一种善念了。

佛家劝诫世人要有一颗布施心，布施心是扫除心头贪嗔痴三毒的拂尘，是浇灭心头恨恶欲的流水。以一颗布施之心待人，他人自然以一颗布施之心待你。

心有所得

眼前遇到一些力所能及的善事，不要嫌麻烦，更不要图人家以后的报答。以一颗澄净心去做后，你会发现快乐就在身边。

重视你，往往是为了利用你

> 第二个会做生意的是管仲，但他不会做小生意，但他在政治上很了不起，宰相做得很成功，在为国家做生意。他年轻时做生意，靠的是好朋友鲍叔牙，鲍叔牙出钱做董事长，管仲做总经理，只是差不多每次都蚀本。
>
> ——南怀瑾大师

　　南怀瑾大师在这里提到了让我们羡慕的朋友关系——管鲍之交。而我们在羡慕的同时，往往也对现在的朋友关系有所感叹，所谓的朋友，越来越趋向于利益化了。就如同南怀瑾大师所言，是在做生意。如果你身边的朋友很多，也许只是因为你的利用价值很高。

　　其实在生活中，我们常常可以见到落魄困窘之人在旁人眼中一文不名，随意嘲之辱之；飞黄腾达之人在旁人眼中奇货可居，必要捧之顺之。对此，你悲哀也好，气愤也罢，这都是人之常情，不可在意。

　　有一户穷苦的人家，这家的主人常常饥一顿饱一顿，房子漏雨都没有石料木材来修，只能用一个破木盆接着。家门口用来擦脚底污泥的也只是一条破麻袋。

　　可是这户人家突然时来运转，一下子就有了大量的金银财宝。主人把家里所有的容器都用来装钱，可还是装不完。于是主人干脆把那条麻袋洗得干干净净，然后往里面装满了金币。

　　这样一来，麻袋不但不会被人再踩来踩去，而且住在了一个宽敞的大铁箱子里，不受雨打风吹。主人的朋友来拜访时，主人则会打开铁箱，指着这条装满金币的麻袋说："看看，我的宝贝。"而主人的这些朋友在此时都会发出啧啧的赞叹声，这让麻袋感受到莫大的骄傲。而有时候主人也会经常抚摸着麻袋，听听金币相互撞击的声音，这让麻袋感受到莫大的荣耀，觉得自己就是主人的一切。

时间一长，麻袋变得越来越骄蛮无理，常常数落别人的不是。可那些被数落的人却不生气，仍然对麻袋笑脸相迎。这样一来，麻袋更觉得自己就是天底下最高贵的东西了。

可是，这家的主人只花不赚，终于有一天，麻袋里的所有金币都被花光了，而主人也回到了从前潦倒的生活。麻袋被重新放在了门口，仍然被用来蹭脚下的污泥。

麻袋很痛苦，于是问佛陀："为什么会这样子？"

佛陀只回答了两个字："无用。"

麻袋这才明白自己被重视的原因。

其实有多少人就像是故事中的麻袋那样，一时得意便忘记了自己的身份地位。殊不知你身上的光芒都是别人因为对你的一时之需而给予的，而有一天不再需要你的时候，你就会产生从云端坠落谷底的绝望，人生便会陷入痛苦之中。

那么，当别人高看你一眼的时候，你应该怎么对待呢？

既然别人尊敬你，你也要以礼相待。无论他人出于什么样的目的，既然自己受到了尊敬，也应该以礼待人，否则会被看成是骄傲狂妄，目中无人。

必须看清他人尊重你的原因。一个人尊重你，原因可能是你的人品，也可能是你的地位，还可能是你可以给他带来利益。如果你能看出其中的原因，就好似在照一面镜子，可以清清楚楚地看到自己的位置。

人生如潮浪，总有起落时。在春风得意的时候，身边的朋友可能会很多，这时候你应该想想哪些是真朋友，哪些又是因为你有用才和你交好。只有如此，你才能明白朋友的真谛。

心有所得

一个人丧失了利用价值是可悲的，一个人只是被他人看到了利用价值则更可悲。

人之相识贵在知心，道不同不为谋

不向既成势力低头——已是既成势力，投靠不上。不向
反对的意见妥协——既然反对，和他妥协也没有用。不向不
赞成的人士拉拢——不赞成的人拉拢了也不可靠。

——南怀瑾大师

上面这段话可反映出了南怀瑾大师的性格特点，用现代一点的话说就是"有
性格"。南怀瑾大师是一个勇于追求自己理想的人，他有一个独特的做法，就是
凡事自己干，既不靠拢权贵，也不巴结财阀。这主要是因为南怀瑾大师觉得有权
人也好，有钱人也罢，与自己不是同道中人，正所谓"道不同，不相为谋"，还
是自己干自己的快活逍遥。

我们在结交朋友的时候，常常会以是否志同道合来做出选择。这个人与我有
相同的志向，那么我就与他当朋友。"物以类聚，人以群分"，说的其实也是这个
道理。

孔子对朋友也有其自己的看法，孔子认为"君子群而不党"，"君子周而
不比，小人比而不周"。孔子认为那种以谋取私利为目的而形成的一种比较固定
的关系圈子，表面看起来是朋友关系，其实各自暗怀鬼胎，都有自己的小算盘。
这并不是真正的朋友，一旦产生利益冲突，肯定反目成仇。真正的朋友关心是以
"道义"为基础形成的一种人际关系。所以孟子说："人之相识，贵在相知。人
之相知，贵在知心。"

其实说起"道不同，不相为谋"这句话，我们可以从不同的角度来分析。
比如伯夷、叔齐义不食周粟，饿死于首阳山。这是政治态度不同而不相为谋的典
型。而司马迁说："世上学老子的人不屑于儒学，学儒学的人也不屑于老子。"
这又是思想观念、学术主张上不同而不相为谋的典型。

当然，一个人想找到与自己志同道合的人，并不是一件容易的事情，所以才有"人生得一知己足矣"的感慨，能不能找到这样一个人，真的是需要缘分的。如果没有缘分，你也不要强求。

南怀瑾大师曾经说道："朋友的积极意义在什么地方？'君子以文会友'。这个'文'包括了文化思想。结交志同道合的朋友，目的在哪里？在于彼此辅助，达到行仁的境界……思想目的不同，没有办法共同相谋，但并没有说一定要排斥。没有办法互相讨论计划一件事，只好各走各的路。"大师所讲的，正是"道不同，不相为谋"的道理。

那么，在结识朋友的问题上，我们应该怎么处理呢？

与比自己高的人结交。这个"高"，当然不是指身高，而是道德比你高，才学比你高。与比自己高的人结识，你才能变得高起来。

此外，你需要远离"是非人"。哪些人是"是非人"呢？嚼别人舌根的人，心胸狭隘的人，自私自利的人，知恩不图报的人，狂妄自大的人，这些都是"是非人"。远离这些"是非人"，你自己才能做一个"清爽人"。

朋友是每个人的生命中拥有的一笔财富，珍惜这笔财富，你会得到一个幸福的人生。

第十七章

家庭温馨：上有老可养，下有小可教

如果问世界上最温暖的地方是哪里，答案一定就是家。一家人能够其乐融融，共享天伦之乐，绝对是人生最大的幸事。南怀瑾大师也曾对父母在家庭中如何做好自己的角色提出过自己的见解，遗憾的是，南怀瑾大师认为大多数家长是不合格的。

你的理，不应该在家中来讲

中华民族五千年的历史，你打过来，我打过去，这里拆房子，那里盖房子，就是两个人闯的祸，一个男人，一个女人。人如果到了无男无女，无饮食需要，不知可以减少多少烦恼。

——南怀瑾大师

南怀瑾大师的这番话看起来是调侃，其实我们细想一下，真的是韵味无穷。这个世界不就是由男人和女人组成的吗？男人和女人组成家庭，而家庭是社会最基本的组成单元。如果家庭出了问题，那么社会也一定不会安稳。

相信世界上的任何一个家庭，都希望家庭和睦，日子过得舒心美满。可是，这只能是一种美好的愿望。家庭生活的常态却是"两口子过日子，哪有锅勺不碰锅沿的"，"家家有本难念的经"，"清官难断家务事"。

我们在家里可以讲一个"情"字，父子之情、母子之情、夫妻之情、兄弟之情、姐妹之情，但是你在家能够讲一个"理"字吗？比如女儿的理想是当一个歌手，按照道理来讲，做父母的应该支持才对，而实际情况却是父母为了让女儿以后能过得好一些，认为她应该从事一份稳定的职业，因此反对女儿追求自己的梦想。如果女儿这时候跟父母说什么尊重他人的选择此类的道理，你觉得有用吗？父母肯定会用"我这都是为了你好"的话来让女儿"迷途知返"。所以，你纵然有着千般道理，也不能拿到家中来讲。这个道理虽然很简单，遗憾的是很多人都做不到。比如男女在谈恋爱的时候，女人能把对方的缺点看成是优点，男人也大多能容忍女人的不讲理。甚至有时候，女友的刁蛮任性反而成了爱情的点缀。可是一结婚呢？两个人似乎都失去了这颗大度心。而且时间越长，为了柴米油盐酱醋茶的小事也要吵上几句，所以才有"七年之痒"的说法。你说，夫妻二人吵架，是一个"理"字就能化解的吗？

有一对老夫妻，他们的女儿即将成为新娘。夫妻二人非常高兴，在婚礼当天，他们将一封信交给了女儿，并且对女儿说："这就是我们祝福你们的新婚礼物。"女儿打开信，里面只有一句话——"家不是个讲道理的地方"。

"家"的确不是一个讲理的地方，家是一个讲"爱"的地方，是一个讲"情"的地方。一个家，最需要的就是宽容和理解了。

唐阳是家中的独生子，因而父母对他的期望非常高，平日对唐阳的管教也就有些严厉。唐阳小时候还觉得没什么，但是长大之后越来越觉得自己应该有自己的生活空间，而且在一些事情上父母应该尊重自己的选择。但是事情偏偏不如他所愿。唐阳为此心中埋怨父母，觉得他们没有像别人的爸爸妈妈那样给孩子那么多的慈爱。

一次，学校组织学生去一座寺院游玩。唐阳觉得应该找一位得道的高僧好好聊聊自己心中的苦闷，希望能就此化解。于是唐阳在烧香拜佛之后，亲自拜谒寺庙的方丈，希望他能为自己指点迷津。

方丈听完唐阳的诉说后，微微一笑说："小施主可否知道，一只鹰是怎么成长起来的吗？"

唐阳摇摇头说："还请方丈大师指教。"

方丈说道："雏鹰出生不久后，就需要练习飞翔的本领，这时候成年老鹰就会用喙将雏鹰叼起，飞上高空后立即将这些雏鹰丢下去，只有这样，这些雏鹰才会学会飞翔。这听上去可能有些残忍，雏鹰甚至可能就此摔死，但这就是自然界生存的法则，那从高空的丢弃，看上去是严厉，其实深藏着无限的爱啊。"

看到唐阳若有所悟的样子，方丈继续说道："人也一样，一个人想要在社会上生存，除了要掌握必要的生存本领，还要懂得为人之道。你的父母平日里对你严加管教，你就不会去犯一些不该犯的错误，而你也能学到更多的本领，以后可以更好地生活，这其实就是父母对子女最大的爱。"

听完方丈的教诲，唐阳心中顿时轻松了许多。自此之后他越来越发现父母的严厉，其实真的就是对自己的慈爱。

那么，我们每一个人应该如何看待家中的"理"呢？

不要主观上认为自己有理。即使你的道理放在外面是可行的，是为人信服的，但是在家里也许就行不通了。比如有些男人不怎么顾家，他的理由是"忙事业，为了让家人过得更好"。"忙事业"的理由放到外面，别人会觉得你是一个有上进心的人。可是家人呢？他们会觉得你多抽时间来陪陪他们，这才是让家人过得更好。

此外值得注意的是，如果你是一个男人，有妻子有孩子，那就应该让自己变得更有包容心。因为你是家中的顶梁柱，如果你都小家子气，那么这个家也就没有多少快乐可言了。

在家中不谈一个"理"字，你会发现其实少了很多烦恼。

心有所得

　　家庭成员之间不能太较真，尤其是夫妻之间。一个家需要的是爱和宽容，而不是谁更有理。

有缘人共度，共度有缘人

我们学佛的人都晓得人生不外一个缘字，这个缘就学佛的意义来说非常大。由人生的缘开始，稍微缩小一点，谈谈男女夫妇的因缘这个观念来了解佛法的问题。

——南怀瑾大师

南怀瑾大师曾经对夫妻关系进行过阐述，大师提到杭州城隍山城隍庙门口的一副对联，上联是："夫妇本是前缘，善缘、恶缘，无缘不合"，下联是："儿女原是宿债，欠债、还债，有债方来"。南怀瑾大师认为，这副对联对夫妻儿女关系的分析是非常透彻的。结为夫妻的人就真的有好姻缘吗？当然不是，我们不也见到有些夫妻其实过得很痛苦吗？只不过他们因为这样或那样的原因而不分开罢了。

姻缘姻缘，重要的就在一个"缘"字。但是有了"缘"，就能保证两个人可以幸福快乐地过一辈子吗？当然不是，感情是需要经营的，换句话说就是修缘分。这才是婚姻关系里的重中之重。

李先生的太太是个很爱唠叨的人，像李先生没穿对衣服啦，少做家务啦，或者是在家中有客人的时候对自己有点像对佣人了等事情都会引来李太太的一番唠叨。李先生对此很是烦恼，于是在某一次外地出差的时候，专门去当地的一座寺庙进香，并且向寺庙的方丈大倒自己的苦水。

寺庙的方丈听完之后，哈哈笑道："这有何难，我为施主写一首诗，施主回家后将其放在显眼之处，您的妻子看到之后就再也不会唠叨了。"

方丈说完立即提笔为李先生作了一首诗，李先生看过这首诗后，半信半疑地将写着这首诗的纸条装进兜里，然后离开了寺庙。

出差回家后，李先生照方丈的吩咐特意将字条留在外衣的口袋里，李太太在要洗这件外衣的时候发现了这首诗。果然，一连几天李太太都没怎么唠叨了。原来这首诗是这样的："相伴唠叨自有缘，唠叨半世意缠绵；劝君休厌唠叨苦，宁愿唠叨到百年。"

不过时间一长，李先生忍不住对太太说："你还是多唠叨几句好。"

同样的道理，在追求爱情的道路上，我们也需要注重缘分的。人们常说，"强扭的瓜不甜"，爱情不是强求来的。

从前有个书生，他和自己的未婚妻本来已经约定在某年某月某日结婚，哪知变故突生，自己的未婚妻却嫁给了另一个人。书生遭此打击后一病不起，家人用尽良药求遍名医都无济于事，书生的性命眼看就危在旦夕了。

这时候，一位云游四方的僧人途经此处，得知书生的情况后决定点化一下他。

这名僧人从怀里摸出一面镜子让书生看，书生从镜子里看到了一片海水，一名女子一丝不挂地躺在沙滩上，看样子应该是遇害殒命了。

一个路人经过此处看到这个女子的尸体，摇摇头然后走掉了。

又有一人路过，这个人将自己的衣服脱下，盖在了女尸的身上然后走了。

第三个人路过，亲自挖了个沙坑，小心翼翼地将这女子埋葬。

书生正在疑惑的时候，却从镜子里看到了自己的前未婚妻，洞房花烛，她的丈夫正在为妻子掀开盖头。

书生不明所以，请僧人指教。僧人说道："那具沙滩上的女尸，就是你前未婚妻的前世。而你就是那第二个路过的人，你为她盖了一件衣服，所以她今生与你相恋，算是还你一个人情，而她最终要嫁的，是那个把她埋葬的人，也就是她现在的丈夫。"

书生听完后顿时大彻大悟，病也很快好了。

这个书生虽然与自己的未婚妻有缘，但是缘分未满，因而没有修成正果。但是书生因为心中的执念，即使缘分已经穷尽却仍然想要将缘分续下去，最终导致自己生病，这就是强求的后果。所以，万事皆随缘，男女之间的感情更是如此，好聚好散，顺其自然，何必自寻烦恼。

南怀瑾大师曾经这样说道：中国人有句俗话：家家有本难念的经。这句话还不透彻，应该说人人有本难念的经。难念的经都是从因缘来。佛学讲因缘，有三项内涵、四种关系。三项内涵即是善缘、恶缘、无记缘。所谓无记缘，就是不善不恶的缘。譬如我们做人几十年，有许多接触过的人，不是自己有意去找他，偶然一过去了也就忘了。苏东坡有句诗说"事如春梦了无痕"，一切事情都等于一个梦，梦醒便忘，这种缘属于无记缘。这是南怀瑾大师对缘的态度。

那么，我们应该如何对待爱情与婚姻呢？

爱情的温度一定要适中。有些年轻人在谈恋爱的时候，简直到了如胶似漆的程度，他们爱情的温度是炙热的。这可能会引来别人的羡慕，但是你要知道，升温越快，降温也就越快。爱情是需要保鲜的，你在短短时间内就将所有的新鲜感都抽光了，很容易产生厌倦的心理。爱情的温度应该适中，爱情应该是细水长流的。

婚姻需要责任感。其实许多人都明白一个人结了婚，组织了家庭，那是需要一份强有力的责任感来支撑这个家庭的。结婚无论对谁而言，都应该是经过慎重考虑后做出的人生选择，草率地步入婚姻的殿堂，那就真的是进入一座坟墓了。只有责任感，才能让你感受到婚姻的暖度。

"有缘人共度，共度有缘人"，希望你能找到自己的有缘人。

心有所得

如果想要让爱经得起风雨的考验，那么就必须投入你自己的耐心和爱心。

下篇　实践篇：登高一望诸峰小，入世出世皆圆通

295

要把婚姻当事业经营

一般人都知道，生命活着要有价值。其实啊，人生的价值，自己觉得没有用的最有用；规规矩矩、老老实实活一辈子就好了。这是庄子的结论，看起来非常消极，对于社会、世界、人生是讽刺的。实际上，一点都不讽刺，他只是告诉我们四个字："世路难行"……世间这一条道路，很难走的；生命要很有价值，自己处理生命要很有艺术；要懂得在哪个环境应该要怎么样做。如果不晓得自处，会招来侮辱，招来伤害。

——南怀瑾大师

一个人的一生既有价值感又有艺术感，这不就像是在经营着自己最喜欢的事业吗？没错，人生就像是一场事业，幸福就像是事业的巅峰。我们倾尽一生所追寻的正是"幸福"二字。

而在人生的各种幸福中，婚姻的幸福是让人最为看重的一点。我们曾听过"婚姻是爱情的坟墓"这样的话，那是因为他们不懂得经营自己的婚姻。要知道，万事万物皆是处在因果循环之中，只有种下了因，才能收获到果。男女之间的感情更是如此，没有付出，何来回报？不去种因，怎能求果？

爱情是需要缘分的，而婚姻则是需要维持。温和、耐心、尊重，这些都可以让两个人的婚姻很融洽地维持下去，让两个人相伴终老。倘若夫妻双方都能以宽容之心来替代内心的执拗不化，以忠诚之心来解决猜忌不信，以谅解之心来对待错误伤害，那么，婚姻之花经过如此浇灌，自然是芳香怡人，羡煞旁人。

值得注意的是，在婚姻关系中，丈夫应该多容忍多担待自己的妻子，也就是俗世所说的"怕老婆"，但这"怕"不是内心的一种恐惧，恰恰相反，而是出于内心深处的爱。一个"怕老婆"的男人，在家中自然会以妻子为中心，妻子有了好心情，还用担心家庭不睦，婆媳不和吗？

陆先生和妻子结婚已经七年了，七年来陆先生认为自己还算是一个称职的丈夫，旁人也都这么说，羡慕陆太太嫁给了一个好老公。不过陆先生还想做得更好一点，于是在某次出差的时候，拜访了当地寺庙里的方丈，向他请教怎么样才能在妻子面前做得更好。

方丈听完之后，微笑说道："施主，我这里有个'三等丈夫论'，你要不要听？"

陆先生忙点着头，说道："请方丈赐教。"

方丈说道："三等的丈夫，回家之后盛气凌人，对妻子嫌东嫌西；二等的丈夫，回家之后虽然看报喝茶，但还会时不时地赞美自己的妻子，感谢妻子为这个家的辛勤付出。"

陆先生听到这里忙说道："那我就是二等丈夫啦，敢请方丈赐教什么才是一等的好丈夫？"

方丈哈哈笑道："这一等丈夫，不仅会赞美妻子，而且还会主动帮妻子料理家务，因为他知道，自己的妻子每天和自己一样辛苦地去上班，回来还要操持家务，自己怎么能看着妻子这么劳累呢？"

陆先生说道："多谢方丈赐教，我知道自己以后应该怎么做了。"

从此之后，陆先生回到家后不仅像以前一样依旧感谢妻子、赞美妻子，而且还帮着妻子料理家务，有时候妻子回来晚了，陆先生早做好丰盛的晚餐等在桌前了。陆太太开心之余自也是投桃报李，在外人面前给足陆先生面子，陆先生的朋友都说陆先生娶了一个温柔贤惠的妻子。

陆先生是一个擅长经营婚姻的人，他主动关心自己的妻子是因，妻子反过来回报他就是果。所以说如果两个人结婚之前是一段善缘，那么结婚之后就要学会维持这段善缘，这样才能结出白首偕老的善果。

佛家讲求生时修一颗善心，死后往生极乐。如果对自己的妻子或者丈夫都不能做到体谅，那么何来对他人的善心？所以，婚姻是爱情之花结出的果实，至于这果实是酸是甜是苦是涩，就要看两个人是怎么呵护这个果实了。那么，这个果实到底应该如何呵护呢？

既然婚姻如同是事业一般，那么就需要有一颗耐心。早早地失去耐心，肯定是任何事都难以收获一个圆满结果的。婚姻也是如此，这也就是为什么会出现"七年之痒"的原因了。为了避免这种事发生在你的身上，你需要锻炼自己的耐心。良好的耐心可以让你在婚姻的马拉松中跑到胜利的终点。

事业需要兴奋感与刺激感，婚姻也是一样。人们常说婚姻可以让爱情中浪漫的感觉一点点地消失，让爱情中的激情逐渐平淡。切记，长久的平淡会让人感觉到乏味，不要让浪漫成为爱情的专利，在婚姻中适时地制造一些浪漫，是可以为其保鲜的。

其实经营好自己的婚姻，不就是达到了南怀瑾大师所言的"有价值""有艺术"的境界了吗？一个人的婚姻美满幸福了，反过来不也可以促进事业吗？所以，用心将婚姻当成事业来经营吧。

一个人的事业即便达到了很高的成就，但是如果没有幸福的家庭作为后盾，快乐的感觉依然会流失。所以，不要再将事业作为人生唯一的重心了，因为你还有另一个"事业"在等待你精心经营。

父母莫要好心办坏事，儿女莫要不知顺父母

　　我有句非常得罪大家的话，我常常发现现在做父母的，没有资格做父母，要重新受教育。而且很多的父母，虽是第一等的家庭，孩子们受的却是最差的教育。在（中国）香港也是，两夫妻都出去做事，孩子交给菲律宾的佣人带。在美国也一样，有些美国好家庭的孩子，找个保姆带。还有婴儿被保姆放进冰箱，有的放电炉里烤死。这个问题很大。

——南怀瑾大师

　　南怀瑾大师一直认为现在的教育制度是存在着严重的弊端的，所以他一直致力于这方面的工作，希望能带来一些改善。有句话说，"父母才是孩子最好的老师"，既然如此，各位家长就需要好好地规划一下自己对孩子的教育了。可能有的父母就会抱怨，我还没有规划吗？我给他报这个辅导班，报那个辅导班，不就是在给孩子规划吗？这其实是大部分父母的误区，他们总认为让孩子学些什么才叫规划，其实玩耍同样是一种规划啊。更何况父母只是让孩子学才，却忽视了修德，这种规划也是本末倒置的。

　　当然，有的父母又会说自己是出于好心。出于好心这一点不用怀疑，但是好心就一定能让你把事情办对吗？好心也会办坏事的道理，想来不用多讲了吧？所以，做父母的还是要多多关注孩子真正的内心需求才是。

　　家庭教育自古有之，让我们通过一个故事来看一下孔子的观点吧。

　　有一天，曾参和他的父亲在瓜地里除草。曾参一不小心将几棵瓜苗给铲断了。他的父亲本来脾气就很暴躁，这时看到曾参铲断了几棵瓜苗，怒不可遏，随手拿起一根棒子狠狠地抽在了曾参的身上，口中还骂道："你怎么这么笨，连点活儿都干不好，简直就是个废物！"曾参只感到肩膀上一阵阵火辣辣的疼，但是

他为了不让父亲感到后悔难过，故意装出一点儿都不疼的样子。父亲看到曾参的表情后，心里想："看他的样子说明我打得并不很重，要是真打伤了他，我可就要伤心难过了。"

孔子听说这件事后，并没有对曾参的忍耐和孝顺进行称赞，而是对他的学生们说："作为儿女，一定要有智慧。当父亲只是用小棒子轻轻打你的时候，这是在提醒你、告诉你犯错了，这时候当儿女的就应该接受这样的责打。但如果是用一根很重的棒子打你，这就不应该接受了。"学生们听完孔子的话，不解地问道："老师，这是为什么呢？"孔子说道："如果你因为接受这种惩罚而被打伤，不是坏了父母的名声吗？人们就会责怪你的父亲不知道心疼孩子了。"

孔子所提倡的孝道，不是一味地顺从，因为这样的孝顺是愚孝。当然，父母在教育子女的时候也应该讲究方法，把握一定的度，不能有过激的行为。

不过话又说回来，在大多数情况下，"顺"确确实实是行孝的基本准则。毕竟，父母做出过激行为的情况实在是太少了，如果父母稍稍教育你，你就认为是"行为过激"，那你是不会懂得什么是孝的。

有一个年轻人向禅师询问，什么才是孝道。禅师给这个年轻人讲了这么一个故事：

有一个老母亲，含辛茹苦地养大了两女一儿三个孩子。两个女儿特别能干而且非常孝顺，美中不足的是母亲唯一的儿子本事平平甚至有些窝囊，生活得很不如意。

两个女儿常常给母亲很多的钱，好让母亲生活得更好一些。可是这个母亲特别疼小孙子，于是总把钱悄悄地给儿子，让他给小孙子买些东西。

邻居有些看不惯，于是把这个秘密告诉了她的大女儿。不过大女儿并没有生气，因为她觉得给母亲钱就是为了让母亲高兴快乐，她愿意怎么花就怎么花，愿意给谁就给谁，如果把钱省给儿子和孙子能让她高兴，那这钱给得就非常值。母亲知道大女儿的态度后非常高兴，并且告诉大女儿自己看着孙子吃比自己吃还觉得香。

过了一个月，二女儿回来了。她知道母亲总把钱给自己的儿子和孙子后非常不高兴，于是开导自己的母亲多给自己买一些好吃的，并要亲眼看着母亲吃下去。结果老母亲气得什么都吃不下，不久后就生病了。

年轻人听完禅师讲述的故事说："禅师，原来孝道就是'顺'啊。"

南怀瑾大师曾经说道："释迦牟尼佛是绝对孝顺父母的。佛经上记载，佛要出家，父亲不准，要他讨了太太才可出家，他只好顺从。娶一个不行，要娶两个，他也照办。后来还要为他生个儿子传宗接代，也同样没有违背父王的旨意。到最后，一切要求做到了，他父亲再也没有话说了，佛这才在夜里离宫出走，到各处参访明师，探求人生真谛。后来，佛的父亲过世，佛亲自回来举丧，一定要亲自将父亲放入棺木中入殓，然后和他的儿子罗侯罗、堂弟阿难、难陀四人，将父亲的棺木抬上他自己经常讲经说法的地方'灵山'安葬。像这样合情合理的做法，你说释迦牟尼佛孝还是不孝呢？"大师讲述的这个故事，体现的就是"顺"父母的孝道思想。

有些人觉得父母生养自己十分不易，晚年应该过上好的物质生活，于是给父母买这个保健品，买那个保健药。可是父母让你吃一顿团圆饭的时候，你却说自己工作忙。因此南怀瑾大师还说道："现在的人不懂孝，以为只要能够养活爸爸妈妈，有饭给他们吃，像现在一样，每个月寄五十或一百元美金给父母享受享受，就是孝了……所以现在的人，以为养了父母就算孝，但是'犬马皆能有养'，饲养一只狗、一匹马也都要给它吃饱，有的人养狗还要买猪肝给它吃，所以光是养而没有爱的心情，就不是真孝。"

大师所说的"爱的心情"，其实就是对父母的顺从，能够顺从父母的时候，还是多多用心吧，莫要"子欲养而亲不待"。

心有所得

父母在年轻的时候，应该给年幼的儿女空间；儿女成人的时候，应该给父母空间。

下篇 实践篇：登高一望诸峰小，入世出世皆圆通

以"不言之教"和"含蓄教化"教子

古人提倡的"行不言之教",是说万事以言教不如身教,光说不做,往往是徒费唇舌而已。推崇道家、善学老子之教的司马迁,也在其自序中,引用孔子之意说:"我欲载之空言,不如见之于行事之深切著明也。"

——南怀瑾大师

南怀瑾大师在这里提到了一个"不言之教",充分说明了在教育子女的过程中,"做"比"说"更重要的道理。但是,"不言之教"并不是每一个父母都能做到的。

有一次,众人请惟俨禅师上堂说法。惟俨禅师耐不住众人的苦苦相求,只好勉强答应。人们奔走相告,说法那天,堂下聚集了好多人。过了一会儿,惟俨禅师终于出现在法堂上,堂下的人立刻屏声静气,准备聆听禅师的教诲。但奇怪的是,禅师只是慢慢地将会场环视了一遍,然后一言不发地回到了禅房。

主持这次说法的院主一下子着急了起来,他来到惟俨禅师的房中,质问道:"你身为禅师,明明已经同意上堂说法,怎么能一言不发地下去呢?你这不是戏弄大家吗?"

惟俨禅师说道:"说戒有说戒的律师,讲经有讲经的法师,而我是禅师,禅是不能讲的,即使讲了也没有任何的效果,你这又怎能怪我呢?"

这就是"无言之教",多么富有禅意的一种教育方式啊!可是有没有一种比较接近于"无言之教"的教育方式呢?有,这就是含蓄教化。

良宽禅师一生修禅,从来没有懈怠过一天。他品行之优远近闻名,方圆百里的人对他都很敬佩。但是在良宽禅师年老的时候，家乡人给他带来消息，说他的外甥不务正业，整日吃喝嫖赌，一个本来好好的家快要被弄得妻离子散了。不仅如此，外甥还经常祸害乡里，弄得人人怨声载道。家乡父老希望良宽禅师可以回乡救救这个年轻人。

良宽禅师风雨兼程半个多月，终于回到家乡见到了年轻的外甥。这位外甥久闻舅舅的大名，一心想着怎么在自己的酒肉朋友面前吹嘘一番。虽然他的家人希望良宽禅师可以规劝外甥重新做人，但外甥想的却是见到这个舅舅怎么捉弄他一番。

当晚，良宽禅师虽然住在外甥房中，却只是坐了一夜的禅，并未对外甥进行半分的说教。外甥不知道舅舅葫芦里卖的是什么药，忐忑不安地熬到天亮。这时候良宽禅师睁开眼睛，想穿上草鞋下床离去。只见他刚弯下腰忽然又直起，回头对自己的外甥说："我想我真的是老了，连穿鞋都这么困难，可否请你帮我把草鞋的带子系上？"

外甥非常高兴地照做了，良宽禅师慈祥地说："谢谢你，年轻真好啊，想做什么就做什么，不像人老的时候什么能力都没有了。所以年轻人应该好好保重自己，把人做好把事业基础打好，不然老了之后什么都来不及了。"

良宽禅师说完后就走出了房间，而他的外甥从这天起，再也不吃喝嫖赌祸害乡里了，并开始辛勤工作努力生活了。

良宽禅师面对让人痛心疾首的外甥，不是用犀利的言辞、沉闷的说教来令其悔悟。而是用一种含蓄的方式表达出人生的道理，唤醒外甥的良知，这就是含蓄教化的妙处所在。

南怀瑾大师曾经说道："万事以言教不如身教，光说不做，或做后而说，往往都是徒费唇舌而已。"事实上，南怀瑾大师也正是这么做的，他在面对学生或是来向自己请教的人时，从不摆出高高在上的样子，用自己的行动来向他人教授谦虚的品德，而非将"谦虚"二字挂在嘴上。

心有所得

如果能用行动进行教育，那么就减少言语吧！其实当你注视着孩子在做什么的时候，孩子也在注视着你做什么。

父母就是活观音

大家家里的父母都是观音菩萨，父母都不孝敬，要求佛保佑，哪有这样便宜的事啊，你不是神经了，你干什么呢？对家里人都不好，对自己亲戚、朋友都欺骗，还说是念了咒子修佛，就会成佛？那我宁可去学"糨糊"，我也不愿意成佛。哪有这个道理呢，对不对？所以心先要恭敬，修自己的心，敬一切的人。

——南怀瑾大师

孝敬父母是老生常谈的话题，但是当下社会，"啃老族"已经普遍存在，一些官二代、富二代更是横行社会，这些为人子女者在透支自己青春的同时，也在透支着这个社会的良知和道德。

那么，除了血脉传承的关系之外，一个人为什么要孝敬父母呢？

一个人的事业、婚姻、生存的根本是什么呢？拥有生命。没有生命这个载体，所有的一切都将不复存在，所以才会有"人死一了百了"的说法。那么，生命是哪里来的呢？父母给的。无论一个人的一生能够拥有多么大的成就，都是建立在生命的基础之上的，而生命是父母给的，父母还养育其长大成人，所以，对父母感恩是再应该不过的事情了。这就是一个人为什么要孝敬父母的原因。如果一个人连父母都不孝敬，你相信他会造福于社会、造福于他人，他会知恩图报，他会和别人友好相处吗？

在古时候，讲的是"身体发肤受之父母"，所以一定要多加爱护，不使之有所损伤，否则就是对父母的大不敬。其实，这一点在当今社会也是适用的。

但如果仅仅停留在这个层面上，那显然是不够的，当一个人遭受挫折的时候，总是对家念念不忘，家就是一个可以舒心地疗伤的港湾，而这个港湾最初是由父母创造的，小时候养育照顾孩子，长大后帮助孩子成家育儿，事业上关心提醒，失败时安慰鼓励……任何时候，父母都毫不迟疑地站在了孩子的身边，温暖孩子的心间，而且从来不求任何回报。所以，南怀瑾大师说，父母是家里的活菩萨，这话振聋发聩。

有一位虔诚的居士，家中只有一位老母亲。他潜心修行，尤其对大慈大悲、有求必应的观音菩萨十分敬仰，家里各处都常年供奉着观音菩萨像。

一天，他听人说观音菩萨的真身经常在南海普陀山显露，于是，他收拾行囊前赴普陀山。经过千里跋涉，终于到达普陀山，那天正好是二月十九日——观音菩萨的诞辰日。但是，他找遍了全岛，拜过了所有寺庙，也没看见观音菩萨的踪影。他听人说梵音洞很神奇，只要虔诚祈祷，真心发愿，就能得到观音菩萨的感应。于是，他虔诚地跪拜在地，真心发愿朝礼，希望观音菩萨显灵，可是最后还是失望了。

当他失落地在山上四处乱走的时候，看到前面有一位慈眉善目的老和尚，就赶紧上前施礼请教："老师父，听说观音菩萨常在这里现身，可是我怎么没有看到呢"

老和尚微笑着回答："观音化身无数，无处不在！"

居士还是很疑惑："既然无处不在，那我怎么看不到呢？"

"你真的想见观音现身吗？"

"当然，我不远千里而来，就是想朝拜活观音啊！"

"你不知道，你来普陀找观音，观音却去了你家里。"老和尚认真地说，"回去吧！回到家里，你就能见到活观音了！"

"这是真的吗？"居士半信半疑。

老和尚很认真地说："你赶紧回去吧，回家后看见一个反穿着衣裳、反穿着鞋的人，就是活观音。"

这次居士相信了，兴奋地日夜兼程往家赶。当他回到家时，已是夜半时分。他为了早点儿见到活观音，就使劲儿地喊叫着砸门。已经睡下的老母亲听出了儿子的声音，因为好些日子没看见儿子了，老母亲很是激动，就随手披起衣服，趿拉着鞋，就跑出来迎接。将门打开后，他看见母亲的样子，恍然明白了：母亲才是真正的活菩萨啊！

南怀瑾大师将父母称之为活菩萨，可谓情真意切，引人深思。他从离开大陆去往台湾后，一别四十年，再也没有见过父母亲的慈颜。他只好把对父母的思念深埋于心，他的苦痛又岂是别人能体会的？

有一次，他在讲课时，曾谈到自己的这种心情："我们老一辈人，从小就是在刀枪战火中讨生活，几乎没有一日是安宁的日子。当年我离开家乡，一晃几十年，没办法和亲人联络，父母生死不知。一二十年也没消息，所以曾有两句诗说：'历劫几能全骨肉，对人不敢论亡存。'内心很伤感。别人问起你的父母现在怎样？实在不敢答复，根本不愿去提，怕讲了会悲伤、会难过。"

后来，南怀瑾接到老母身体欠安的信，睹信思人，只能化作一声哀叹："恐怕等不到与母亲见面了！"这句话不幸被言中。后来，等到两岸实现了"三通"，他有机会回到故乡，母亲却早已亡故了，真可谓"子欲养而亲不待"。

南怀瑾九十高龄时，对父母的孝心仍然不减。他每天早晚必给父母念经。他说："事情再忙还是要念，经常是《般若波罗蜜多心经》七卷、五卷，一定少不了的。如果不念，觉都睡不着。"

对父母的孝其实是做儿女的一种感恩，是对他们为自己付出的一种回报。这就像有的人每天拜佛求神，希求神仙保佑自己平安发财一样，拜自己的父母这对活菩萨，或许不能保佑你晋爵发财，至少能让一个人获得内心的平静和安宁，获得心灵的满足和幸福，这其实比加官晋爵更重要。

心有所得

父母好比两个朋友，照顾了你几十年，如今他们老了，动不得了，你回过来照顾他们，这就是孝。孝道的精神就在这里，假使一个人连这点感情都没有，就不行。孝道很简单，你只要想到当你病的时候，你的父母那种着急的程度，你就懂得孝了。以个人而言，所谓孝是对父母爱心的回报，你只要记得自己出了事情，父母会多么着急，而以同样的心情对父母，就是孝。

第十八章

家庭温馨：有钱当念无钱日，得意休轻失意人

　　一个人不应该将金钱看得无比重要，"有钱当念无钱日"，要做金钱的主人而不是奴隶。南怀瑾大师一生将这些阿堵物看得非常淡薄，绝不强求。我们应当效仿大师这种高尚的品德，做一个远离铜臭气的人。

富贵皆是云中楼，莫以不义来强求

"亡德而富贵谓之不幸"，这句话最重要，人生没有建立自己的品德行为而获得了富贵，这是最不幸的。这里我要补充一下，过年的时候，门口贴的对子"五福临门"，你们知道是哪五福吗？五福（寿、富、康宁、攸好德、考中命）里面没有"贵"哦！

——南怀瑾大师

一个人如果失去了美好的品德而得到了富贵的生活，其实这是最不幸的。"为富不仁"说的就是这个道理。

《论语》中有这样一句话："不义而富且贵，于我如浮云。"这句话的意思就是说如果用不正当不道德的手段来获得富贵名利的话，那么这些富贵名利对我而言，只不过是天边的浮云而已，任其飘远也心无所憾。南怀瑾大师就认为这句话是《论语》中最具文采，也最为优美的一句话，这句话形象地显示出了孔子的价值观和人生观。一个人通过不正当不道德的手段，达到自己富贵加身的目的，这确实是非常可耻的。正如孔子所说，这样的富贵对他而言如同天上的浮云一般，即使此时拿到了，彼时也会失去。

幸福的定义其实很简单，父母慈爱，夫妻和睦，儿女孝顺，这些不都是幸福吗？难道非得整日吃着山珍海味，穿着绫罗绸缎，过着奢华无比的生活才叫幸福吗？有句话叫"人有一技，胜有千金"，如果自己一无所长，即使是金山银山，也会坐吃山空的。所以，只有一技之长才能给你带来永久的心安，不要以为有了多少黄白之物就是幸福。

有一个铁匠，因为家中育有三个儿子而难以维持生计，便去外地谋生，把家交给妻子看管。铁匠每月按时给家里寄些钱财，妻子用这些钱勉强维持着家里的生计。十多年后，铁匠凭着一身手艺在外面发了财，于是他想该是回家看看妻儿的时候了。

铁匠选了个好日子从外地回到了家乡，妻子孩子们都非常高兴，用铁匠赚回来的钱买了好酒好菜，一家人其乐融融聚在一起，享受着来之不易的欢乐。

这时候铁匠对三个已经成年的儿子说道："这十年来我漂泊在外，没有照顾到你们，心里非常歉疚，你们好好想想自己想要什么，等后天我走之前告诉我，我一定会满足你们。"

铁匠的小儿子经常向附近一座寺庙里的方丈请教人生的玄妙，于是他想这次何不也去请方丈指点。当他向方丈说明来意后，方丈说道："施主以为令尊何以有今日之财富呢？"

小儿子说道："我父亲凭借的应该是打铁的手艺。"

方丈说道："那施主心中应该有所了悟了吧？"

小儿子说道："多谢方丈指点。"

等到铁匠又要外出的时候，临行前问三个儿子，都想要什么。大儿子和二儿子异口同声道："钱。"

于是铁匠只留了些路费，把钱平分给了这两个儿子。小儿子说："我希望您能带我到外面，教给我打铁的手艺，让我以后有一技傍身。"铁匠很高兴地答应了小儿子，并把他带到了外面，教给他打铁的手艺。小儿子很聪明，没用多长时间就可以自己独立工作了。

几年之后，铁匠的妻子不幸染病而去，铁匠也因此一病不起。铁匠留下来的家产被大儿子和二儿子平分，小儿子却毫无怨言，只是劝两位哥哥赶紧学门手艺，免得以后生活没有着落。但是他们却不听，弟弟没有办法，只好一个人继续到外面闯荡，并在几年之后成了富翁。而当他衣锦还乡的时候，他的两个哥哥却早就把父亲的财产花光了，终日以乞讨为生。在他们见到自己的弟弟后，非常悔恨自己当初不听弟弟的劝告。

其实佛家劝诫世人修心修性，不仅是要修仁慈之心，修积善之行，而且还要修自度自救之心，修一技一术之行。只有如此，肉身才可安立于世间。肉身既定，则心自定，心既定，则脱人生之苦，一世皆有福泽。

人生短暂，应该抛开对富贵的眷恋，去追求更有价值的东西。一个人的一生往长说不过区区百年，而最美好的光阴也不过是四五十年，我们何必非要将这短暂的人生浪费在对富贵的追求上呢？

所以，《菜根谭》中说："富贵名誉，自道德来者，如山林中花，自是舒徐繁衍；自功业来者，如盆槛中花，便有迁徙兴废；若以权力得者，如瓶钵中花，其根不植，其萎可立而待矣。"意思就是说，世间的财富地位和名声，如果是通过提高品行和修养所得来，那么就像生长着的漫山遍野的花草，自然会繁荣昌盛绵延不断；如果是通过建立功业所换来，那么就像生长在花盆中的花草，会因为迁移变动或者繁茂或者枯萎；如果是通过玩弄权术或依靠暴力得到，那么就像插在花瓶中的花草，因为没有根基，很快就会枯萎。

最后，让我们谨记南怀瑾大师的教诲，看淡富贵，让自己短暂的一生活得更精彩吧！

富贵虽然是许多人追求的目标，但并不是人生最终的意义，你还是明白这个道理为好。

贫者有志气，富者有礼仪

一个人做学问，要能做到"贫贱不能移"，受得了寂寞，受得了平淡。得意失意都要显示出英雄气度英雄本色，即使到了没有衣服穿饿肚子都是那个样子，这是最高修养。

——南怀瑾大师

一个人想要自己耐得了寂寞，受得了平淡，那么就需要做到"贫贱不能移"。做到了这一点，虽然物质上匮乏，但是精神上富足。

李贽在《焚书》中讲过这样一句话："贫莫贫于无见识。"这句话的意思就是一个人没有知识文化，精神上的虚无才是真贫。而《后汉书》也有言："君子不患位之不尊，而患德之不崇；不耻禄之不伙，而耻智之不博。"古代先贤更重视精神层面的修养，对物质是否充足是看得很淡的。

在《庄子·让王篇》中有这么一个故事：

春秋时在鲁国，有一个名叫原宪的人。他有一间一丈见方的房子。房顶盖着茅草，桑枝做的门框，蓬草做的门；用破瓮做窗户，用破布将一间房隔成了两间。房子漏雨，地面潮湿，但是原宪却可以端坐在屋子里弹琴。

一天子贡来看原宪，由于小巷子容不下高大的马车，子贡只好走着去见原宪。只见原宪戴着一顶破帽子，穿着一双破烂鞋，倚着藜杖站在门口。子贡上前说道："先生生了什么病？"原宪回答道："我听说，没有钱叫作'贫'，有学识而无用武之地叫作'病'，现在我是'贫'，不是'病'。"

子贡以俗世之心来看待贫穷，结果让原宪讥讽了一番。

宋朝的胡宿说过这样一段话："富贵贫贱，都是命中注定。我们应该修养自身等待时机，不要被造物所嗤笑。"是啊，如果因为缺少财富就郁郁寡欢，不是让造物嘲笑吗？不过在现实生活中，仍然有人因为自己贫穷而底气不足，见到有钱有势之人便觉低人一等。我们只能说，这样的人其内心并不强大，真正有远大志向的人，是绝对不会因为贫贱而觉得自己矮人半截的。比如孔子的弟子颜回，虽然吃的是粗陋的食物，住的地方也很偏远，但是颜回却能不改其乐，安贫乐道，这分气节以至于孔子都称赞道："贤哉，回也！一箪食，一瓢饮，在陋巷，人不堪其忧，回也不改其乐。贤哉，回也！"

　　上面说的是贫者应该葆有怎样的气节，接下来我们看一看富有的人又应该具备什么样的修养。

　　古语有云："富而好礼，孔子所诲；为富不仁，孟子所戒。盖仁足以长福而消祸，礼足以守成而防败。怙富而好凌人，子羽已窥于子哲；富而不骄者鲜，史鱼深警于公孙。庆封之富，非赏实殃；晏子之富，如帛有幅。去其骄，绝其吝，窒其欲，庶几保九畴之福。"这段话的意思就是：富有而爱好礼义，这是孔子对人们的教诲；不能为了追求富有而不施行仁义，这是孟子对人们的告诫。但凡行仁义的人，完全可以保持幸福而消除灾祸；爱好礼义的人，完全可以保持已有的成就而防止失败。一个人自恃富有而喜欢欺侮别人，那么结局一定不会好，正如子羽已看到了子哲的结局。富有而不骄傲的人很少，这也是史鱼曾经对公孙文子的警告。庆封的富有不是上天赏赐，实是灾祸；而晏子的富有就像布帛一样是有限度的。一个人应该舍弃骄傲，根除吝啬，控制怒气，节制情欲，这样才能保证享受到五种福分。

　　这段话中提到的子羽和史鱼是怎么回事呢？

　　先看子羽的故事：

　　昭公元年，晋侯得了病，郑伯便派公孙侨去晋国问候，子羽随行。晋国有一个叫叔向的人，询问郑国的子哲是一个什么样的人，这时郑国人子羽回答道："子哲素来无礼，而且喜欢凌辱他人，因为自己富有而不将上司放在眼里，这样的人不会久长了。"后来果如子羽所言，子哲被吊死，尸体被放在大街上示众。

　　再看史鱼的故事：

　　定公十三年，卫国的公孙文子十分富有，有一次上朝时请灵公到他家赴宴。退朝之后，公孙文子遇见了史鱼，就将请灵公赴宴的事情告诉了他。史鱼听完说道："你富有而国君贪婪，看来灾祸离你不远了。"果然第二年，公孙文子因富有骄横获罪，不得不逃到鲁国。

看完这两个故事，相信你一定心有感触。一个人越是富有，就越应该保持一分谦逊。这样才不会招来别人的嫉恨，使自己能平平安安地享受美好的生活。当然，如果能够多行布施之事，自然更是功德一件。

南怀瑾大师说过："有些人，有了势力，地位高了，譬如一个人穷小子出身，到了尊贵的时候，本来应爱护别人，爱护朋友，但是他反而不爱护别人，也不爱护朋友，而且做事不照义理，反而骄傲起来，脾气也暴躁起来……现在自己可怜兮兮的，还很自我欣赏，说不定到达了某一个位置，观念就整个变了。所以要在富贵功名，或贫穷下贱，饥寒困苦都永远不变，保持一贯精神的做法，是很难做到的。"

有贫则有富，有富则有贫，二者是辩证的关系。一个人在贫穷的时候，要贫得有志气，不向富贵低头谄媚；一个人在富裕的时候，也要保持一分谦逊平和，知道为富还要行仁义的道理。人们只有做到这些，这个世界才会越来越美好。

心有所得

无论是贫穷还是富足，这些都是暂时的。唯有修养操守，锻炼道德，这才是人们永远的追求。

入世容易出世难，放下手中小算盘

　　　　　　　修道人的行为虽是入世，但心境是出世的，不斤斤计较
　　　　个人利益，因此也常被人给看成傻子。

——南怀瑾大师

　　世间大部分人都以入世之心来做入世之事，比如会争名夺利。而你偏要抛开名利，甚至将到手之物拱手相让，怎能不被这些俗人看成傻子呢？可是，难道我们就因为怕被别人看成是傻子而随波逐流吗？当然不是，谁是傻子，只有真正聪明的人才知道。

　　南怀瑾大师曾经说过这样一句话："为人做事应似'风过竹林，雁过长空'，'事来则应，过去不留'。为人处世就当洒脱，而不是唯唯诺诺、患得患失。古往今来，成大事者一般都是宠辱不惊、当机立断，而患得患失的人终究干不成什么大事。"

　　患得患失的人还有一个毛病，这就是总爱算计别人。这种人就好像是一个账房先生，走到哪里都带着一个小算盘。而这种"账房先生"在生活中也一定是不为人们所喜欢的，因为他们不明白处处算计别人，其实也是时时算计自己啊！世人应当像南怀瑾大师所说的那样，以出世之心来行入世之事，这样你的道德情操就会为人们所敬仰。正所谓"人无所求，品行自高"。

　　佛陀为了普度众生，曾让座下弟子云游四方传播佛法。其中一位弟子来到了一个国家，向这里的人民传授佛教的经义。这里的人民因为第一次听到佛法禅理，都如痴如醉，每天这个僧人还没来到讲经授法的地方，台下已经密密麻麻坐满了信徒。久而久之，这个僧人的名气越来越大，收纳的信徒也越来越多。

这个国家的国王听说在自己的国家里出现了这么一个人时，有些担心自己的统治。于是便命人将这个僧人带到王宫，亲自向这个僧人许诺，只要这个僧人愿意放弃向百姓传授佛法，就会给他享用不尽的荣华富贵。

僧人听完后说道："荣华富贵不过是眼前的虚无，功名利禄也不过是一时的云烟，我所追求的是对世人的度化，如果国王能够帮我做到这一点，那么即使国王陛下不开口，我也会自行离去。"

国王听完后非常生气，下令将这个僧人绑起来，然后以妖言惑众的罪名斩首示众。而且国王为了避免今后再有此事，下令不允许僧人来到自己的国家，并且对国家内部施行严刑峻法，任何人不得有对国王统治不满的言论。

刚开始的几年人人自危，国家的统治似乎很稳定，国王也认为自己的统治可以世世代代地延续下去。但时间一长，人民的不满越来越强烈，终于在某一天发生了起义，国王的统治就此被推翻，国王也被斩首示众。而当新的政权建立起来后，人们将佛教定为国教，世世代代信奉。后来这个国家人人向善，民风淳朴，并且将佛法传播到了其他的国度。

金银财宝也好，高官厚禄也罢，这些都不是佛陀所求。所以，他才能坚定不移地将自己的路走下去，他的精神境界才令世人所敬仰。

佛语有云："空即是色，色即是空。"那我们不妨说："出世即是入世，入世即是出世。"当然，这种精神上的境界并不是随随便便就可以修来的，这需要一颗大彻大悟之心，一双明辨真假的慧眼。

西方灵山举办盛会，佛祖在盛会之上手持一颗摩尼珠，问座下的四方天王："你们说说看，这颗摩尼珠是什么颜色的？"

四方天王一齐注视良久，然后每个人给出的答案都不一样，有人说是青色，有人说是黄色，有人说是白色，还有人说是红色。

佛祖听完后将这颗摩尼珠收起，然后张开手掌，却空空如也，此时佛祖又说道："那现在我手中的摩尼珠是什么颜色的？"

四方天王一齐诧异说道："佛祖，您手上空无一物，何谈颜色呢？"

佛祖听完后说道："我拿一颗俗世的珠子给你们看，你们都能辨别出其颜色，但是当一颗真正的宝珠出现在你们面前时，你们却看不到了，这是多么的颠倒啊！"

南怀瑾大师的一生，就是在用出世的心态行入世之事。大师曾经说道："一个人如果真正立志于修道，这个'修道'不是出家当和尚、当神仙的'道'，而是儒家那个'道'，也就是说以出世离尘的精神做入世救人的事业。"大师实际上也是这么做的，先生曾经与政府合建铁路，没有让自己去赚钱，为的就是造福于民。

我们每一个人相对于这现实的生活而言，其实就是在"入世"，就是在这红尘之中历经着自己的时光，为自己或者他人而忙忙碌碌。这是生活的自然规律，也是我们无法逃脱的束缚。世人多以"入世之心"而行"入世之事"，结果在生活的琐碎与人生的坎坷中身心俱疲。而无论多么美丽的人生之景，在一颗疲惫之心的面前都不过是萧条寂寥，再光鲜的生活都会是一团灰色。

既然"入世之心"会让我们心累身疲，那么何不怀揣一颗"出世之心"来面对生活？"出世之心"会将嗔怒的火焰熄灭；"出世之心"会将贪痴的顽石消磨；"出世之心"会让大慈大悲的源流不息；"出世之心"会让救苦救难的茂树长存。舍去贪、嗔、痴，心怀仁、慈、爱，如此一来，心灵世界方能超脱豁达，能够做到真正的"身处红尘万丈，心中不念一缕"。

我们常说自己这一辈子过得很难，那是因为你"入世容易出世难"啊！

金钱乃是食人兽，莫要贪恋误终生

我跟你们坦白报告，我从小用钱到现在，只晓得一把抓。因为我是独子，被妈妈宠惯了。我们当年用的是银元、铜钱，我妈妈怕我用钱不方便，她用一个竹篓子放在我枕头边，我用钱的时候一把抓，不管是铜钱、银洋，往口袋一放就跑了。因此，我到现在都不会数钱。

——南怀瑾大师

南怀瑾大师一生将这些阿堵物不放在心上，所以才"不会数钱"。大师在开这样玩笑的时候，其实也可以启发我们深深的思考。大师将金钱看得如此之淡，我们是不是应该向大师学习这种高尚的情操呢？

古语有云："天下熙熙，皆为利来；天下攘攘，皆为利往。"这一句话，切切实实道出了绝大多数世间之人的本质，即一心求利，一心求益。而在各种各样的利益中，对财富的追逐应该是最首要的。在这世上，金钱就好比是水，无论你是否干渴，都需要一壶水放在手中方可安心。而权势、名望乃至美色就像是一缕清风，虽然会给人带来一时之间的惬意，但这却不是必须要有的感觉。其实，人们追求金钱财富无可厚非，但是需要铭记的是，金钱既然如水，那么不仅可解世人之渴，也可淹没世人之身，倘若一味贪图黄白之物，那么便会洪水淹身，让自己最终落得个凄惨的下场。

佛教的禅宗有一条戒律，就是手上不能拿金钱，而是十指相合，其意便是教导世人不可被金钱腐蚀了内心。否则的话，金钱便是淹人的洪水、吃人的猛兽，最终会误人终生，甚至害人性命。

一日，杨居士和钱居士在林中散步，正高谈阔论时，忽然看到一位僧人惊慌失措地从树林里跑了出来。这时候杨居士问道："大师，你为何如此惊慌？"

僧人回答道："刚才我挖树坑的时候，突然挖出了一坛黄金。"

杨居士和钱居士闻言不禁对视了一眼，然后钱居士问道："大师，既然是黄金，你又何必害怕呢？"

僧人回答道："你们有所不知，这可是会吃人的猛兽啊。"

杨居士闻言说道："那我们倒要去看看这只猛兽了，还有劳大师指路。"

僧人劝说道："你们最好不要去，否则恐有性命之忧。"

钱居士说道："怎么会呢？还请大师指路。"

僧人见这二人不听自己的劝告，无奈之下叹了口气，然后告诉了他们有金子的地方。两人谢过僧人后，赶快前往寻找。果然，按照僧人的指示，他们很快就找到了那坛金子。两个人不禁眉开眼笑，商量着怎么把这金子运回家。

钱居士说道："现在是白天，把这些金子运回去太危险，咱们还是等到天黑再动手吧。"

杨居士说道："咱们不能饿着肚子，我回家去弄些酒菜来。"

钱居士点头称是，杨居士便回家准备饭菜去了。

杨居士走后，钱居士看着眼前的一坛黄金，不禁想这些金子要是全部归自己所有就好了。可是偏偏有个人来和自己分，要是没有的话……想到此处，钱居士歹念陡生，寻了一根比较粗的木棍，藏在树林等杨居士回来。过了一个时辰，杨居士带着饭菜从家里回来了，却看不到钱居士，正在纳闷的时候，却不知钱居士已经悄悄地来到了自己的身后。钱居士举起了手中木棒狠狠砸向杨居士的脑袋，杨居士闷哼一声便倒地不起，看样子恐怕已经死了。钱居士心中跳个不停，拿起杨居士从家中带来的水猛喝了一通。钱居士心中虽颤个不停，但是他看到这么多的黄金都归自己了，心里觉得这件事做得值。钱居士稍微休息了一下，肚中感到饥饿，便大口大口吃起杨居士带来的饭菜。酒足饭饱后，钱居士刚想将黄金带回家，突然感到腹中剧痛，不一会儿嘴角就流出血来。原来杨居士也想独吞这些黄金，早就在饭菜里下了毒。钱居士临死前不禁感叹，那个僧人真是所言不虚，黄金果然是会吃人的啊！

这二人在黄金面前各怀鬼胎，结果送了性命，应了僧人那句"黄金乃是吃人猛兽"的佛偈，可见在金钱面前切勿心生贪念，否则轻者伤身，重者殒命。

南怀瑾大师在某次讲演中，谈起了自己对金钱的态度："我还有个习惯，不喜欢用旧钞票。旧钞票一摸，我一身毛孔立起来了，觉得好脏啊，不晓得有多少手摸过多少次了。所以摸了旧钞票，一定要洗手的。我喜欢用新钞票，也就是这个原因。"南怀瑾大师巧妙地告诉了我们，如果非要给钱加上感情色彩的话，一定是贬义的。

在佛的眼里，金钱犹如粪土蛆蝇一般，实是臭不可耐。我们每一个人本有清心一颗，但是却因为迷醉这些身外之物，一颗清心便受到了污染，造成心灵上的魔障，严重的话会舍去心中诸般善相，邪恶之心便因此而生。可见，金钱就是一只猛兽，先吞人心，再噬人身，最终只剩累累白骨，难以葬身黄土，得其善终。所以，世人须熄灭心中对金钱的欲火，方可不坠阿鼻地狱，善始善终。

心有所得

金钱对我们每一个人而言是生活的必需品，但如果将其看作是唯一重要之物，那么定然会给自己带来灾祸与恶果。

高低贵贱，无关身外之物

我的名字叫南怀瑾，是浙江人。年轻时，在上海、浙江一带读书，那时大家叫我"难为情"。上海话说怕难为情，所以陈峰今天讲的，我很难为情，很不好意思。陈峰除了做航空以外，好像有个专长，会开帽子店，给我戴了很多的高帽。不过，人都喜欢戴高帽的，明知道高帽是假的，听到也非常舒服。可是大家不要给高帽骗了啊！

——南怀瑾大师

上面这段话是南怀瑾大师在某次演讲中的开场白，十分幽默诙谐。高帽在现实生活中，我们既被别人戴过，也给他人送过。当然，这高帽不能无缘无故就戴在头上，总要有个理由才是。一般而言，一个人的身份往往决定这顶帽子有多高。而如何看出一个人的身份呢？这恐怕就是一件难事了。所以，很多人干脆看穿着。穿着上档次的，那就是有身份有地位的人，穿得土里土气的，那肯定无名、无权、无财。走眼的人有吗？肯定有，而且还不少。这就是说高低贵贱与衣无关。

佛家讲的是众生平等，但世间之人偏偏要分出个三六九等高低贵贱。以世俗的眼光来看，高贵之人，必然锦衣玉食，低贱之人，必然粗服糙饭；高贵之人，必然车马代步，低贱之人，必然徒步而行；高贵之人，必然广厦数座，低贱之人，必然茅屋一间。由此可以看出，世人多以身外之物来判定一个人是高是低是贵是贱，而不是道德品行。但是，以这些身外之物来决定一个人的身份地位，常常会犯下过失。要知肉眼看到的只是表象，有时候甚至是假象。

一休禅师是日本著名的得道高僧，常常有达官贵人在家中有人故去时，来请一休禅师主持丧仪。

这一日，一休禅师受了一个富翁之托，来为富翁病故的父亲主持丧仪。由于一休向来不喜欢修饰自身，所以此次去主持富翁父亲的丧仪时，也只是穿了一件普通的僧衣，看上去甚至有一些破旧寒酸。有些弟子劝一休禅师换一件好一点的，但是一休说道："穿衣但求舒心，何必注重外表？"

于是一休禅师就穿着这件破旧的僧衣前往那个富翁的家中。待到了之时，只见富翁的家门口站着一排人，想必是专门等待迎接一休禅师的。

一休禅师踏步前行，却被这些人当中一个管事模样的人拦住，这个人说道："你这个穷酸和尚，这里可不是你能来的地方，赶快滚。"

这些人当中没有一人见过一休禅师，但都认为以一休禅师之名必是乘坐华车身着锦衣而来，所以在见到一休禅师时出言不逊。

一休禅师不以为意，说道："我是一休，是你家主人请来主持丧仪的。"

可那个管事的人却凶狠地推了一休一把，一休险些摔倒。一休却也不和那人理论，径自转身返回寺庙。到了寺庙后，一休在这件破旧僧衣的外面又套上了一件华丽的僧衣，然后又前往富翁家中。

这次到了门口，管事的人见到一休后赶紧躬身说道："想必您就是一休禅师了吧？快请进！"

这个管事的人并没有察觉眼前的一休禅师就是不久前被自己赶走的穷酸和尚，还在那里等着把一休禅师迎进家中。但是一休禅师却说道："我不打算进去，刚才我穿着一件普通的僧衣而来，你们却将我赶走。现在我换上了一件华丽的僧袍，你们却又如此恭敬。可见，你们等待的并非是我一休，而是一件华丽的僧袍，那我便如你们所愿，把这件僧袍留下。"说完便把僧袍脱下，露出了穿在里面的破旧僧衣。管事的人这才认出眼前的一休禅师正是刚才被自己赶走的和尚，赶紧跪倒在地，乞求一休的原谅。一休也不愿意为难他们，于是说道："我答应你们进去，但是日后你们莫要再以一件衣服来决定待人的态度了。"

我们这些凡夫俗子，哪一个不是来时空空，去时空空？衣服不过是遮羞御寒之物而已，何来高低贵贱之分？看破了这一切，心灵必然不受外物侵扰，达到逍遥的境界。

心有所得

一个人若是凭借几块布来判断一个人的身份，这难道不是愚蠢的行为吗？

定力须常有，机缘不可失

中国传统文化是六岁入小学。小学是学文字，至于生活的教育则是四个字：洒、扫、应、对，怎么样做学生，怎么样扫地。

——南怀瑾大师

南怀瑾大师在此处提到了他自己小时候所接受的教育形式，从中我们不难看出，那时候的教育更加循序渐进，不急于求成。相比现在有些"填鸭式"的教育方法，那时候的教育似乎更具有定力。而一个人的成功，是离不开良好的定力的。南怀瑾大师就曾说道："世界上各种宗教，所有修行的方法，都是求得心念宁静，所谓止住。佛法修持的方法虽多，总括起来只有一个法门，就是止与观，使一个人思想专一，止住在一点上。"大师这番话，其实是在说定力的重要性。

"定力"是佛家的用语。《顿悟入道要门论》上说："定者，对境无心，八风不能动。八风者，利、衰、毁、誉、称、讥、苦、乐是。若得如是定者，虽是凡夫，即入佛位。"用通俗的说法，就是荣辱得失不存于心，喜怒哀乐不形于色。佛家有"戒、定、慧"三学，戒即戒律，定即禅定，慧即智慧。修行佛法者须"依戒资定，依定发慧，依慧断惑"，方可"显发真理，成正等觉"。而在三学之中，"定"又为佛法之中枢。曾有一位佛学家这样说道："广义的定不单指禅定，定学的修持意在培养人之定力，有定力的人，正念坚固，如静水无波，不随物流，不为境转，光明磊落，坦荡无私，有定力的人心地清净，如如不动，不被假象所迷惑，不为名利而动心，定学修持到一定程度自然开慧。"我们从中就可以看出，佛法修持者的定力怎么样，对其最终能否修成正果有着非常重要的影响。

当然不只是修行之人，我们这些俗人若想获得事业上的成功，也必须遵循这"定力"二字，心无旁骛脚踏实地做好眼前之事。这正如佛家所说："须有坚、诚、恒之心，有此心方能有大定、修大行、成大果。"

定力同样也是一种克制力。世人之一生不知会遭遇多少诱惑，倘若心中把持不定，为沿途的几棵奇花妙树而放弃了最终的森林，这不是得不偿失吗？

关于定力的问题，欧阳修曾经跟一位高僧探讨过。

当时，欧阳修在洛阳为官，一天他独自游览嵩山，来到一座山寺，便推门而入。欧阳修看见一位老僧正在堂上读经，对他的到来无动于衷。欧阳修跟老僧说话，老僧也不理会。欧阳修非常惊讶，问道："您在山上住了多久？"

老僧开口说道："很久了。"

欧阳修问道："您读的是什么经？"

老僧回答道："《法华经》。"

欧阳修又问道："我听说古代的高僧大多是在谈笑中坐化。这是用什么方法办到的呢？"

老僧回答道："不过是定慧力罢了。"

欧阳修说道："现在这种高僧却寥寥无几，这又是什么原因呢？"

老僧笑道："古代的人，心念都在定慧上，临终时如何会散乱呢？现在的人，心思都在散乱上，临终如何能得定力呢？"

欧阳修听完老僧的话，佩服得五体投地。

老僧的话，确实说透了世情。常人缺乏定力，正是因心思散乱。

当然，定力虽然可以助你在追求成功的路上走得稳，但是若想走得快，还是需要一分机缘的。错失机缘，即使走得再稳，你也很难达到终点。

当你自身有着一分良好的定力，当机缘出现在眼前时你又能紧紧把握，何愁成功之花不开呢？

心有所得

若想成就一番事业，一要比别人耐得住性子，二要比别人看得到机会。

第十九章

看淡得失：得失荣辱不由人，苦乐皆在自心知

南怀瑾大师说："有求则苦"是佛家的思想；"无欲则刚"是儒家的思想。虽然你什么都不求，只想成圣人、成佛、成仙，也是蛮苦的呀！人到无求品自高，要到一切无欲才真能刚正，才可以做一个顶天立地的人。

宠辱不惊，保持平常心

宠，是得意的总表相；辱，是失意的总代号。当一个人在成名、成功的时候，如果平素不具有淡泊名利的真修养，一旦得意，便会欣喜若狂，喜极而泣，自然会有惊震心态，甚至得意忘形。

——南怀瑾大师

赵州从谂禅师曾问乃师南泉："什么是道？"

南泉回答："平常心是道。"

任何学问，无论是佛道、儒道，还是政道、商道，修到最高境界，都只是一颗平常心。

什么是平常心？便是看淡成败得失，看淡荣辱尊卑。

美国的一位前总统，曾是全国职务最高的人，可是总统当了几年，又去做了教授，做了农场主。在我们看来，这个总统退步了，越混越没出息。

可是，对他来说：总统与农场主没有什么不同，只是在做一份不同的工作而已！这就是平常心，已经将道修到很高的境界。

相比之下，很多人的境界就差多了，能上不能下，做了县长就不能回头去做科长。其根源还是没有平常心，因为"上尊下卑"的观念深入人心，因此患得患失的心境就难以改变。

很多人穷尽一生追名逐利，因不得宠而失意落魄、心灰意冷、郁郁而终。正如老子在《道德经》中所说："宠辱若惊，贵大患若身。"南怀瑾大师也说，有关人生的得与失、苦与乐、荣与辱之间的感受，古今中外，在官场，在商场，在情场，都如剧场一样，是看得最明显的地方。

清朝时，有一个书生数次参加县试都不中。眼看自己已经过了中年，可还是个童生，心里难免不是滋味。这一年，他正好与自己的儿子同科应考。待到放榜这一天，他叫儿子去看榜。儿子看榜回来，进屋就嚷道："父亲，我已经考上秀才了。"这时他正关在房里洗澡，闻言便大声呵斥道："只不过是考取一个秀才，算得了什么？何必大惊小怪！"

儿了一听，吓得不敢大声叫嚷，于是便轻轻地说道："父亲，你也考上秀才了。"

这人一听，立刻打开房门一冲而出，大声呵斥儿子道："你为什么不早说？"因为兴奋过度，他忘记自己正在洗澡，光着身子就出来了。

一个人为什么会这么重视宠辱呢？这是因为宠辱对一个人的事业和生活而言，影响实在是太大了。人一旦受宠，立刻青云直上，而一旦失宠，不仅事业会受到挫折，而且人们看你的眼光也变了，让你真真切切地感受到世态炎凉的滋味。不过南怀瑾大师认为，"人际事物的交流，势利是其常态"，这原本就是很正常的社会现象，我们不必在意。

南怀瑾大师提到了廉颇的经历，他说廉颇因事被免职，那些原先追随他的食客见廉颇失去了地位，于是纷纷都离开了。而当后来廉颇重获重用的时候，那些食客又来投奔他。廉颇很生气，对他们说道："你们这些小人赶快滚吧！"结果其中的一位食客就说道："亏你还是大将，怎么这样没有见识呢？天下的事，莫不是按照交易原则在运行，你得势时，我就追随你；你失势了，我就离开你。这是理所当然的事情，你又何必在意呢？"

其实，造成这两种不同心态的主要原因就是人的私欲。古语有云："心中无私天地宽"，若心中无过多的私欲，又怎会患得患失呢？由是观之，古今中外，大师泰斗，文化名流，都要有点不记私欲的功夫，有点宠辱不惊的本事。否则，胸无丘壑，浮躁浅薄，一捧就飘，一骂就跳，是永远难成大器的。

雍正四年（1726年），谢济世任浙江道监察御史。上任不到十天，便因上疏弹劾河南巡抚田文镜营私负国、贪虐不法，引起了雍正的不快，被免去官职，谪戍边陲阿尔泰。

与谢济世一同流放的还有姚三辰、陈学海，经过漫长艰难的跋涉，他们终于到达了陀罗海振武营，三人商量着准备去拜见将军。有人告诉他们：戍卒见将军，要一跪三叩首。

姚三辰、陈学海二人听后很是凄然，自己身为一个读书人却要向人下跪磕头，这样的大礼实在让人难过。谢济世倒不以为意，劝慰两个同伴说："这是戍卒见将军，又不是我们见将军。"二人一想，说得有理，便一起去见将军。一见面，将军对这三个读书人很尊重，不仅免去了大礼，还尊称他们为先生，赐座赏茶。姚三辰、陈学海觉得得到了不错的待遇，很是高兴，不禁露出得意的神色，谢济世却还是不以为然。他说："这是将军对待被罢免的官员，并不是将军对待我，没什么好高兴的。"

姚三辰、陈学海宠辱若惊，似乎难以享受到平和的心境，而在谢济世眼里，没有得意，亦没有失意，宠辱加身，心无所动，去留无意，能心态平和，恬然自得，笑看人生，不失为人们的榜样。

齐白石先生曾说过这样的话："对同一幅艺术作品，喜欢者可能会捧到天上，厌恶者可能会踩在地上，且不说还有人心存偏见或嫉贤妒能。所以，不必太在意外界的风风雨雨，骂声、嘘声、喝倒彩声，虽然也难免会声声入耳，但这个耳朵进那个耳朵出就行了。"

这种宠辱不惊的心态着实让人钦佩。

那么，在面对荣辱苦乐的时候，我们应该怎么做呢？

修行一颗不入心。顾名思义，不入心就是不将这些荣辱苦乐放在心上。你夸我也好，骂我也罢，我就当是过耳的清风。南怀瑾大师说："我幼年时读《昔时贤文》，就见到'有酒有肉皆兄弟，患难何曾见一人'，'贫居闹市无人问，富在深山有远亲'，这正是成年以后勘破世俗常态的预告。在一般人来说，那是势利。其实，人与人的交往、人际事物的交流，势利是常态。纯粹只讲道义，不顾势利，反而非常态。"既然是人之常情，我们又何必愤世嫉俗，强人所难？不妨以平常心接受。

修行一颗超脱心。荣辱也好，苦乐也罢，都是心灵上的一种感受，是心灵没有超脱、没有大彻大悟的业障。若是能修一颗超脱心，那么苦乐荣辱相较于内心不过是蜉蝣相较于宇宙。当然，超脱之心并非任何人都可修来的，这是需要极大的福缘的。所以，能做到不入心便很好了。

心有所得

与人交往，能视宠辱如花开花落般平常，才能不惊；视职位去留如云卷云舒般变幻，才能无意。

花花世界撩人眼，功名富贵迷煞人

功名富贵不想，你做得到吗？功名富贵很可爱啊！你到了那个位子就会晓得，心里想喝茶，眼睛这么一看，一排茶叶就摆过来了，乌龙啊！铁观音啊！铁罗汉啊！清茶、花茶、菊花茶，应有尽有，因为你是名利中人、权位中人。你如果想一样东西，马上摆在面前，那多麻醉人啊！随便讲一句话，明明讲错了，下面站着几千人喊"是"。那个味道是很好，自己马上觉得长高了。

——南怀瑾大师

在这个世界上，什么东西最迷人？

有人会说，是美人；有人会说，是美景；有人会说，是爱情。可是归根结底，还是功名富贵最迷人。

在现代社会中，没有功名富贵，就难免遭人冷眼，难免望"房""车"兴叹，有时候恐怕连爱情都保不住——肚子不饿的时候，爱情可能还是爱情；肚子饿了的时候，谁能保证爱情不会被"饿"走？

可如果有了功名富贵，一切就不同了——一切物质的资本，豪车、豪宅、美人任你选，权力、地位也是随手即来。

众所周知，孔子真正是个做学问的人，他就说过这样的话："自从季孙氏送给我优厚的俸禄后，朋友们更加亲近了；自从南宫顷叔送给我马车后，我的仁道更容易施行了。所以，一个人坚持的道，遇上时机才会受到重视，有了权势，然后才能推行。没有这两个人的赏赐，我的学说几乎成了废物。"

可见，功名富贵能给人们带来好处。不管我们是否承认功名富贵的可爱，拥有他们的人，确实能享受到普通人享受不到的特殊权力。除了能够享受到更多的物质，看得见也是最被人羡慕的权力还有以下两种：

一是说话权。有权有势的人说话，总会有"虔诚"的听众。他随口的一句话，比旁人千百句都有效，总会有人投其所好。哪怕讲一句粗话，也是粗犷豪放有古风；哪怕讲一句下流话，也是大雅若俗见功力，总会有人为其罩上"光环"，美化一番。

二是特殊尊重权。有权有势的人身边永远不缺为其献媚的人，这些仰视的目光让多少人心生羡慕嫉妒恨？相反，无权无势不富贵的人，别人尊重你，是人家修养好；若是人家"狗眼看人低"，除了生气以外，你又能奈何？

花花世界如此美好，功名富贵让人逍遥，难怪世人争相追逐，争享"洪福"，可是，就在这追逐的路途上，烦恼也在不知不觉中增多了。

一位老师请他的几名学生去家中做客，老师问学生们生活得怎么样。一句话勾出了大家的满腹牢骚，大家纷纷诉说着生活的不如意：

有的说工作压力大，为了赚更多钱，透支健康，身体已经发了警报；

有的说仕途受阻，为了往上爬，费了不少脑筋，年纪轻轻就已经白发丛生；

有的不满于现在的物质生活，为买不起更好的车子房子而忧虑；

……

一时间，大家仿佛都成了上帝的弃儿。

老师笑而不语，从房间里拿出许许多多的杯子，摆在茶几上。这些杯子各式各样，有瓷的，有玻璃的，有塑料的，有的杯子看起来高贵典雅，有的杯子看起来简陋价廉……老师说："都是我的学生，我就不把你们当客人看待了。你们要是渴了，自己倒水喝吧。"

大家说得已经口干舌燥了，便纷纷拿起自己中意的杯子倒水喝。等大家手里都端了一杯水后，老师讲话了，他指着茶几上剩下的几个杯子说："你们有没有发现，你们挑选的杯子都是最好看最别致的杯子，而像这些塑料杯和纸杯就没有人选它。"

"这并不奇怪呀，谁都希望手里拿着的是一只好看的杯子。"一个女同学说。

老师说："这就是你们现在烦恼的根源。大家需要的是水，而不是杯子，但我们总下意识会去选用好的杯子。这就如同我们的生活——如果生活是水的话，那么，工作、金钱、地位这些东西就是杯子，它们只是我们用来盛起生活之水的工具。杯子的好坏，并不能影响水的质量，如果将心思花在杯子上，你哪有心情去品尝水的苦甜，这不是自寻烦恼吗？这就是：野花不种年年开，烦恼无根日日生。"

的确，烦恼正是来自花花世界里功名富贵的诱惑，如果，我们能对这些诱惑淡然处之，回归生命的本真，那很多烦恼就会不复存在。

《摩诃般若波罗蜜多心经》中说，依般若波罗蜜多故，心无挂碍，无挂碍故，无有恐怖，远离颠倒梦想，究竟涅槃。意思是，依从无上智慧成就到达彼岸，心里没有牵挂、迷惑。因为没有牵挂、迷惑，所以没有担心、害怕，远离痴迷梦想，终于成佛。

对此，南怀瑾大师曾评论，这才是佛的境界。

乍一看，这个境界似乎简单，实际上，能达到这样的境界，乃是上界神仙之福，比世人追逐的功名富贵更难得！

要求不高的福反而比要求高的福更难得，这不是很奇怪吗？

但其实也不奇怪，问题还在于人心好动不好静，很多时候，你的人生之路并不由你完全掌舵：当了一个小官，进入官场那个氛围，很自然就想当个大官，要不然，眼看昔日的同僚、下级一个个爬到自己头顶上去，每天在那里揪心，还谈什么享福？经商小有成就，进入商场这个氛围，很自然就想赚一笔大钱。你不想赚，那个圈子也会逼着你赚，否则，恐怕连"圈子"都会排挤你。

功名富贵不一定是你想为之着迷，但却会自然而然为其着迷；不是你不想求人生的自然境界，而是不知不觉就会偏离轨道。这也从另一个角度证明了佛法对于这个世界的可贵。

佛法想要送给你的，就是一分难得的清净，就是一分难得的洒脱。有了清净和洒脱，你才享得到上界神仙之福。如果你觉得那些修佛之人不懂得享受花花世界，生活寡淡无味，那你就大错特错了。他们的内心世界丰富多彩，同时又纯朴自然。他们能感悟到更多被麻木的世人遗忘和忽略的美好。这种快乐，正是富贵难求的童真之乐，是远离浮华世俗之乐！

心有所得

看淡功名富贵，抵挡住花花世界的诱惑，自然能拥抱上界神仙之福。

虚名让人生沉重

世界上最骗人的东西就是虚名。中国历史上，每一个朝代，皇帝面前的党派意见纷争，都犯了这个毛病，"德荡乎名"。

——南怀瑾大师

南怀瑾大师可以称得上是国学泰斗，但是我们从他本人身上，却看不到一丝一毫由这些"虚名"带来的自大气。并且南怀瑾大师每到一处讲学时，总要说自己是"徒有虚名"，是"出来骗人的"。这些话我们不必当真，但是大师的人格却由此高大起来。

古语有云："嚼破虚名无滋味。"虚名就像是包了一层糖衣的苦药，开始尝的时候感觉甜甜的，但是越往后就越觉得慢慢有苦味渗透在自己的嘴里，忍不住想吐出来。所以，名与利只不过是粪土云烟一般。就以一代高僧弘一法师为例，他对别人在书信中称自己为"法师""老法师"等诸如此类的称谓十分反感，他总是要求别人在信中对自己直呼其名。弘一法师认为，一个真正的修佛修禅之人，是不应该被俗世的名利所羁绊的。修佛悟道之人须以双手捂耳，不听俗世对自己的夸赞；须以五指遮眼，不看红尘对自己的赐赏。

我们大多数人在自己籍籍无名的时候，总想着以后能流芳千古，更有甚者为这虚名的魔障所困，即使遗臭万年也在所不惜。心灵世界自此便要为这虚名所累，心也犹如一面涂满黑墨的镜子，待世人想要观照自身之时，看到的只是一片黑暗。

一代高僧洞山禅师快要圆寂时，那些敬仰禅师的人从四面八方赶来，为的就是看禅师最后一面。洞山禅师看着满院的僧俗，脸上露出了净莲般的微笑，说道："贫僧在俗世沾了一点闲名，如今肉身即将坏去，闲名自然也该被清除了，你们当中可有人愿意为我除去闲名？"

寺院里安静了下来，这时候一个小沙弥走到洞山禅师面前，行礼后说道："请问和尚法号是什么？"

此话刚一出口，寺院立刻沸腾起来，人们纷纷议论这个小和尚对洞山禅师也太不尊重了。但是洞山禅师听后大笑说道："好啊！现在闲名已经被去除了。"于是坐下来闭目合十，就此圆寂。

小和尚的眼睛里流出了泪水，庆幸自己在师父圆寂前，为师父去除了闲名。

但是寺院里的人却责怪小和尚道："你身为弟子，怎么连洞山禅师的法号都不知道？"

小和尚说道："师父的法号我岂能不知，但是我这么做，正是为了除去师父的闲名啊。"

南怀瑾大师在一次讲演中，曾经说过："人家都说我学问很好，文章很好，还认为天才儿童，还有什么神童啊，才子啊。我从小这些头衔听多了，所以现在听到什么恭维的话，一概不动心，我听得已经不值钱了。"同时，他也对我们做出这样的教诲："我希望大家注意一件事，世界上最骗人的东西就是虚名。什么叫虚名呢？徒有其名，没有真正的内容。所以，古人有两句诗很好：'原来名士真才少，偏是僧家俗气多。'有名的人，不见得真有学问，这就是'原来名士真才少'。下一句牵涉到体悟法师及下面的两位法师，出家人，'偏是僧家俗气多'，本来出家人应该很高雅的，没有俗气，结果出家人变得俗气了。"

南怀瑾大师为什么说虚名是世界上最骗人的东西呢？这主要是因为一个人往往只是看到虚名给自己带来的荣耀，而没有注意到虚名给自己所带来的危害。虚名的"骗人"正是在此。

心有所得

有句话叫"人过留名，雁过留声"，一个人在这个世上，应该求得一个什么名呢？恐怕，除了"好人"之名，其他的都是虚名而已。

"名利"过眼，无挂无牵

一般追名逐利的人，就和那些筑巢在大房子梁柱上的小燕子一样，一天到晚叽叽喳喳乱叫，自夸居住的房屋有多么伟大，梁柱雕刻得多么华丽，而事实上它们只是筑巢在那里栖身而已。这就等于一般世人栖身托命于名利，而对自己的功名富贵自夸一样的可怜。

——南怀瑾大师

名利是人生当中最易伤人的凶器。

《庄子·人间世》中说："名也才，相轧也；知也者，争之器也。二者凶器，非所以尽行也。"意思是说："名"，是人们互相倾轧的根源，"智"是人们互相争斗的工具。因此两者皆是凶器，不能在世间推行，只有根除了名和智，人世才能太平。

人为了求名求利不择手段，那些多年修行来的知识技巧都成了斗争的工具，不管是古代还是现代，几乎所有的人都在为金榜题名而发奋苦读，鲜有人为了真正的学问，大多数人都只是希望通过这一途径为自己谋官谋利。

南怀瑾大师在一次演讲时说过这样一段故事：

清军入关以后，有许多读书人不投降。清帝康熙看到汉人反清的太多，为了要收罗这些不愿意投降的读书人，就想出了一个办法，在科举中特别开了一个"博学鸿词科"，恩准不愿意投降的遗老们报名考官位。

很多"头可断，血可流"的读书人在这种诱惑下动摇了，参加了第一次考试。还有一些书生"硬汉"硬不投降，尖刻讥讽第一批人。

不久，第一批参加"博学鸿词科"的人都获得了很好的官位。康熙又开第二次"博学鸿词科"，以便收罗第一次未收罗到的人。结果，没参加第一次考试的读书人都忍不住来报考，导致考场的位置都满了，后去的被推到门外。

这样的事情让人啼笑皆非，同时也反映出一个道理，人在名利面前能做到不被诱惑，想要保持自己的初衷实属不易。南怀瑾大师说，现在我们看历史，批评别人容易，一旦自己身临其境，要做到富贵不动心，功盖天下而不动心，真是谈何容易！

古语有云：天下熙熙，皆为利来，天下攘攘，皆为利往。名利似乎已经成为人类生活唯一的驱动力。然而，正是因为这个"驱动力"导致人们任性自欺而上当受骗，许多人都心甘情愿地跳入陷阱而不自知。很多时候，声色货利，就是奸人最惯用的手段，用来诱骗那些被名利迷了眼的人。这就好像鱼儿奢求鱼钩上肥美的鱼食，便想毫不费力地去获得，殊不知，那美食正是致命的诱惑。很多人就像这鱼儿一样，看到了名利的诱饵，就跃跃欲试，直到被勒住了喉咙才悔不当初。

南怀瑾先生就此告诫世人，善于用物可以，但绝不可被物所用，以免在与现实外物的博弈中输得一塌糊涂。他曾讲过这样一个故事：

相传清朝的乾隆皇帝游江南，站在江苏的金山寺。看见长江上有许多船来来往往，他问一个老和尚："老和尚，你在这里住了多少年？"老和尚当然不知道这个问话的人就是皇上，他说："住了几十年。"

再问他："几十年来看见每天来往的有多少船？"老和尚说："只看到两只船。"乾隆惊奇地问："这是什么意思？为何几十年来只看到两只船？"老和尚说："人生只有两只船，一只为名，一只为利。"乾隆听了很高兴，认为这个老和尚很了不起。

可见"名"与"利"对世人的重要性，然而，人生的最高道德境界本应把"名利心"抹平，唯有如此，才能做到淡定处事，达到真正的逍遥人生。

庄子认为："一以己为马，一以己为牛"。也就是说人家叫我是牛，很好，叫我是马，也好，把虚荣心去掉了，一任时人牛马称呼。庄子的这种境界可谓逍遥无羁。

在这方面，马寅初先生也堪称表率。

马寅初先生曾是北大校长，1960年3月31日，马寅初因《新人口论》被狂风暴雨般批斗了几个月后，最终被免去北大校长的职务。儿子回家告诉他这个消息时，他只是漫不经心地"噢"了一声，便再无下文，好像这只是一件鸡毛蒜皮的小事，完全不值一提。

直到1979年9月14日，北大隆重召开大会，为马寅初平反，恢复其名誉，并给予了他高度评价。此时的马寅初已经是97岁高龄的老人了，但仍然健康清醒。当儿子回来告诉他这一"特大喜讯"时，他仍是心不在焉地"噢"了一声，不置一词，照旧闭目养神，心如止水，好像这事与他没有任何关系。可见其修养之深。

再来看现在的人，总是患得患失，不堪重负。这大概正是因为，金钱的诱惑、权力的纷争、宦海的沉浮让人殚精竭虑，把名利看得有如生命之重，甚至超过生命，结果必是陷于世俗的泥淖而无法自拔，与内心世界"幸福的方向"相背离。

人的一生短暂到让我们来不及感慨，我们呱呱坠地来到这个世界时，双手空空，而等到离开这个世界时，同样也带不走一分一毫的财富和名声……明白了这个道理，自然就会对许多东西看淡。

南怀瑾大师曾说："人生的乐趣并不是物质上的丰富，采取非法的、不道德的手段获得财富更是极为可耻的。孔子说，'不义而富且贵，于我如浮云'。这个比喻妙极了。我们要注意一个现象：天上的浮云是一下子聚在一起，又一下子散开的，最后连影子都没有。可是一般人看不清楚，志得意满之时看到功名富贵如云一样集在一起，可是没有想到它接着也会散去。所以人生一切都是浮云，聚散不定，看透了这一点，才能不受物质的诱惑、虚荣的惑乱。"

可见，幸福的生活完全取决于自己内心的简约，而不在于你拥有多显赫的名声，拥有多少财富。

居里夫人因取得了巨大的科学成就而天下闻名，她一生多次获得各种奖金，并获奖章16枚及各种名誉头衔117个，但她对此都全不在意。

有一天，她的一位女朋友来访，忽然发现她的小女儿正在玩一枚金质奖章，而那枚金质奖章是大名鼎鼎的英国皇家学会刚刚颁给她的，她不禁大吃一惊，忙问："居里夫人，能够得到一枚英国皇家学会的奖章，是极高的荣誉，你怎么能给孩子玩呢？"

居里夫人笑了笑说："我是想让孩子从小就知道，荣誉就像玩具，只能玩玩而已，绝不能够永远守着它，否则将一事无成。"

1921年，居里夫人应邀访问美国，美国人为了表示崇拜之情，主动捐赠1克镭给她，要知道，1克镭的价值是在百万美元以上的。

这是她急需的。虽然她是镭的"母亲"——发明者和所有者(但她放弃为此申请专利)，她买不起昂贵的镭。

在赠送仪式之前，当她看到《赠送证明书》上写着"赠给居里夫人"的字样时，她不高兴了。她声明说："这个证书还需要修改。美国人民赠送给我的这1克镭永远属于科学，但是假如就这样写，这1克镭就成了我的私人财产，这怎么行呢？"

主办者在惊愕之余，打心眼里佩服这位大科学家的高尚人品，马上请来一位律师，把证书修改后，居里夫人才在《赠送证明书》上签字。

生活中有像居里夫人这样漠视名利的人，但更多的人为了求名求利，甚至不择手段。而如此苦心追逐的名利，最终换来的仅仅是公众场合的一两点流光溢彩的光鲜和别人羡慕的眼光罢了。

这个道理正如南怀瑾大师所说：一般追名逐利的人，就和那些筑巢在大房子梁柱上的小燕子一样，一天到晚叽叽喳喳乱叫，自夸居住的房屋有多么伟大，梁柱雕刻得多么华丽，而事实上它们只是筑巢在那里栖身而已。这就等于一般世人栖身托命于名利，而对自己的功名富贵自夸一样的可怜。

心有所得

生活中有像居里夫人这样漠视名利的人，但更多的人为了求名求利，甚至不择手段。而如此苦心追逐的名利，最终换来的仅仅是公众场合的一两点流光溢彩的光鲜和别人羡慕的眼光罢了。

看淡得失，逃离幸福羁绊

做人六字诀——静：少说话，多倾听。缓：稳着做事，不急不躁。忍：面对不公，别气愤，别宣泄，忍让是智慧。让：退一步，海阔天空。淡：一切都看淡些，很多事情随着时间会变成云烟。平：是平凡，是平淡，是平衡。

——南怀瑾大师

南怀瑾大师在做人六字诀中提到了"淡"——一切都看淡些，很多事情随着时间会变成云烟。

如何理解这个"淡"字？说到底，就是看淡得与失，不管是钱财、名利，都要看作身外之物，得之不喜，失之不忧，才能逃离烦恼与忧愁的牵绊，保持平和淡定的心境。

《说典》中有则小故事：

东汉大臣孟敏，年轻时卖过甑（陶制炊具）。一次，他的担子掉在地上，甑被摔碎了，他头也不回地径自离去。有人问他："坏甑可惜，何以不顾？"孟敏十分坦然地回答："甑已破矣，顾之何益？"是的，甑再珍贵，再值钱，再与自己的生计息息相关，可它被摔破，已是无法改变的事实，你为之心疼，顾之再三，又有什么益处呢？

古往今来，无数智者皆可看淡得失，愚者才去斤斤计较，患得患失。可越是这样，越会徒增烦恼。

古时候有一位神射手，名叫后羿。他练就了一身百步穿杨的好本领，立射、跪射、骑射样样都能百发百中，几乎从来没有失过手。人们争相传颂他高超的射技，有天便传到夏王的耳朵里。一次很偶然的机会，他目睹了后羿的神箭法，很欣赏他的功夫。

夏王便招后羿入宫中，单独给他一个人演习一番，好尽情领略那炉火纯青的射技。在御花园里，夏王找了个开阔的地带，叫人拿来了一块一尺见方，靶心直径大约一寸的兽皮箭靶，对后羿说："今天请展示一下您精湛的本领，这个箭靶就是你的目标。为了使这次表演不至于因为没有竞争而沉闷乏味，我来给你定个赏罚规则：如果射中的话，我就赏赐给你黄金万两；如果没射中，那就要削减你的一千户封地。"

原本很自信的后羿听了夏王的话，面色变得凝重起来。他脚步沉重地走到离箭靶一百步的地方，取出一支箭搭上弓弦，摆好姿势拉开弓开始瞄准。但因为心里想着这一支箭所承载的重量，他无法安心，拉弓的手也开始微微发抖起来，箭应声而出，却没有射到靶心上。

后羿更加紧张了，他再次弯弓搭箭，精神却更不能集中了，结果一连几发都没有射到靶心。

最后，后羿收拾弓箭，向夏王告辞，悻悻地离开了王宫。夏王为此心生疑惑，就问手下道："这个神箭手后羿平时射起箭来百发百中，为什么今天却大失水准了呢？"

手下解释说："后羿平日射箭，不过是一般练习，在一颗平常心之下，水平自然可以正常发挥。可是今天他射出的成绩直接关系到他的切身利益，叫他怎能静下心来充分施展技术呢？看来他的得失心太重，以至于不能专心射箭，有愧于神箭手之名呀！"

事实证明，得失心太重的人，总会在关键时刻"掉链子"，连基本的水平都难以发挥，也就注定了他们平庸的命运。

当然，我们说看淡得失，并不是消极概念上的不思进取，而是要懂得"修剪欲望"。很多人之所以生活得不快乐，或者压力很大，很大一部分原因是因为欲望不断扩大造成的。人的欲望是无止境的，穷其一生也未必能满足一二。而且被欲望驱使，人就失去了人生的本意，就失去了体会快乐的心情，甚至变成了欲望的奴隶，疲于奔命，最后被欲望的洪流淹没。

所以，人不能放纵欲望，更要看淡得失。南怀瑾大师说，"不尚贤，使民不争"是消极地避免好名的争斗，"不贵难得之货，使民不为盗"是消极地避免争利的后果。虽然消极，但却是遏制人类欲望滋生的一种方法。今天得到的，未必总是属于你；今天失去的，也许明天又能得到。因此，没有什么是我们不可以失去的，因为随时都可能失去；没有什么是我们肯定能得到的，因为随时都可能发生变化。正所谓："不论平地与山尖，无限风光尽被占。采得百花成蜜后，为谁辛苦为谁甜。"

有的人走到人生尽头回首往事时，才发现，自己争来抢去、机关算尽走过的是烦恼痛苦的一生，而很多能够恬淡生活、看淡得失的人走过的才是幸福和快乐的一生。而后者正是每个人内心最想追求的东西，只是很多人直到生命的终点才恍然大悟。南怀瑾大师曾说过这样一个例子：

"只要到妇产科去看一看，每个婴儿都是四个手指头握住一个大拇指，握得死死的。这人一生下来，就想抓取。可是再到殡仪馆去瞧一瞧，那些人的手都是张开的。人生下来就想抓东西，到头来什么也抓不住，抓不住，就松开了。我们再看猴子偷苞谷，左摘一个夹在右腋下，右摘一个，夹在左腋下。左右不停地摘，又不断地掉，最后走出苞谷田，手中只拿到一个。如果遇到人了，一紧张恐怕连最后一个也丢了。人生一路就是摘苞谷，最后都不是自己的。所以，还是要学会放下，别等到了最后，一点都不潇洒。"

生生死死，死死生生，世间的一切总是继往开来，生息不断的，得与失，到头来根本就是一无所得，也一无所失，我们又何苦为此烦恼为此奔命呢？

今天得到的，未必总是属于你；今天失去的，也许明天又能得到。

第二十章

助人为乐：帮助他人，幸福自己

南怀瑾大师认为，自私还是为他人着想是人生的根本态度。冷漠自私的"富人"，就算拥有万贯家财，相比于那些把钱用于公益事业的人而言，还是不快乐的穷人。

净布施才是真布施

平时在人家谈布施时，我就不轻易谈。有些人把钱送出去以后，越想越后悔，越后悔越睡不着，"如是施者，非净布施"。

——南怀瑾大师

社会上，很多人怀疑"助人为乐"和好人有好报——帮助别人就能感觉到快乐吗？帮助别人就会得到好的回报吗？

也许很多人随口就能举出反例，诸如借钱给人，反目成仇；给人当红娘落得一身埋怨；等等，让人寒心不已。

那么，为什么会发生好心无好报这种反常现象呢？《毗耶娑问经》给我们回答了这个问题。

《毗耶娑问经》中说："大仙当知：有三十三不净布施。何等名为三十三耶？一者，有人邪心倒见，无净信心而舍财物，如是舍者非净布施。二者，有人为报恩故而舍财物，则非布施。三者，有人无悲愍心而舍财物，亦非布施。四者，有人因欲心故，而舍财物，亦非布施……"

意思是说，世上有三十三种不洁净的布施。是哪三十三种呢？第一，有人因邪僻的心理、错误的见解、龌龊的念头施舍财物，是不洁净布施。第二，有人为报答别人的恩惠而施舍财物，是不洁净布施。第三，有人毫无悲悯之心而施舍财物，也是不洁净布施……

《毗耶娑问经》认为，这三十三种不恰当的慈善行为，是不洁净的，种的不是善因，也很难获得真正的善果回报。这正是我们通常所说的"好心无好报"的真正原因——很多事情，看起来是善事，是在布施，实际未必真是善事，未必是真布施。

了解三十三种"不净布施"，可以避免做"好心无好报"的冤枉事，至少能减少心中对"好人无好报"的抱怨。除了前面已摘录的三种外，下面将余下的几种"不净布施"分列如下：

因为有所欲求而施予财物，不是真布施。（比如想讨好某人送礼物，希望得到特殊照顾，这不算真布施，如若对方不肯接受，决不能作为"好心无好报"的例证。）

把财物投进火里，不是真布施。

把财物丢进水里，不是真布施。

送礼给大人物，指望受到赏识提携，不是真布施。

害怕受到伤害，破财消灾，不是真布施。

送毒害品给他人，不是真布施。

送武器给人家，可能造成伤害，不是真布施。

送肉给人家，也要杀生，佛家认为不是真布施。

收养孤儿，目的是抚养他们成人后使唤他们，不是真布施。

为了面子送钱物给人家，不是真布施。

为了自己快活，送钱物给歌女、妓女等人，不是真布施。

人死了财产自然转移，不是真布施。

因为房屋不洁净，送给别人，不是真布施。

拿别人的钱物送给其他人，不是真布施。

小鸟、老鼠偷吃田地、家里的粮食，这不是你有心送给它们吃的，也不是真布施。

请人办事付的酬金，不是真布施。

有求于人而送钱物，不是真布施。

为了向人赔礼道歉而送财物，不是真布施。

受人财物后，回报人家，不是真布施。

送人财物后，心里后悔，不是真布施。

送人财物是为了人家日后报答自己，这不是真布施。

送人钱物是为日后使用，不是真布施。

临死之时，知道财物守不住了，送给他人，不是真布施。

为了出名而送人钱物，不是真布施。

因为攀比心、嫉妒心而送人钱物，不是真布施。

为贪女色而摆阔气，送人贵重东西，不是真布施。

无儿无女者，私下认为留财无益。有这种心思，送人钱物，不是真布施。

以有没有福德来挑选布施对象，不是真布施。

送钱物给不是真正需要的人，不是真布施。

为了虚荣心送人钱物，不是真布施。

以上这些条"不净布施"常见于生活中的每个角落。仔细想来，很多人在帮助了别人时感觉不到快乐，感觉善行得不到善报，其原因正在于此。南怀瑾大师说：真正的布施是不拣择对象的，这就是"不简福田"。不管被布施的对象怎么样，我帮助了你，内心非常快乐，也就是我们中国文化所讲的"为善最乐"四个字……乐善才能好施，对一切人充满着爱心、同情心，做一切自己认为应当做的事……具有这种博爱精神，不考虑任何附带条件的，才称得上是施主。

那么，又该如何才能做"净布施"，如何成为"真施主"呢？

《毗耶娑问经》上说："佛言：大仙，汝今善听，布施报法。若有心信，一切施与，故名布施。不畏未来，而行布施。不轻毁他，行布施者，乃名布施。"佛告诉大仙：如果真心帮助，不挟带任何杂念的布施，就是真布施；不怕将来没有回报的布施，就是真布施；不对受施者存任何轻视之心的布施，就是真布施。

这不仅是佛法，也是做人的道理。在我们的生活中，只需把帮助别人之事当作一件你想做的事，只需把注意力放在做这件事上，而不要过多地关注最终的"回报"，这样心境才能平和，内心才会因为帮助了他人而感觉到幸福。至于回报如何，正如南怀瑾大师所说：一切行为的果报，就在你本人那里，但"未熟不受"。我们在社会上经常看到善人的命运遭遇不好，而恶人却一切顺利。这里头问题很多，因果不爽，善有善报，恶有恶报，但要时间上成熟，不是一下子可以看出来的。

如果真心帮助，不挟带任何杂念的布施，就是真布施；不怕将来没有回报的布施，就是真布施；不对受施者存任何轻视之心的布施，就是真布施。

我爱人人，人人爱我

> 西方在社会慈善、福利事业方面做的比我们多，东方人理想主义很高，但是所有东方民族自私自利的心特别大，对群众社会的利益毫不顾及，没有公德心，不爱人；都要求别人爱我，我不爱别人；理论上讲我爱人人，那是给别人听的，实际上都希望别人爱我，我不爱别人。

> ——南怀瑾大师

《药师经》中说：愿我来世得菩提时，若诸有情，其身下劣、诸根不具、丑陋顽愚、盲聋喑哑、挛躄背偻、白癞癫狂，种种病苦，闻我名已，一切皆得端正黠慧，诸根完具，无诸疾苦。

这是药师佛在成佛前所发十二大愿中的第六大愿。意思是：希望我将来成佛时，一切众生，凡身体羸弱的，或五官不全的，或丑陋、愚蠢的，或眼盲、耳聋、口哑的，或弯腰曲背的，或身患麻风、癫狂等种种恶疾的，若能听到我的名号，便能完全康复，变得相貌端正、聪明灵巧、五官齐全，没有任何疾病。

此愿是希望在成佛后能解除世人因身体不完美所带来的种种烦恼、痛苦。这正是"我爱人人"的体现，佛之爱博大，立足于普度众生。对我们凡人来说，"爱"人不一定非要有多大宏愿，事实上，"爱"不分大与小，只要真诚地去"爱人"，真心付出，爱就有了生命，就会开始传递，由小及大，由近及远，让所有被爱的人感到温暖。

一年冬天，某禅寺举行了一次长达十一天的禅期。所谓禅期，是一种集体修行的方式，跟开培训会、研讨会差不多，一般以七天为一周期，所以也称"禅七"。禅期结束后，信众举行了一个座谈会，交流心得体会。一位刚入佛门的女信徒依依不舍地说："同修们在一起的日子多好啊！大家虽然来自四面八方，原来互不相识，却能互相信任，互相关心。这些天来，我心里总是暖融融的。而我们家所在的城市，连一个楼道居住的邻居之间都冷漠得很。请问师父，有什么方法能改变他们吗？"

一位青年法师郑重地说："我有一个方法，十分灵验。"

于是，法师教给她一个"观音菩萨灭业障真言"的咒子：阿噜勒继娑婆诃。法师特意嘱咐说："这个咒子，边洒扫边念最灵验。可是，你若是在人家门前以及楼道里一边洒扫一边念咒，人家会笑话你迷信。所以，我建议你用拖把拖，边拖边念，把地洒扫得越周到、越干净，效果越好。一天一遍，坚持九九八十一天，那么，你们邻居之间的关系就变得和睦了。"

女居士对法师的话深信不疑，果真照他说的那样，每天义务打扫楼道，边打扫边一遍遍地念"阿噜勒继娑婆诃……"一个月后，她兴冲冲来到寺院，对那位法师说："师父，您的咒子真灵呀！你看，才过了三十多天，邻居们就已经变了，他们看见我，老远就微笑着打招呼，有什么问题都主动来帮忙，可热情了！"

法师微笑道："因为你变了，所以他们也变了。"

有一句话说得好："江湖一张纸，捅破不值半文钱。"法师教居士的法子不是因为咒语灵验，而是因为行为。人常说"人人爱我，我爱人人"，可见人们都希望活在有爱的世界里。

特里莎修女曾经说过，仅仅说"我爱上帝"是不够的，我们还必须爱我们的邻舍。圣约翰说过，如果你不爱邻舍却还说你爱上帝，那你就在撒谎。连耳触目及、伸手可摸的邻居都不爱，你又怎能热爱看不着、听不见的上帝呢？

事实上，与其在嘴上说"爱人"，却在行为上等待"人人爱我"后"我爱人人"，不如先走出爱的一步，即"我爱人人，人人爱我"。

主动爱别人，主动帮助别人，你的内心将永远是充实和幸福的。自然，这样的你不管在哪里，都会大受欢迎。

"爱"不分大与小，只要真诚地去"爱人"，真心付出，爱就有了生命，就会开始传递，由小及大，由近及远，让所有被爱的人感到温暖。

高尚不取决于方法而取决于目的

赚钱的目的是什么？赚了钱，怎么用钱？怎么用得有价值，有意义，这个很难，懂得了这个，可以谈生意了，那也懂得赚钱的人生观了。赚钱不难，用钱比赚钱更难。花一块钱可以救人命，这才是做好事。

——南怀瑾大师

一位香港居士，为了安全，一直把珠宝存放在银行保险柜里。有一天，净空法师到香港讲经时，这位居士拉着法师来到银行去见识自己的那些名贵珠宝。到了银行，经过重重的检验，再由守卫护送到保险库，这才能够打开保险箱，取出这些宝贝。

法师看着得意的居士，淡淡地问："你就这么一点点珠宝吗？"

居士听了，心里很不痛快。

法师又问："你为什么把珠宝放在这里呢？"

居士说："放在家里，怕小偷来偷；戴在身上，怕强盗打劫。放在银行的保险柜里最安全，每过一段时间我就来看一下。"

法师说："如果这样就算是自己的，那么香港所有的珠宝行都是我的。"

居士不解地问："为什么？"

"我可以到那里去，叫人把珠宝拿出来给我看一看、摸一摸，然后告诉店员收起来，让他们保管好。我看到的珠宝比你还多呢！"

南怀瑾大师认为，自私还是为他人着想是人生的根本态度。冷漠自私的"富人"，就算拥有万贯家财，就算富可敌国，但相比于那些把钱用于公益事业的人而言，还是不快乐的穷人。因为，苦心囤积的金银财宝终将离你远去，唯有帮助他人、慷慨赠与才能发挥财富的最大价值。

大师说："亡德而富贵谓之不幸。人生自己没有建立自己的品德行为，而得了富贵，这是最不幸的。"挣钱靠能力，靠人脉，靠机遇，花钱则要靠智慧，钱用在哪些地方更能反映一个人的人生境界的高低。

有一年，天降灾荒，饥民遍地。无相禅师积极为赈灾奔忙。有一天，一位仰慕他的大将军邀请禅师到家里用茶，并将自己珍藏的古董一件件拿出来请他鉴赏。无相禅师看后，赞赏道："这些东西都是凡宝，不足称奇。我也有三件宝物，一是盘古氏开天地时的石块，二是历代忠臣吃饭的碗，三是历代高僧用过的万年禅杖。"

大将军知道无相禅师不打诳语，顿时羡慕不已，就想收买他的宝物。无相禅师淡淡地说："卖给你倒也可以，不过每件要五百两黄金，不知你能否买得起？"大将军家财万贯，哪会买不起？他立即答应用一千五百两金子把三件宝物都买下，并叫侍从帮无相禅师把金子送到寺里，并取回宝物。

无相禅师收下金子后，随便找了一块石头、一只碗、一根禅杖交给侍者。侍者觉得不对劲，又不便理论，就把这些东西拿回去，告诉将军说，这些全是假的。将军一听，立刻火冒三丈，马上带着人来找无相禅师理论。不料刚到寺院门口，无相禅师早就站在门外，和颜悦色地恭候他的到来。大将军忍住气，问道："我的侍从说，大师只是把寺院抵门的石头、喂狗食的饭碗，以及您前年花十钱银子买的禅杖交给他，这是真的吗？请问那就是你说的宝物吗？"

无相禅师微笑道："目前正闹饥荒，民不聊生，将军难道还有心情欣赏宝物吗？所以我拿你的金子去救济贫民，替你做功德。你的福报会终身受用不尽，不是比宝物更宝贵吗？"将军听了，很是羞愧，低着头回去了。

无相禅师敢拿大将军开涮，勇气从哪里来的？生于慈悲心。

老子说："慈，故有勇。"因为有大爱，也不怕为大爱献身，所以对自己所做的事问心无愧，自然理直气壮、毫无惧色。而这也正是内心强大、心灵高贵的秘密所在。

大师说："亡德而富贵谓之不幸。人生自己没有建立自己的品德行为，而得了富贵，这是最不幸的。"挣钱靠能力，靠人脉，靠机遇，花钱则要靠智慧，钱用在哪些地方更能反映一个人的人生境界的高低。

给予比接受更快乐

有一个朋友问我是不是在学佛？大家都说我学佛，我说没有，因为我没有资格学佛，学佛谈何容易？后来他问我什么是菩萨？我告诉他，当你饿了三天，而只得到仅有的一碗饭，看到别人也没有饭吃，可以把这碗饭给别人吃，自己饿肚子，这是菩萨道。我做不到，所以我不能算是学佛的人。之后他又问我菩萨在哪里？是不是在庙子上？我说菩萨在人世间，很多不信仰宗教的人，不论佛教、天主教、基督教，甚至什么教都不信，但他们的行为却是菩萨。

——南怀瑾大师

美国心理学家马斯洛提出的"基本需求层次理论"中，"自我实现的需要"是每个人人生的最高目标，可以毫不夸张地说，人们毕生都在为实现这个需要而努力拼搏。心理学研究证明，在你爱别人的过程中，你首先发现的是自己的生存价值，首先得到的是自我的心理满足。这就是说，爱别人的过程也是实现自我价值的过程。

等同于"送人玫瑰，手留余香"的道理，你捐出一块钱，同时送出的还有你的爱心、善良、同情和体贴，更有你帮助别人的成就感和自我价值实现的快乐。

一天，学生和教授一起散步。他们在小道上看到了一双旧鞋子，估计这双鞋是属于在附近田间劳作的一位穷人的。学生转向教授说："让我们做个恶作剧吧——把他的鞋子藏起来，然后躲到树丛后面，这样就可以等着看他找不到鞋子时的困惑表情了。""我年轻的朋友，"教授回答道，"我们绝不能把自己的快乐建立在那个穷人的痛苦之上。如果你有钱，你或许可以通过那个穷人给自己带来更多的乐趣：在每只鞋子里放上一枚硬币，然后我们躲起来观察他发现这件事后的反应。"学生照做了，随后他们俩都躲进了旁边的树丛。

穷人不一会儿就干完了活，穿过田间回到了他放衣服和鞋子的小道上。他一边穿衣服，一边把脚伸进了一只鞋里，但感到鞋里有个硬邦邦的东西，他弯下腰去摸了一下，竟然发现了一枚硬币。他的脸看上去充满着惊讶和疑惑的表情。他捧着硬币，翻来覆去地看，随后又望了望四周，没有发现任何人。于是，他把钱放进了自己的口袋，继续去穿另一只鞋，他又一次惊喜地发现了另一枚硬币。他激动地仰望着天空，大声地表达了炽热的感激之情。他的话语中谈及了因生病而无助的妻子，没有面包吃的孩子，感谢那来自未知处的及时救助。这救助把他们一家人从困境中拯救出来。

站在树丛后的学生被深深地感动了，他的眼中充满了泪水。他对教授说道："我感觉到了以前我从来都不曾懂得的这句话的含义——给予比接受更快乐。谢谢您！"

接受别人的东西，当然快乐，而给予不但能使自己快乐，还能让对方快乐！这样就有了两份快乐。

助人为乐是人生的一大美德，更是自我修行的最好的事业。南怀瑾大师就曾说过："一个人发财或者官做得很大，这不是事业，这个是职业。中国文化，什么叫事业呢？孔子《易经·系辞》中说："举而措之天下之民，谓之事业。"

一个人做对他人、对社会有益的事，才能算是事业。这个事业不取决于你赚了多少钱，而在于你给了他人多少帮助，而所谓的帮助不局限于给予金钱，可以是任何形式。大师说："学佛要度人，什么是度人？你做人家的桥梁是度人。度人的方法太多了，不只是劝人出家才是度人，那是做理发匠度人。度人是做众生桥梁，助他渡过苦海，解除他的烦恼痛苦，甚至进而使他证得菩提。"

唯有此，才是真正有意义的"事业"，而这成就事业的路途上，我们的心灵也会不断接受幸福的洗礼。

南怀瑾大师如此说，也是这样做的。到过南家的人都知道，在大师的会客厅的壁柜里，摆满了各式中成药，既有品牌药，也有他自配的。来访者都以为先生身体不好，其实，这些药并不是为他自己准备的，而是为了帮助别人。

南大师的家人说，先生对中医药也颇有研究，每每有客人或学生来访，他只需一望，便能道出对方的健康状况。对身体欠安者，他赠送几天的药，请患者带回去服用。有不少人领受过他的关心与好意。不仅如此，他还经常亲自按中医食疗方法调配制作汤羹给来访者喝。而他本人对饮食并无多大嗜好，但每每看到大家吃得高兴，他就会很欣慰。

美国一家心理学杂志发表了一个大型心理问卷调查的结果，发现经常帮助别人的人明显比不乐于助人的人快乐；用快乐指数或生活满足感指数来测量，前者要比后者高出二十四个百分点；从精神病流行病学的角度来看，前者患忧郁症的可能性要比后者低得多。研究人员由此得出结论：养成助人为乐的习惯是预防和治疗忧郁症的良方。助人为乐的结果往往是双赢，既帮助了他人，同时也留给自己一份金钱买不到的快乐。

不要被"给予"这个响亮的名头吓倒，不是让你倾囊相助，一句问候、一个鼓励的眼神、一句及时的回答、一个微笑的回应、一个善意的解答、一句帮腔、一个搀扶、一句关心……都是给予，不论大小，对方感到的都是由衷的感激、幸福和快乐，而你感到的也是满足和快乐。所以，给予比接受更令人快乐！就让我们把快乐的种子传递给更多的人吧！

心有所得

我们的社会提倡"助人为乐"的行为，也成了一个道德的标尺。有的人认为，别人得到了帮助，自然就快乐了，其实不完全是。别人感受到的是人和人之间的友爱互助，是一种感动和幸福，真正得到快乐的那个人是帮助了别人的人。这就是"送人玫瑰，手留余香"的道理。

己所不欲，勿施于人

后世提到孔子教学的精神，每每说儒家忠恕之道。后人研究它所包括的内容，恕道就是推己及人，替自己想也替人家想。

——南怀瑾大师

和人交往，一些人总是愿意或者善于给予对方什么，这种分享的举动也确实能够打动对方，拉近彼此的距离。但是，给予是有限度的，或者说是需要掌握一定的原则的，这个原则就是"己所不欲，勿施于人"。

《论语·卫灵公》中记载：子贡问曰："有一言而可以终身行之者乎？"子曰："其恕乎。己所不欲，勿施于人。"意思是说，子贡问孔子："人生修养的道理能不能用一句话来概括？"孔子说："那大概是恕啊。自己不想要的东西，切勿强加给别人。"

"己所不欲，勿施于人"这句话是儒家思想的精华，也是中华民族根深蒂固的信条，所揭晓的是处理人际关系的重要原则。孔子指出人应当以对待自身的行为作参照来对待他人。人应该有宽广的胸怀，待人处事之时切勿心胸狭窄，而应宽宏大量，宽恕待人。倘若自己所讨厌的事物，硬推给他人，不仅会破坏与他人的关系，也会将事情弄入僵局而不可收拾。这也是尊重他人、平等待人的体现。

在《论语·公冶长》中，子贡说过："我不欲人之加诸我也，吾亦欲无加诸人。"子曰："赐也，非尔所及也。"子贡也已经提出他的推己及人之恕道。他说："我不希望别人给我的；同样的，我也不想转加给别人。"可孔子却说，子贡啊！这不是你能做得到的。

在这里子贡表达的是，我所不想别人加给我那些不合理的，我也同样的不想加到别人身上。这是以我为中心。孔子说的是，只要我自己发现不要的，便不要再施给别人。根本上也是在严格要求自身的净化。所以，最终体现的还是能够终身行之的"恕"。

其实，孔子的"恕"放在今天，可以用一个词来体现，那就是换位思考。一个少年拜访一位智者："怎样使自己快乐，也让别人快乐呢？"智者说："把自己当作别人，把别人当作自己，把别人当作别人，把自己当作自己。"智者的意思是说：人要懂得换位思考。

但是，在现实世界里，人和人之间相处并不能真正做到"己所不欲，勿施于人"，而是更多地考虑自身的利益，甚至一切以个人利益为中心，只顾及自身的感受，而忽略了他人的感受。

在上古时期，水患成灾，大禹领命治水，在视察了各地洪水的情况后，大禹觉得光用息壤来堵水，不能根本解决问题，应该把水疏导出去。为此，他大力开掘沟渠让水流到汪洋大海中去。大禹带领百姓们在野外辛勤地工作，三过家门而不入，经过十三年的奋战，终于疏通了九条大河，最终使洪水流入了大海，彻底消除了水患。原来被淹没的土地，如今又变成了良田。大禹完成了流芳千古的伟大业绩。这一盛举赢得了后世人民的赞扬。

然而战国时期的白圭却对大禹治水一事很不以为然。白圭是当时非常著名的水利专家，对处理河堤裂缝、漏洞等问题非常在行。后来，他被魏国请去当相国，魏国的国君对他很信任也很器重。

有一次，孟子来到魏国，白圭在会见他的时候，谈起了大禹治水这件事，白圭傲慢地说："我的治水本领已经超过大禹了！如果让我来治水，一定能比禹做得更好。而且也不会像他那么费时费力。我把河道疏通，让洪水流到邻近的国家去就行了，那不是省事得多吗？"

孟子很是不屑，当场驳斥他说："你说的话错了。大禹治水是把四海当作大水沟，顺着水性疏导，结果水都流进大海，于己有利，于人无害。如今你治水，只是修堤堵河，把邻国当作大水沟，结果洪水都流到别国去，你把邻国作为聚水的地方，结果洪水很可能会倒流回来，造成更大的灾害。这种治水的方法，怎么能与大禹相比呢？"

当然，自己不想要的东西，一定就是别人也不想要的吗？恐怕也不尽然。比如，早餐剩下的包子、油条，对饥饿的乞丐来说，无疑是美食。己所不欲，只是不能强加给别人，但是如果对方愿意，则不属于"施"的范围。己所欲，别人未必所欲，所以也不能强加给别人。总的说来，无论是否"己所欲"，都不能"施"（即强加）给别人。给别人的东西，只有一个标准，即别人自己是否愿意，而不能依据自己的标准。

"己所不欲，勿施于人"，这是一种超然的处世态度：从他人立场出发，对他人持信任态度，强调自身修养而不强求于人。

一个拥有这种平和心态的人，对世态人情往往看得比较透彻。他们知道，大家都在为功名利禄奔走，没有理由非对自己好不可，除非自己以等值或者更大的利益去交换。所以，他们不强求别人的友谊，用自己的诚意去获得友谊；不强求别人的重视，用自己的能力去获得重视；不强求别人的忠心，用自己的宽厚仁慈去获得忠心……这恰恰抓住了修养内心的本质。能够做到这一点，在境界上已经前进了一大步，就一定会成为一个内心安宁幸福，且受大家欢迎的人。

心有所得

"己所不欲，勿施于人"，这是一种超然的处世态度：从他人立场出发，对他人持信任态度，强调自身修养而不强求于人。